Herzenssache

Katharina Heyer

Herzenssache

*Mein Leben mit den Walen und Delfinen
in der Straße von Gibraltar*

Geschrieben von Michèle Sauvain

Alle Rechte vorbehalten, einschließlich derjenigen des auszugsweisen Abdrucks und der elektronischen Wiedergabe

© 2016 Wörterseh, Gockhausen

Herstellerische Koordination und Cheflektorat:
Andrea Leuthold, Zürich
Lektorat: Brigitte Matern, Konstanz
Korrektorat: Claudia Bislin, Zürich
Fotos Umschlag vorn: firmm.org (Katharina Heyer, im Hintergrund Große Tümmler)
Foto Umschlag hinten: firmm.org (Orca-Baby Wilson)
Fotos Bildstrecke: firmm.org
Tierkarte in der Bildstrecke: Sebastian Kanzler
Umschlaggestaltung: Thomas Jarzina, Holzkirchen
Layout und Satz: Rolf Schöner, Buchherstellung, Aarau
Bildbearbeitung Bildstrecke:
Tamedia Productions Services, Zürich
Druck und Bindung: CPI – Ebner & Spiegel, Ulm

Print ISBN 978-3-03763-072-3
E-Book ISBN 978-3-03763-608-4

www.woerterseh.ch

Inhalt

Vorwort 7

Teil eins
Seltsame Begegnungen 12
Eine interessante Einladung 24
Umdenken 32
Und immer wieder Zweifel 40
Helfende Hände 46
Eine herbe Enttäuschung 51
Aufrappeln 56
Nägel mit Köpfen 63
So viele Wale! 67
Die Rettungsaktion 72
Freche Orcas 79
Ein unverschämtes Interview 89
Gabriela 98
Der gestrandete Finnwal 102
Leuchtende Kinderaugen 109
Sabotage und Schikanen 115
Weitermachen! 131
Die Konkurrenz rüstet auf 136
Das tote Walbaby 142

Teil zwei

Der Besuch in Eilat   148
Die Schmugglerbucht   155
Hoffen aufs Conny-Land   163
Sushi für die Japaner   174
Das große Warten   186
Couscous in Tanger   191
Ärger mit der »Uno«   198
Der Pachtvertrag   202
Der Durchbruch   208
Eine spektakuläre Verfolgungsjagd   213
Tödliche Bedrohung   217
Die Königliche Marine greift ein   223
Die Warnung   225

Teil drei

Gegenwind   230
Magische Momente   232
Meine kleine, große Familie   238
Vision   241

Nachwort   247
Dank   253

Vorwort

Ganz zufällig war ich im Herbst 2009 in einer deutschen Zeitschrift auf die Schweizerin Katharina Heyer gestoßen, die am äußersten Zipfel Spaniens Meeressäuger schützt. Ihre Geschichte faszinierte mich von Anfang an. Ich hatte nicht einmal gewusst, dass es dort Delfine, Orcas, Grind-, Pott- und Finnwale gibt, und fragte mich, warum man in der Schweiz von dieser spannenden Frau noch nie etwas gehört hatte. So rief ich Katharina, die gerade wieder in Tarifa weilte, einfach an. Die damals Siebenundsechzigjährige klang unglaublich dynamisch, zufrieden und frisch.

Und genauso empfand ich sie auch, als ich sie im Winter darauf in der Schweiz das erste Mal traf. Katharina ist ein Energiebündel sondergleichen, ihre wachen Augen leuchten, sie ist authentisch und sprudelt vor Lebensfreude. Damals war ihre Whalewatching- und Forschungsstation in Tarifa bereits eine feste Institution, und so fand sie die Kraft, ihre Idee von einem Altersheim für Delfinarien-Delfine in Marokko voranzutreiben. Wir redeten. Lange. Irgendwann fragte ich sie, warum es sie, die erfolgreiche Geschäftsfrau und Mutter von zwei erwachsenen Kindern, in doch eher späten Jahren nach Tarifa verschlagen hatte. Ihre Antwort war ebenso kurz wie einfach: »Wegen der Tiere.« Keine Liebesgeschichte? Kein Mann? »Nein, keine Liebesgeschichte, aber trotzdem eine Herzenssache! Du kannst dir nicht vorstellen, was das für ein Gefühl ist, mit diesen Tieren draußen auf dem Meer zu sein. Es ist einfach wichtig, dass ich den Menschen zeige, dass man sie schützen muss.«

Ein interessanter Stoff für eine »Reporter«-Sendung, das fand dann glücklicherweise auch die Redaktionsleiterin beim Schweizer Fernsehen, und so flog ich im Frühjahr 2010 mit einem Kameramann nach Tarifa. Während der fünf Tage, in denen wir Katharina begleiteten, wuchs sie mir ans Herz. Die Wandlungsfähigkeit, mit der ich sie erlebte, beeindruckte mich. Wenn sie Ausfahrten organisierte, ihre Crew anwies, Sichtungsergebnisse notierte oder mit Touristen sprach, war sie nüchtern, zielgerichtet und hocheffizient. Stand sie aber auf ihrem geliebten Flydeck, ganz zuoberst auf der »Spirit«, und beobachtete »ihre« Tiere, dann leuchteten ihre Augen vor Begeisterung, und die Art und Weise, wie sie die Menschen auf dem Boot darüber informierte, was sie von dort oben sah, erinnerte mich an ein Kind, das durch und durch glücklich ist und dieses Glück mit der ganzen Welt teilen will.

Wie war es dazu gekommen? Sie hatte in der Schweiz alles gehabt, was man sich wünschen kann. Warum war sie ausgebrochen? Woher nahm sie in einem Alter, in dem sich andere bald pensionieren lassen, den Mut, in Spanien, in einer von Männern geprägten, ländlichen Gesellschaft, nochmals eine neue Existenz aufzubauen – allein? Eine Verkettung von Zufällen sei es gewesen, sagte sie, korrigierte sich aber sofort. »Es war wohl Fügung und Bestimmung und auch einfach an der Zeit, meiner inneren Stimme zu folgen. Ich hatte ihr zu lange zu wenig Beachtung geschenkt.« Und als sie dann erzählte, wie alles begonnen hatte, war ich fasziniert.

Jeder Mensch fragt sich ja immer wieder, wie viel er selbst bestimmt, was vorgegeben ist und wo er sich selbst im Wege steht. Katharina hatte an einem gewissen Punkt ganz offensichtlich aufgehört, zu fragen und zu zweifeln, und »einfach« angefangen, ihren Traum zu leben. Auch ihre Art, mit Enttäuschungen umzugehen und trotz herber Rückschläge optimistisch zu bleiben, hat mich sehr beeindruckt. Mir war schnell klar, dass dies alles unmöglich in einem fünfundzwanzigminütigen Film Platz finden würde und Katharinas Geschichte Stoff für ein faszinierendes Buch war. Als ich ihr das sagte, winkte sie ab.

Fünf Jahre später jedoch rief sie mich an und kam auf meine Idee, ein Buch über sie und ihr Abenteuer zu schreiben, zurück. Und als sie das nächste Mal in der Schweiz war, setzten wir uns hin und redeten wieder, stundenlang. Danach war klar, wir würden das Projekt angehen, und so bekam ich die Gelegenheit, nochmals ganz intensiv in ihre Welt einzutauchen.

Diese Welt in ein Buch packen zu dürfen, ist ein Geschenk, denn es geht um mehr als um Katharinas Geschichte und ihr großes Engagement für die Wale in der Straße von Gibraltar, zu denen auch die Delfine gehören. Es geht darum, wohin es führen kann, wenn man seiner inneren Stimme vertraut und Dinge mit einer gewissen Gelassenheit einfach geschehen lässt. Es geht um den Sinn des Lebens. Katharina hat die Sinnfrage nach Tarifa gebracht, und sie hat dort ihre Bestimmung gefunden. Dadurch konnte entstehen, was entstehen musste.

Michèle Sauvain, August 2016

Teil eins

Seltsame Begegnungen

Der Himmel war grau, und es regnete heftig, als Rita und ich mit dem Auto durch das wunderschöne Naturschutzgebiet am untersten Zipfel Spaniens fuhren. Von den grünen Hügeln sah ich erstmals auf die Straße von Gibraltar hinunter. Sprachlos saß ich neben meiner Freundin im Auto und dachte: Was für ein wunderbarer Ort. Direkt unter uns lag das Küstenstädtchen Tarifa mit der vorgelagerten kleinen Insel, und am gegenüberliegenden Ufer zeichneten sich hinter dem Regenvorhang die Hügel Marokkos ab. Wie schön musste es hier erst sein, wenn die Sonne schien.

Es war der 28. Dezember 1997. Ich war über die Tage zwischen Weihnachten und Neujahr zu Rita und ihrem Mann Peter geflüchtet, weil ich hoffte, hier ein bisschen zur Ruhe zu kommen. Damals jettete ich noch als Businessfrau und erfolgreiche Designerin von Handtaschen nonstop auf dem ganzen Globus herum. Rita und Peter hatten ein halbes Jahr zuvor ihr altes Leben in der Schweiz hinter sich gelassen und in dem Dörfchen Gaucín, ein paar Kilometer von Tarifa entfernt, ein Stück Land mitten in einer großen Orangenplantage gekauft. Dort wollten sie sich ihren alten Traum verwirklichen, eine Finca bauen und ein Bed & Breakfast eröffnen. Bis es so weit war, wohnten sie in einem Häuschen ganz in der Nähe. Ich bewunderte ihren Mut, aber Rita fehlte mir in meinem Alltag sehr. Ich hatte mich so daran gewöhnt, mit ihr meine Sorgen und Nöte zu teilen. Als sie noch in der Schweiz lebte, trafen wir uns oft spontan auf einen Tee.

Ich war damals fünfundfünfzig Jahre alt und hatte keinen Plan, wie mein Leben weitergehen sollte. Ich wusste nur, dass ich nicht so weitermachen wollte. Obwohl ich ein spannendes Leben führte, füllte es mich emotional nicht mehr aus. Ich wollte gesellschaftlich etwas bewegen – aber was?

Ara, mein Freund und Lebensberater, war es, der mich dazu ermuntert hatte, über die Festtage zu Rita und Peter zu fahren. Dabei hatte er beiläufig bemerkt, ich könne mir bei dieser Gelegenheit ja mal Tarifa anschauen. »Dort soll es Delfine und sogar Orcas geben«, hatte er gesagt. Ara wusste, dass ich leidenschaftlich gern tauchte. Delfine hatte ich auf meinen Tauchgängen schon einige gesehen, sie faszinierten mich immer wieder: Einem Delfin in die Augen zu schauen, ist etwas ganz Besonderes, etwas Magisches, man hat sofort den Eindruck, dass diese Wesen extrem sensibel und intelligent sein müssen. Einem Orca allerdings war ich noch nie begegnet, für dieses Erlebnis würde ich viel geben. Allerdings war jetzt Weihnachten und nicht die ideale Zeit für Tauchgänge im Mittelmeer. Warum also hatte Ara diese Bemerkung gemacht? Schon oft hatte er mich auf etwas hingewiesen, mit dem ich erst viel später etwas anfangen konnte. Obwohl wir uns erst seit fünf Jahren kannten, konnte er mich gut »lesen«. Vielleicht würde es mir ja tatsächlich guttun, nach Spanien zu fahren und für einmal gar nichts zu tun. Zudem war es dort wärmer als in Zürich. Ich mochte die Stadt nicht während der Weihnachtstage, sie machte mich depressiv. Auch deshalb hatte ich mich entschieden, zu Rita zu fliegen. Mit ein bisschen Glück konnte ich ja vielleicht tatsächlich meinen ersten Orca sehen.

Aber nun dieser Regen … Rita und ich diskutierten schon darüber, umzukehren und bei besserem Wetter wiederzukommen, da bildete sich am wolkenverhangenen dunkelgrauen Himmel direkt über der kleinen Insel plötzlich eine helle Wolke. Ich traute meinen Augen nicht. Wir schauten uns an.

»Rita, siehst du, was ich sehe?«, fragte ich sie ungläubig.

Sie nickte wortlos, doch ich insistierte: »Was genau siehst du?«

»Einen großen springenden Delfin.«

Die Wolke hatte tatsächlich die Form eines großen springenden Delfins! Ich konnte es kaum fassen und wurde ganz aufgeregt. Der Hinweis von Ara, die Wolke ... Das passte doch überhaupt nicht zu mir: Ich, eine Realistin, die jederzeit fest mit beiden Beinen auf dem Boden steht, sah eine Delfinwolke, die mir wie im Märchen einen Weg zu zeigen schien. An ein Umkehren war nicht mehr zu denken. Wir fuhren die enge Straße hinunter zum Hafen und stellten das Auto auf dem großen Parkplatz vor einer Palmenallee ab. Hier irgendwo musste das Tourist-Office sein. Wir bogen in eine kleine Straße ein, und nach ein paar Metern standen wir vor dem Eingang. Ich wollte hinaus aufs Meer, um zu schauen, ob es hier wirklich Delfine und Orcas gab. Ich musste der Sache auf den Grund gehen. Bestimmt würden wir hier im Tourist-Office erfahren, ob und wie wir in dieser Jahreszeit in die Straße von Gibraltar kamen.

Beim Eintreten fiel mein Blick sofort auf eine fleckige, zerknitterte Anzeige auf dem Infobrett an der Wand. Darauf war das Bild eines springenden Delfins zu sehen, dazu die Aufschrift »Gesucht, tot oder lebendig!«. Ich wurde nicht schlau aus der Anzeige. Wer suchte denn bloß tote Delfine? Ganz unten am Rand stand kaum lesbar eine Madrider Telefonnummer. Ich fragte die junge Frau am Desk, ob es vielleicht ein Fischerboot gab, das uns mit aufs Meer nehmen würde. Sie schaute mich verständnislos an und zog die Augenbrauen hoch.

»Kein Fischer nimmt Touristen mit aufs Meer.« Als sie mein enttäuschtes Gesicht sah, wurde sie ein bisschen freundlicher: »Was wollen Sie denn da draußen?«

»Delfine sehen«, sagte ich.

Die Frau lachte, und ich kam mir ein bisschen dämlich vor. »Delfine? Ich wüsste nicht, dass es hier überhaupt welche gibt«, erwiderte sie, »aber der da glaubt das ja auch.« Sie zeigte auf das Infobrett am Eingang.

Aus einem unerklärlichen Impuls heraus zückte ich mein Handy und wählte die Telefonnummer, die auf der Anzeige stand. Eine schnarrende Männerstimme meldete sich etwas unwirsch auf Spanisch, alles, was ich verstand, war »Diego«.

Ich antwortete auf Englisch: »Hello Diego, hier ist Katharina. Ich habe deine Anzeige gesehen und möchte dich fragen, ob du weißt, wo meine Freundin und ich hier Delfine sehen können?«

Diegos Stimme wurde sofort freundlicher und geschäftsmäßiger. »O, hello, Katharina. Ja, das weiß ich, und ich könnte euch am nächsten Wochenende noch Plätze auf meinem Boot anbieten.«

»Aber wir würden gern jetzt gleich aufs Meer. Kennst du vielleicht einen Fischer, der heute noch Zeit hätte?«, drängte ich, denn bis zum Wochenende wollte ich nicht warten.

Am Telefon wurde es still, dann fragte Diego: »Warum ist es so wichtig für dich, jetzt gleich rauszufahren? Was hast du mit Delfinen zu tun?«

»Eigentlich nichts ... sie haben mich nur irgendwie schon immer fasziniert ... und hm, vielleicht mache ich mal was mit Delfinen ...« Ich hörte mir selber zu und dachte, dass dieses »Vielleicht mache ich mal was mit Delfinen« ziemlich naiv und bescheuert klingen musste.

Diego aber sagte nur: »Bei diesem Wetter fährt kein Fischer mit dir raus. Kommt erst mal nach Tarifa, dann schauen wir weiter.«

»Wir sind doch schon in Tarifa! Wir stehen im Tourist-Office.«

Da lachte er. »Ach so, dann geht jetzt raus und fünfzig Meter die Palmenallee runter, dort ist das Café Continental. Wartet dort auf mich. Ich trage einen Schnauz, habe einen Hut auf und komme mit einem großen Hund. Er heißt Zacharias.« Dann hängte er auf.

Kurz darauf saßen Rita und ich im Café und warteten. »Warum willst du denn unbedingt heute noch raus?«, fragte sie mich.

Ich schaute sie nachdenklich an. »Du kennst mich doch, ich will jetzt einfach wissen, ob es hier Meeressäuger gibt.«

Rita schmunzelte, sie kannte mich und wusste, wenn ich mir etwas in den Kopf gesetzt hatte, war ich nicht mehr davon abzubringen. Als Diego eine halbe Stunde später zur Tür hereinkam, erkannte ich ihn sofort. Seine Erscheinung war wenig vertrauenerweckend. Er trug ein schmuddeliges T-Shirt und dreckige Jeans, der Schnauz wuchs in alle Richtungen, und auf Wangen und Kinn machte sich ein Fünftagebart breit. Seinen Hut hatte er tief ins Gesicht gezogen, sodass seine Augen kaum zu sehen waren. Als er näher kam, fielen mir seine gelben Zähne und die schmutzigen Fingernägel auf und der Geruch seines Hundes. Eine sehr groß geratene, undefinierbare Straßenkötermischung. Zacharias stank zum Himmel. Er war noch ungepflegter als sein Meister. Normalerweise hätte ich sofort einen Rückzieher gemacht. Aber heute war nicht »normalerweise«. Ich blieb.

Da es immer noch regnete, hatten Rita und ich genug Zeit, uns Diegos Geschichte anzuhören. Ich schätzte ihn auf etwa vierzig, und trotz seines nicht sehr anziehenden Äußeren war ich irgendwie fasziniert von ihm. Rita weniger, sie schaute ihn von der Seite immer wieder skeptisch an. Er stamme eigentlich aus Patagonien, erzählte er uns, und habe bis vor vier Jahren mit seiner spanischen Frau und seinen Kindern in Argentinien gelebt. Nach der Scheidung sei sie mit den Kindern nach Madrid zurückgekehrt. Und um näher bei ihnen zu sein, sei auch er dorthin gezogen. Nun aber sei er hierhergekommen, denn er wolle in Tarifa eine Whalewatching-Station aufbauen. Er sei Orca-Forscher und überzeugt davon, dass es hier Meeressäuger gebe. In Amerika sei Whalewatching sehr beliebt, in Europa jedoch noch nicht sehr verbreitet. Ich fand seine Ausführungen interessant, und wir unterhielten uns sehr angeregt. Er erzählte uns von der argentinischen Halbinsel Valdés, die bekannt ist für ihre Artenvielfalt. Dort tummeln sich Seelöwen und See-Elefanten, Delfine und andere Wale. Und er erzählte uns vom »absichtlichen Stranden«, einer Jagdtechnik der Orcas, die die Robben vor dieser Insel äußerst intelligent Richtung Strand treiben, um sie dann in der Brandung abzufangen.

»Mir scheint, von dir kann ich viel lernen«, sagte ich nach einer Stunde.

»Warum fangen wir nicht gleich damit an?«, konterte er keck.

»Kommt doch mit zu mir nach Hause, dann erzähle ich euch mehr.«

Rita und ich schauten uns kurz an. Sie hatte sich bereits damit abgefunden, dass ich nicht loslassen würde, und nickte mir grinsend zu. Ich war froh, dass sie mitkam.

Diego führte uns ein paar Straßen weiter in eine schmale Seitengasse und dort durch einen kleinen Eingang in die obere Etage eines dieser typischen weiß gekachelten, zweistöckigen maurischen Häuschen in der Altstadt. Seine winzige, nur handtuchbreite Wohnung war unbeschreiblich schmutzig und unordentlich, und es stank bestialisch nach Hund. Die einzigen Einrichtungsgegenstände waren ein mit Papierbergen überladener Tisch, drei Stühle und ein zweistöckiges Kajütenbett. Unten schlief offenbar der Hund, oben Diego. Es war feucht, kalt und muffig in dem Raum. Doch als Diego Zeitungsausschnitte mit Delfinfotos aus den Papierbergen fischte, vergaß ich, wo wir waren, und wir redeten bis tief in die Nacht. Rita – nett, wie sie war – machte mit, obwohl sie meine Euphorie nicht teilen konnte. Diego kramte einen Artikel aus einer lokalen Zeitung hervor. Darin stand, dass er in der Nähe von Tarifa einmal einen Delfin gerettet hatte. Er erzählte auch von verschiedenen Begegnungen mit Delfinen und Schildkröten in der Straße von Gibraltar und wie eindrücklich diese gewesen seien.

»In Tarifa, habe ich Lourdes, meine Exfreundin, kennen gelernt. Uns verbindet eine große Leidenschaft für diese Tiere. Wir haben hier auch schon Walzähne am Strand gefunden«, fuhr er fort, »es muss in der Meerenge von Gibraltar also auch Wale geben! Ausgerechnet hier, wo mehr als zweihundert große Frachtschiffe pro Tag durchfahren! Das ist, auf Straßenverhältnisse übertragen, ein Verkehr wie auf einer stark befahrenen Autobahn während der Rushhour!« Diego wurde ganz aufgeregt. »Und deshalb will ich hier ein Whalewatching aufbauen. Ich will den Menschen Delfine und all die anderen Wale zeigen und ihnen bewusst machen, wie gefährlich die Tiere hier leben.«

Ich fragte mich, wie die sensiblen Meeressäuger den Verkehr bloß aushielten. Es muss doch unendlich lärmig sein unter Wasser zwischen all den Frachtern. Und extrem gefährlich für die Delfine, aber vor allem auch für die großen, schwerfälligen Wale, die nur schlecht ausweichen können. Wenn es wirklich stimmte, was Diego erzählte, dann offensichtlich glaubte niemand, dass es hier Delfine und andere Wale gab, nicht einmal die Frau im Tourist-Office. Auf der Rückfahrt schwieg ich vor mich hin. Was ich gehört hatte, beschäftigte mich. Und als ich endlich im Bett lag, drehte ich mich noch lange schlaflos hin und her. Ich musste einfach herausfinden, was an der Sache dran war.

Rita war besorgt, als ich am nächsten Morgen verkündete, ich wolle allein nach Tarifa fahren. Diego hatte versprochen, ein Boot zu organisieren und mit mir aufs Meer zu fahren. Er selbst besaß gar keins, wie er uns spätnachts noch gestanden hatte. Rita, die Diego ohnehin nicht so recht traute, war sicher, dass er mich versetzen würde. Sie sah mich schon allein im Café sitzen, und zunächst schien es tatsächlich so, als würde sie recht behalten. Über eine Stunde saß ich dort und wartete, dann versuchte ich, ihn anzurufen. Vergeblich. Er ging nicht ans Telefon. Es regnete immer noch, und ich fror fürchterlich, denn im Café wurde nicht geheizt. Nach einer

Ewigkeit nahm er endlich ab, aber er klang so verkatert, dass ich ihn fragte, ob er überhaupt in der Lage sei, irgendetwas zu unternehmen.

»Selbstverständlich, ich komme sofort«, meinte er.

Irgendwann kam er dann tatsächlich, den Hut noch tiefer ins Gesicht gezogen als am Tag zuvor. Wohl damit ich sein zerknittertes Gesicht nicht sah, aber die Alkoholfahne verriet alles. Um ein Boot hatte er sich natürlich nicht gekümmert, und als wir endlich loszogen, fanden wir keins. Diego schleifte mich stattdessen bei strömendem Regen durch die Straßen von Tarifa, um mir Häuser zu zeigen, die zum Verkauf standen.

»Wir könnten doch zusammen etwas aufziehen«, meinte er. »Wir könnten bekannt machen, dass es hier Delfine und andere Wale gibt, und vielen Tieren das Leben retten.«

Ich schaute ihn erstaunt an. Was glaubte der eigentlich?! Dass ich ihm ein Haus für sein Whalewatching-Zentrum kaufte?

»Diego, so geht das nicht, ich kenne dich ja kaum«, sagte ich etwas verärgert.

Angebissen hatte ich allerdings trotzdem schon. Ich bat Diego kurzerhand ins Auto und fuhr mit ihm nach Gaucín zu Rita und Peter. Dort war es warm und gemütlich, denn sie hatten sich, typisch für Schweizer im Ausland, als Erstes einen kleinen, mobilen Ofen gekauft. Und so saßen wir zu viert am Tisch in der großen Küche, während draußen ein stürmischer Ostwind, der Levante, pfiff. Wir führten unsere Diskussion vom Vortag fort. Die Delfine und die anderen Wale, die laut Diego zwischen Tankern und Schiffsschrauben lebten, waren in seinen Augen nur *ein* Problem. Er erzählte uns, dass es in Spanien europaweit die meisten Delfinarien gebe. Ich wusste zwar, dass den Tieren das Leben in Gefangenschaft keinen Spaß machte, aber mehr Gedanken hatte ich mir darüber bisher nicht gemacht.

»Du musst dir mal vorstellen, die orientieren und verständigen sich mit Echowellen und senden in der freien Natur ständig Orientierungsklicks und Impulse aus. So können sie die Form, die Dichte und den Standort von Objekten erkennen. Was passiert aber, wenn sie in einem Pool eingesperrt sind?«, fragte Diego. Und gab die Antwort gleich selbst: »Ihre Echowellen schallen von den undurchlässigen Betonwänden zurück und treffen unvermittelt wieder auf die hochsensiblen Tiere, sodass sie die Orientierung verlieren. Und was machen sie dann? Genau, sie hören irgendwann auf zu klicken. Damit gerät ihr ganzes System durcheinander«.

Das leuchtete mir ein. Würde man diese »klicklosen« Tiere wieder in die freie Natur entlassen, würden sie von Haien gefressen oder verhungern, weil sie weder ihre Nahrung orten noch sich verständigen oder orientieren könnten. Bei meinen Tauchgängen war ich immer fasziniert von der Unendlichkeit und der Weite unter Wasser, man versank in eine andere Welt. Kein Vergleich zur Größe eines Pools, wo die Tiere auf viel zu engem Raum gehalten werden und keine Rückzugsmöglichkeit haben. Mir wurde klar, dass Delfinarien reinste Tierquälerei waren.

Inzwischen war es Abend geworden, und wir redeten noch immer. Plötzlich klingelte das Telefon. Peter nahm den Hörer ab.

»Hallo Ara, wie geht es dir? Ja, Katharina ist da, schön, dass du sie überzeugen konntest, uns zu besuchen.« Dann hörte Peter zu und runzelte dabei die Stirn. »Ja, Diego ist auch da. Einen Moment, ich gebe dir Katharina.«

Überrascht griff ich nach dem Hörer – woher kannte Ara Diego?

»Hallo Katharina, ich hatte ganz vergessen, dir Diegos Telefonnummer mitzugeben, aber ihr habt euch offenbar schon kennen gelernt. Ich habe ihn nie persönlich getroffen, wie ist er?«

»Ara«, sagte ich völlig verwirrt, »woher kennst du Diego?« Auf diese Frage bekam ich damals, aber auch später keine Antwort. Ich redete weiter: »Wie er ist? Das ist schwierig zu beantworten. Ich sitze gerade mit ihm am Tisch! Ich habe ihn aufgrund einer Anzeige angerufen. Er hat mir versprochen, uns mit seinem Boot zu den Walen rauszubringen, aber er besitzt überhaupt kein Boot. Zudem ist er pleite und wohnt in einem schmutzigen Loch. Er sagt, er sei Walforscher, und er erzählt interessante Geschichten über Delfine und andere Wale, die es hier offenbar wirklich gibt.« Ich war froh, dass Diego kein Deutsch verstand.

»Katharina, finde heraus, was für ein Mensch dieser Diego ist.«

Was um Himmels willen meinte Ara damit? Wollte er mich warnen? Was mich aber noch mehr verwirrte, war diese komische Koinzidenz. Wegen einer seltsamen Delfinwolke waren wir ins Tourist-Office gegangen und dort auf die Anzeige von Diego gestoßen, der dann erzählte, dass es hier Delfine und andere Wale gab... Und nun wies mich Ara auf Diego hin, obwohl er ihn gar nicht kannte. Wieder einmal sprach Ara in Rätseln, und wie so oft war aus ihm nicht mehr herauszubekommen.

»Ich weiß auch nicht, was das alles zu bedeuten hat, Katharina«, sagte er, »die Antwort musst du selber finden.«

Da es keinen Sinn hatte, zu insistieren, wechselte ich das Thema und erzählte ihm empört von den Delfinarien in Spanien und dass hier zu den bereits bestehenden sechs noch drei weitere hinzukommen sollten.

Seine Antwort war kurz: »Also warte nicht zu lange.« Verwirrt legte ich den Hörer auf und fuhr Diego zurück nach Tarifa.

Völlig aufgedreht rief dieser mich schon am nächsten Morgen wieder an: »Katharina, du bringst mir Glück. Der Bürgermeister hat Kontakt mit mir aufgenommen und will mich heute sprechen. Vielleicht unterstützt er uns. Du musst auch mit dabei sein.«

»Das wäre ja toll«, antwortete ich.

Der Bürgermeister hatte sich für den Abend angekündigt. Ich fuhr nach Tarifa und gab Diego ein bisschen Geld, damit er Putzmittel und Kohlen für seinen Ofen kaufen konnte. Als ich wiederkam, war seine Wohnung warm, sauber und aufgeräumt. Doch der Bürgermeister erschien nicht. Dafür klingelte an diesem Abend Diegos Telefon. Eine Gruppe von zweiundzwanzig Personen aus Marbella erkundigte sich nach einer Möglichkeit zum Whalewatching. Was hatten wir für ein Glück! Nur für Rita, Peter, Diego und mich wäre ein Ausflug aufs Meer viel zu teuer gewesen. Aber mit sechsundzwanzig Personen ließ sich gut ein Boot chartern. Jetzt musste nur noch das Wetter besser werden.

Drei Tage später, am Samstagmorgen, riss der Himmel endlich ein bisschen auf. Wir trafen uns alle am Hafen von Tarifa. Das malerische maurische Küstenstädtchen am südlichsten Ende des europäischen Festlands war seit den Achtzigerjahren *das* Mekka für Surffreaks. Das ehemalige Schmugglerdorf galt als Geheimtipp und bot alles, was man als cooler Surfer braucht: viel und guten Wind, trendige Bars und auch Drogen, direkt aus Marokko geschmuggelt, so viel man wollte. Von April bis September traf sich hier, wo der Atlantik und das Mittelmeer zusammentreffen, die Windsurferszene aus der ganzen Welt. Jetzt, um Weihnachten herum, war der Ort jedoch menschenleer.

Schon zogen wieder erste dunkle Wolken auf, als es Diego endlich gelang, bei einer Tauchschule ein Boot samt Kapitän zu mieten. »Tauchschule« war ein bisschen übertrieben. Eigentlich bestand die Schule aus Ana und Miguel, zwei Tauchfreaks aus Sevilla, die übers Wochenende herkamen und Tauchgänge anboten. Als Büro diente ihnen ein Container, den sie einfach in den Hafen gestellt hatten und in dem sie auch ihre Tauchutensilien unterbringen konnten. Miguel fuhr uns mit seiner »Scorpora« hinaus in die Straße von Gibraltar. Endlich!

Eine halbe Stunde später war der Himmel bereits wieder tief wolkenverhangen, das Meer fast schwarz. Nur im Osten, gegen das Mittelmeer hin, zog sich ein goldener Lichtstreifen über den Horizont. Wir waren mitten in der Meerenge angelangt. Weiter entfernt, auf der marokkanischen Seite, zogen Frachter und Containerschiffe vorbei. Sofort kam eine Gruppe von Grindwalen auf unser Boot zugeschwommen, die ich wegen ihrer Stupsnasen schon immer sehr süß fand. Unglaublich, hier gab es wirklich Wale! Ich merkte sofort, dass Diego keine Ahnung von den Tieren hatte, er erkannte nicht einmal, dass es Grindwale waren. Eigentlich hätte mich das stutzig machen müssen, aber ich war so fasziniert, dass für Misstrauen keine Zeit blieb. Im Übrigen war ich ihm vor allem einfach nur dankbar, denn er hatte mir soeben den Beweis geliefert, dass es hier tatsächlich Meeressäuger gab.

Kurz darauf zeigten sich Gestreifte Delfine. Sie sprangen vor unserem Boot umher, bis ein großer Frachter kam, den sie offenbar interessanter fanden. Sie schwammen zu ihm hin, und wir schauten zu, wie sie vor seinem Bug um die Wette sprangen. Das sah friedlich aus und wirkte wie ein Spiel. Doch da hatte ich noch nicht all die vielen Tiere gesehen, deren Körper von Schiffsschrauben aufgeschlitzt worden waren.

Auf dem Rückweg waren unsere Gäste aus Marbella bereits in Partylaune. Wir vier aber hatten wenig Lust auf Lärm und zogen uns in den hinteren Teil des Bootes zurück. Wir standen an der Reling und schauten hinüber zu dem goldenen Streifen im Osten, als plötzlich ein riesiger Delfin hoch in die Luft schnellte. Er drehte sich um die eigene Achse und tauchte wieder ab, während fast zeitgleich zwei weitere Delfine aus dem Wasser aufstiegen und in hohem Bogen aufeinander zu sprangen. Wieder schauten Rita und ich einander ungläubig an. Die Delfine bildeten mit ihren Körpern ein Herz! Das war tief berührend, und keiner von uns vieren wird dieses

Bild je vergessen. Es klingt vielleicht etwas pathetisch oder gar anmaßend, aber in diesem Moment spürte ich eine tiefe Verbundenheit mit diesen Tieren, und ich fragte mich, ob das Bekanntmachen ihrer Existenz in der Straße von Gibraltar und ihr Schutz vielleicht die neue Aufgabe war, nach der ich schon so lange gesucht hatte.

Eine interessante Einladung

Noch immer aufgewühlt, flog ich anderntags in die Schweiz zurück. Ich wusste nicht, was aus dem gerade Erlebten entstehen würde; ich wusste nur, dass ich mir von ganzem Herzen wünschte, dass etwas entstand. Als das Flugzeug in Kloten landete, schnürte mir die Vorstellung, wieder in mein altes Leben zu schlüpfen, fast den Magen zu. Ich würde wohl nicht darum herumkommen, mir meine berufliche und meine private Situation etwas genauer anzusehen. Eigentlich wusste ich das ja schon länger, denn auch Ara hatte mir in seiner kryptischen Art immer wieder mal zu verstehen gegeben, dass ich loslassen müsse, damit etwas Neues entstehen könne. Aber ich wusste nicht viel damit anzufangen. Was sollte ich loslassen? Ich machte meinen Job gern und war stolz darauf, dass ich als erfolgreiche Geschäftsfrau ein selbstbestimmtes Leben führen konnte. Aber war es tatsächlich selbstbestimmt? Auf einmal kam mir mein Leben wie ein alter Turnschuh vor: Lange hält man ihn für seinen Lieblingsschuh, aber plötzlich schaut man an sich runter und merkt, dass er ganz ausgeleiert ist und gar nicht mehr zu einem passt.

Ich wohnte damals in einem großzügigen, hellen Einfamilienhaus im Stil der Siebzigerjahre. Es lag am Fuß des Üetlibergs, des Zürcher Hausbergs, direkt am Waldrand in der kleinen Gemeinde

Stallikon, also mitten in der Natur und doch in Stadtnähe. Als meine beiden Jungs noch klein waren, stand ein Sandkasten im Garten, wo sie Seen aushoben und Burgen bauten. Oft spielten sie auch am Bächlein im Tobel hinter dem Haus. Damals hatte für mich alles gestimmt. Aber jetzt war es ruhig geworden. Die Jungs lebten längst ihr eigenes Leben. Sam, mein älterer Sohn, war einunddreißig und seit diesem Sommer in Hongkong stationiert, um dort für die UBS das Private Banking aufzubauen. Andy, der jüngere, war neunundzwanzig und frisch verheiratet. Er und seine Frau Gaby erwarteten ihr erstes Baby und wohnten eine Straße weiter. Andy arbeitete als Skyguide-Lotse am Flughafen Zürich. Wenn ich von meinen Reisen nach Hause kam, fühlte ich mich immer etwas einsam. Wollte ich wirklich weiterhin in der Welt herumjetten und hie und da mal in diesem leeren Haus zwischenlanden, wo das Kindergelächter Vergangenheit war? Wollte ich wirklich hier alt werden?

Ich war zweimal geschieden und arbeitete damals zusammen mit meinem ersten Exmann Peter, dem Vater meiner Kinder, in der Reiseartikelbranche. Wir entwickelten neue Designs für Taschen, ließen diese in Asien herstellen und verkauften sie überall auf der Welt. Zuerst war ich mehr aus Spaß eingestiegen, als Peter sich vor fünfundzwanzig Jahren selbständig gemacht hatte, aber dann zeigte sich schon bald, dass ich ein Auge für gute Designs hatte. Unsere Firma Sono wuchs schnell, die großen Schweizer Modehäuser zeigten Interesse, wir hatten eine Marktlücke entdeckt.

Obwohl Peter und ich uns privat getrennt hatten, führten wir die Firma gemeinsam weiter. Als Geschäftspartner kamen wir prima miteinander aus. Jahrelang belieferten wir Migros, Coop, Globus, Jelmoli und viele andere Geschäfte. Es machte mir großen Spaß, dass meine Kreationen so gut ankamen, und ich hatte einen wunderbaren Ausgleich zu meinem Mutterdasein. Vor sieben Jahren war dann Puma International eingestiegen. Sie hatten mich angefragt, ob ich zusätzlich noch das Design ihrer Sporttaschen übernehmen könne. Kurz darauf nahm mich auch der drittgrößte amerikanische Importeur für Reiseartikel unter Vertrag. Beides war eine willkommene Herausforderung, bedeutete aber sehr viel Mehrarbeit. Meine Achse war seither Ferner Osten, Europa, USA, ich reiste manchmal achtmal pro Jahr um die Welt, nahm jährlich während sechs Monaten an fünfzehn verschiedenen Fachmessen teil. Selbstverständlich war mein Handy immer an, vierundzwanzig Stunden lang, auch wegen der Zeitverschiebung zu den USA und dem Fernen Osten.

Auf den langen Flügen, hoch oben in der Luft und weit weg von allem, war in den letzten fünf Jahren der Wunsch gewachsen, irgendwann in diesem Leben noch etwas anderes, vielleicht Sinnvolleres zu machen. Ich hatte zwar keine Ahnung, wie ich aus diesem sehr erfolgreichen, aber eben auch gehetzten Galopp herauskommen könnte. Doch der Wunsch, mich selbst zu entlasten und wieder freier zu werden, war da. Als ich Peter deshalb 1994 vorschlug, die Sono zu verkaufen, war er zunächst sehr skeptisch. Er bezweifelte, dass wir so einfach einen Interessenten finden würden. In diesen Sachen waren wir schon immer sehr unterschiedlich gewesen. Er war viel zögerlicher als ich. Wenn ich etwas wollte, fand ich in der Regel auch einen Weg. Doch er hatte schon recht: Wir saßen auf einem Lagerbestand an Taschen im Gesamtwert von circa einer Million Schweizer Franken. Wer würde uns den abkaufen?

Als ich aber in der Branche von meiner Absicht erzählte, meldete sich überraschenderweise ziemlich schnell ein Schweizer Geschäftsmann, der in Hongkong lebte. Beat war Basler und machte das Gleiche in Hongkong wie wir von Zürich aus, stellte aber neben Taschen auch Portemonnaies und Koffer her und verkaufte sie überall auf der Welt. Seine Rechnung war einfach: Wenn er unsere Firma übernahm, hatte er einen Konkurrenten weniger und konnte zudem unsere Kunden übernehmen. Er wollte die Sono mit Domizil in

Zürich zu einem internationalen Treffpunkt für europäische Einkäufer aus der Branche machen. Seine Bedingung war jedoch, dass ich die Kollektionen noch drei weitere Jahre entwickelte. Ziemlich schlau von ihm, denn damit behielt er auch alle Kunden an Bord, denen mein Design gefiel.

Sein finanzielles Angebot war gut. Da Peter in der Firma bleiben, ich aber rauswollte, kamen wir überein, dass die beiden mich auszahlten, ich jedoch vorerst weiterhin die Kollektionen betreute. Das funktionierte gut. Meine Taschen waren begehrt, ich hätte problemlos weitermachen können. Aber wollte ich das? Als ich nun von Tarifa zurückkam, waren von den vereinbarten drei Jahren bereits zwei um. Und obwohl ich nicht mehr auf der operativen Ebene arbeitete, hatte ich nach wie vor viel zu viel zu tun. Und auch wenn es immer noch Spaß machte, neue Designs zu entwerfen – wirklich aufregend war das Geschäft nicht mehr, dafür kannte ich es zu lange und zu gut.

Viel Zeit zum Nachdenken blieb jedoch nicht. Das Hamsterrad begann sich wieder zu drehen. In aller Eile bereitete ich die nächste Fernostreise vor. Ich flog meine übliche Tour: Südkorea–Taiwan–Hongkong. An jedem Ort arbeitete ich drei, vier Tage in den Showrooms, wo unsere neuen Taschenmodelle vorgestellt wurden; ich verhandelte mit Kaufinteressenten und schaute mir an, was die Konkurrenz Neues auf den Markt brachte. Zudem musste ich mit den Verantwortlichen in den Fabriken die Details für die aktuelle Produktion besprechen. Ich traf unzählige Menschen und war vollauf mit den neuen Kollektionen beschäftigt, sodass der Januar schnell verging. Nur auf den langen Flügen dachte ich hin und wieder an Tarifa und die Delfine zurück. Dann gingen mir einzelne Szenen durch den Kopf, mit Diego, mit Rita und Peter, mit den Tieren auf dem Meer. Aber das alles erschien mir nun wieder fern und fast unwirklich.

Ende Januar, kurz vor meinem Abflug von Taipeh nach Hongkong, las ich in einer Zeitung, dass Anfang März in Monaco der internationale Kongress der Meeresbiologen stattfinden würde. Ich nahm diese Info nur am Rand zur Kenntnis, doch als ich in Hongkong in unser Büro kam, lag ein Fax von Diego auf meinem Tisch. Er schrieb, er sei zu einer Veranstaltung für Orca-Forscher eingeladen worden, die während des jährlichen Meeresbiologen-Kongresses in Monaco stattfinden solle, habe aber kein Geld, um hinzufliegen. Ich weiß noch genau, wie ich damals in meinem Stuhl saß, den Zettel in der Hand, und mich fragte, was ich tun sollte. Ein undurchsichtiger Orca-Forscher oder vielleicht auch nur Möchtegern-Wissenschaftler, den ich kaum kannte, bat mich, ihm einen Flug zu bezahlen, damit er zu einem Kongress über ein Fachgebiet fliegen konnte, von dem ich keine Ahnung hatte. Aber dann tauchte wieder dieses Bild der springenden Delfine vor mir auf. Entgegen meiner sonst so rationalen Art schickte ich ihm das Geld und beschloss, ebenfalls zum Kongress zu fahren und mir die Sache einmal genauer anzuschauen. In meinem Terminkalender fand sich tatsächlich ein freies Zeitfenster für ein verlängertes Wochenende in Monaco.

Als ich Anfang März losfuhr, lag auf der Nordseite des Gotthards noch Schnee. Die Autofahrt war mühsam, denn es hatte viel Verkehr. Nach der Grenze ging es besser, und mir war leichter ums Herz. Mit einem Sandwich und einer Flasche Wasser ausgerüstet, fuhr ich von da an nonstop durch und kam spätnachts müde in Monaco an. Diego erwartete mich wie verabredet beim Kongresszentrum. Er war noch immer keine Augenweide, und sein Schnurrbart schien noch ungepflegter als in Tarifa, aber wenigstens hatte er Zacharias nicht dabei. Es war eisig kalt und ungemütlich, als wir durch die menschenleeren Straßen zogen und nach etwas Essbarem suchten. Vor einer Pizzeria sahen wir zwei Menschen, die, eingehüllt in Mantel, Schal und Mütze, eine Pizza aßen. Diego kannte sie.

»Hello Anjan«, rief er, »hello Claudia, this is Katharina, she just arrived from Switzerland!«

Claudia grinste: »Dann können wir ja Baseldeutsch reden.«

Anjan und Claudia waren ein Paar und studierten an der Universität Basel Meeresbiologie. Diego, der einen Tag vor mir angekommen war, hatte sie bereits kennen gelernt. Wir wechselten nur kurz ein paar Worte, denn mir war viel zu kalt, um mich draußen hinzusetzen. In der Pizzeria erzählte mir Diego dann, dass seine Exfreundin Lourdes extra nach Tarifa gekommen sei, um Zacharias zu hüten.

»Weißt du, Lourdes ist keine einfache Frau. Wir haben uns schon diverse Male getrennt, ich komme einfach nicht von ihr los und sie auch nicht von mir. Wenn wir ein gemeinsames Projekt hätten, würden wir vielleicht wieder zusammenfinden. Bisher ist Zacharias unser einziges gemeinsames Projekt.« Offenbar war die Beziehung kompliziert.

Er träumte wohl immer noch davon, dass ich als eine Art Mäzenin seine Whalewatching-Idee finanzieren würde, aber ich machte ihm klar, dass das für mich nicht infrage kam. Trotzdem wollte ich mich hier in Monaco einmal umhören. Und so lief ich am nächsten Tag voller Neugierde mit Diego durch die Messe und sammelte begierig alle Informationen ein. Darüber, dass hier offensichtlich keiner Diego, den Orca-Forscher, kannte, machte ich mir keine Gedanken. Ich studierte die Poster, auf denen die Wissenschaftler ihre neusten Forschungsergebnisse präsentierten. Zu jedem Plakat gab es sogenannte Abstracts, kleine Zusammenfassungen, die am Eingang in Katalogform erhältlich waren und mit denen man sich in der großen Messehalle gut orientieren konnte. Als wir an diesem ersten Tag, von den vielen Eindrücken schon ziemlich müde, zwischen den Postern herumschlichen, stand plötzlich Anjan vor uns und fragte: »Ich habe für heute genügend gesehen und gehört, kommt ihr mit einen Kaffee trinken?«

Anjan, ein in der Schweiz aufgewachsener Inder, hatte drei Monate lang auf der Wal-Forschungsstation bei Les Bergeronnes am St.-Lorenz-Strom in Kanada gearbeitet und dort seine Diplomarbeit vorbereitet. Was er erzählte, war spannend. Der Walforscher Ned Lynas hatte diese Station 1978 gegründet, weil er gemerkt hatte, dass es in dieser Gegend besonders viele Belugas und Minkwale gab, deren Verhalten noch weitgehend unerforscht war. Seither konnten Biologiestudenten und andere Interessierte dort dreimonatige Praktika absolvieren und unter der Anleitung von Biologen Daten über die verschiedenen Wale sammeln, die dort lebten oder vorbeizogen. Die Volontäre fuhren täglich mit ihren Booten hinaus, fotografierten die Tiere und notierten genau, wo sie gesehen wurden. Die Daten gaben sie dann minutiös in den Computer ein. Weil jedes Tier anders aussah und besondere Merkmale wie Narben oder Flecken aufwies, konnte man die Wanderung der Wale, ihre Gruppenzugehörigkeit und ihr Verhalten erforschen. Für diese Arbeit bekamen die Volontäre keinen Lohn, im Gegenteil, um mitmachen zu dürfen, mussten sie etwas bezahlen.

Mit Biologie-Studenten zu arbeiten, schien mir eine interessante Möglichkeit zu sein, denn falls wir in Tarifa tatsächlich ein Whalewatching und eine Organisation zum Schutz der Meeressäuger aufziehen würden, könnten wir bei den Ausfahrten ja gleichzeitig wissenschaftliche Daten erheben. Ohne dass ich es bewusst realisierte, nahm das Projekt in meinem Kopf immer konkretere Formen an.

»Gibt es eine Stelle oder eine Universität, bei der alle diese Erhebungen zusammengeführt werden?«, fragte ich Anjan. »Oder könnten wir uns der Forschungsstelle am St.-Lorenz-Strom anschließen?«

Er schüttelte den Kopf. »Soweit ich weiß, gibt es keine übergeordnete Stelle für solche Daten. Jede Forschungsstation arbeitet für sich, und die Ergebnisse werden in den gängigen Zeitschriften veröffentlicht. So funktioniert Forschung eben, das ist nicht wie in der

Geschäftswelt, wo sich Unternehmen aufkaufen oder sonst wie zusammentun, um marktbeherrschend zu werden.«

Was die Kanadier am St.-Lorenz-Strom machten, müsste doch auch in der Straße von Gibraltar möglich sein. Na ja, vielleicht. Das Modell jedenfalls war angedacht: Diego könnte in Tarifa mit Whalewatching für Touristen beginnen und Anjan als angehender Biologe parallel dazu eine Forschungsstation aufbauen und Volontäre anleiten. Mosaiksteinchen fügte sich an Mosaiksteinchen. Aber in meine Euphorie mischten sich auch sofort wieder Zweifel. Ich hatte mein halbes Leben lang Taschen kreiert und weder eine Ahnung von Walen noch von Naturwissenschaften oder Forschung. Aber organisieren konnte ich, und von Marketing verstand ich auch etwas! Vielleicht half uns das ja weiter.

Beim Nachtessen am letzten Abend des Kongresses kam ein weiteres wichtiges Mosaiksteinchen dazu. Eine Australierin kam auf uns zu und fragte: »Wenn wir nach Tarifa kämen, könnten wir dann von eurer Plattform aus arbeiten?« Ich weiß heute noch nicht, woher sie wusste, dass wir diese Idee mit uns herumtrugen.

Bevor ich aber den Mund aufmachen konnte, sagte Diego freundlich und mit der größten Selbstverständlichkeit: »Ja klar.«

Dass wir außer Ideen im Kopf noch gar nichts hatten, interessierte ihn offenbar nicht. Er, der nicht einmal genug Geld hatte, um seinem Hund regelmäßig Futter zu kaufen, ausgerechnet er hatte in dieser Forscherrunde offenbar behauptet, wir hätten bereits eine »Plattform«. Wie auch immer – zumindest wusste ich jetzt, dass wir in Tarifa eine solche brauchten, einen Begegnungsort, der den Meeresbiologen eine Infrastruktur für ihre Forschungen bot. Dass es in der Straße von Gibraltar Delfine und andere Wale gab, *musste* die Forscherwelt einfach interessieren! Selbst die Experten, die sich in Monaco trafen, hatten davon bislang nichts gehört. Was mir bis heute unerklärlich ist.

Am nächsten Morgen gab ich Diego den Auftrag, sich in Tarifa nach einem Lokal umzusehen, von dem aus wir arbeiten konnten. Wir brauchten einen Stützpunkt und eine Adresse, schließlich mussten die Menschen uns auch finden können, wenn sie uns suchten. Dass wir in Monaco Claudia und Anjan kennen gelernt hatten, war ein unfassbarer Glücksfall. Die ganze Meeresbiologen-Welt war dort anwesend, aber ausgerechnet die beiden, die wir spätnachts zufällig vor der Pizzeria trafen, studierten in Basel bei David Senn, einer Koryphäe der internationalen Meeresforscherszene. Noch hatte ich keine Ahnung, wie wertvoll dieser Kontakt für uns werden würde.

Umdenken

Zurück in Zürich, hielt meine Euphorie diesmal an. Ich war wild entschlossen, die Sache an die Hand zu nehmen. Die Tiere in der Meerenge von Gibraltar, die Tatsache, dass die Forscherwelt nichts davon wusste, die Geschichte mit den Delfinarien: Auch als Laiin war mir klar, dass es Handlungsbedarf gab, vor allem aber war mir klar, dass dort unten die Möglichkeit bestand, etwas Sinnvolles aufzubauen.

Eine Woche später traf ich mich in Basel mit Anjan und Claudia. Sie hatten David Senn, ihrem Professor von der Begegnung mit mir erzählt und natürlich auch von der Idee, in Tarifa Whalewatching anzubieten und eine Forschungsstation aufzubauen. Zudem hatten sie in der Zwischenzeit selbst recherchiert und herausgefunden, dass in der Straße von Gibraltar tatsächlich noch niemand über Meeressäuger geforscht hatte. Das Einzige, was es gab, waren Untersuchungen von diversen Ozeanologen über den Grabenbruch dort. Man hatte auch herausgefunden, dass es viele Strömungen gab, welche die Meerenge für die Schifffahrt zu einer äußerst komplizierten Wasserstraße machten.

»Unglaublich«, sagte ich, »da forschen gescheite Köpfe über Strömungen unter Wasser, und keiner denkt an die Tiere, die dort leben. Machen die denn vor Ort keine Tauchgänge? Warum merken die nicht, dass es dort Delfine und andere Wale gibt?«

Anjan und Claudia schauten mich ein bisschen irritiert an. »Forscher haben halt ihr spezifisches Gebiet, und diesen Forschungsbereich kann man nicht beliebig erweitern, sonst wird man nie fertig«, erklärte Claudia.

»Aber eigentlich ist es ja ein Glück für uns«, ergänzte Anjan, »wenn wir die Ersten sind, gibt es wenigstens was zu forschen.«

Offenbar war auch Professor Senn der Meinung, dass sich in der Straße von Gibraltar eine systematische Forschung lohnen würde. Er ließ mir ausrichten, ich solle ihn anrufen.

Das Telefongespräch dauerte nur fünf Minuten, aber als ich auflegte, schwirrte mir der Kopf. David Senn hatte mir in so kurzer Zeit so viele Infos hingeworfen, dass ich völlig überfordert war. Aber eines immerhin hatte ich klar und deutlich gehört: Er würde überall mithelfen, wo es um den Schutz der Tiere und die Sensibilisierung der Bevölkerung ging. »Lassen Sie mich wissen, wie Sie das genau aufziehen wollen und wie Sie vorwärtskommen. Wenn es meine Hilfe braucht: Ich bin da.« Das war ein Wort.

Claudia und Anjan besuchten mich in dieser Zeit häufig in Zürich. Meine beiden neuen Freunde waren topmotiviert. Wir studierten abendelang daran herum, wie wir unser Informations- und Forschungszentrum zum Fliegen bringen konnten. Was brauchte es? Wen brauchte es? Und wer sollte welche Aufgaben übernehmen? Claudia wollte ihr Studium in Basel auf alle Fälle zuerst abschließen.

Aber Anjan war fast fertig und konnte sich gut vorstellen, mit mir die Forschungsstation in Tarifa aufzubauen. In Kanada hatte er gesehen, wie das funktionierte: Wir mussten rausfahren und die Tiere fotografieren, immer und immer wieder, wenn wir herausfinden wollten, wie sie wanderten. Damit mussten wir eine Datenbank aufbauen und alle gesammelten Informationen so verwalten, dass sie wissenschaftlich nutzbar wären. Mit dem Whalewatching ließe sich bestimmt das nötige Geld für den Aufbau der Forschungsstation verdienen. Ich war sicher, dass sich genügend Touristen finden würden, die bereit waren, für einen Ausflug zu den Walen zu bezahlen. Das war doch ein ideales Ausflugsprogramm, und im Sommer wimmelte es in Südspanien von Touristen. Dass Anjan in Tarifa nicht gratis arbeiten konnte, war klar. Und klar war auch, dass ich am Anfang das finanzielle Risiko allein tragen musste, denn ich war die Einzige von uns, die Geld hatte. Zum Glück hatte der Verkauf der Sono vor zwei Jahren einen schönen Gewinn abgeworfen.

Irgendwann in diesen Wochen erreichte mich ein Fax. Diegos Freundin Lourdes – oder war sie gerade wieder die Exfreundin? – fragte an, ob wir das Whalewatching-Projekt nicht zusammen angehen wollten. Sie habe gute Kontakte zu Kapitänen in Tarifa, und Diego und sie könnten permanent vor Ort zum Rechten sehen, was mir ja sicher helfen würde, da ich beruflich noch anderweitig engagiert sei. Ich hatte spontan kein gutes Gefühl bei dem Gedanken, die beiden als direkte Geschäftspartner zu haben. Ich kannte diese Lourdes nicht. Diego hatte mir aber von der schwierigen Beziehung erzählt. Was, wenn sich die beiden wieder zerstritten? Offenbar ging das ja ständig hin und her, und Diego schien mir nicht der Zuverlässigste zu sein. Zudem hatte ich inzwischen die Absicht, in der Schweiz eine Stiftung zu gründen, und an dieser wollte ich auf keinen Fall ausländische Partner beteiligen. Deshalb schrieb ich zurück, ich sähe leider keine Möglichkeit für eine geschäftliche Partnerschaft. Damit war für mich die Sache erledigt. Ich hatte keine Ahnung, was meine klare Absage bei ihr auslösen würde.

»Wir brauchen ein Boot«, sagte Anjan bei einem unserer Treffen.
Recht hatte er, aber ich wusste nicht, wie und wo man zu einem kam. Ich kannte die Segelschiffe auf dem Zürichsee und war schon überall auf der Welt mit diversen Booten zu Tauchgängen hinausgefahren. Aber was für ein Boot brauchten wir um Himmels willen für das Whalewatching? Anjan sah die Fragezeichen in meinem Gesicht.
»Ich mach mich mal schlau«, sagte er munter. Nach einer Woche schon rief er an. »Ich hab eins!«, teilte er mir freudig mit. »In Barcelona verkaufen sie Zodiac-Schlauchboote. Das wäre doch was; die sind nicht zu teuer und für den Anfang ideal.«
Den Namen Zodiac hörte ich zum ersten Mal. Einmal mehr wurde mir bewusst, dass ich mich auf absolut unbekanntem Terrain bewegte. Nannte man mir eine Stoff- oder Lederart, Namen von Pailletten oder Reißverschlüssen, konnte ich mir sofort etwas darunter vorstellen, aber ein Zodiac-Schlauchboot war mir so vertraut wie ein Mondanzug. Wie sollte ich beurteilen, ob es etwas taugte? Dennoch beschloss ich, mit Anjan nach Barcelona zu fliegen und auch Diego dorthin zu bitten; er verstand sicher mehr von Booten als wir. Es würde noch eine Woche dauern, bis die Taschen-Musterkollektionen für den nächsten Winter geliefert wurden und ich wieder in der Schweiz sein musste. Ich hatte also Zeit. Kurz entschlossen buchte ich drei Flüge nach Barcelona.
In der Fabrikhalle standen viele große Boote, und es wimmelte nur so von schnittigen Jachten für reiche Leute. Die passten aber nicht zu uns, wir brauchten ein günstiges, meertaugliches Modell mit möglichst viel Platz und wenig Schnickschnack. Anjan lief zielstrebig auf ein stabiles Schlauchboot mit Außenbordmotor zu.

»Eines in der Art hatten wir in Kanada auch«, sagte er. »Es bietet Platz für fünfzehn Personen und ist sehr praktisch, weil man es leicht aus dem Wasser bekommt. Einen Standplatz haben wir ja noch nicht, oder?«

Einen Standplatz? Daran hatte ich gar nicht gedacht, aber er hatte sicher recht: So schnell würden wir in Tarifa auch keinen bekommen.

Als der Verkäufer uns den Preis für das Boot nannte, rutschte mir das Herz in die Hose. Plötzlich wurde mir bewusst, dass mich dieses Abenteuer eine Stange Geld kosten würde, und zwar noch bevor klar war, ob es überhaupt funktionierte. Umgerechnet etwa dreißigtausend Schweizer Franken wollte er für das Boot. Ich bat um eine Woche Bedenkzeit, und wir fuhren zurück in unser Hotel in der Nähe des Flughafens. Diego war die ganze Zeit ziemlich schweigsam gewesen, von Booten verstand er offenbar auch nicht mehr als ich. Erst beim Nachtessen wurde er wieder gesprächiger. Er erzählte mir, dass Lourdes und er sich wieder mal getrennt hätten, und ich war ziemlich froh darüber, dass ich es künftig nur mit ihm zu tun haben würde. Dann kam er zum Geschäftlichen.

»Ich habe mich in Tarifa umgeschaut. Es gibt da das Café Central mitten in der Altstadt und gleich dahinter ein Lokal. Es ist zwar klein, aber wirklich gut gelegen. Es befindet sich etwa in der Mitte der Hauptgasse, die durch die Altstadt zum Hafen hinunterführt.«

»Wie groß ist es?«, fragte ich.

»Etwa fünfundzwanzig bis dreißig Quadratmeter. Es sind allerdings zwei Räume, durch eine Tür verbunden, und alles ist im Moment noch sehr dunkel.«

Die Größe schien mir okay zu sein, für den Anfang brauchten wir ja kein großes Ladenlokal. Und die Lage war so zentral, dass jeder Tarifa-Tourist mindestens einmal daran vorbeikam.

»Wie viel kostet es?«

»Der Vermieter will Hundertdreiunddreißigtausend Peseten im Monat.« Das machte rund zwölftausend Schweizer Franken im Jahr. Das konnte ich mir leisten. Ich wollte die Ausgaben zwar möglichst tief halten, aber da ich nun schon ein Boot kaufte, musste ich wohl auch in ein Büro investieren.

»Hundertdreiunddreißigtausend Peseten sind zwar nicht wenig, aber das muss wohl drinliegen«, überlegte ich laut.

Es war einen Moment lang still. Offensichtlich war Diego überrascht, dass ich so leicht zu überzeugen war. Als ich ihm sagte, dass ich demnächst nach Tarifa käme, um den Mietvertrag zu unterzeichnen, strahlte er über das ganze Gesicht.

Dann räumte er ein: »Ähm, die Räume sind in keinem guten Zustand. Sie wurden früher als Bar und zuletzt als Lager genutzt. Wir müssten wohl ein bisschen in Malerarbeiten investieren.«

»Das sehen wir uns genauer an, wenn ich in Tarifa bin.«

»Wir könnten die Wände unten blau und oben weiß streichen, wie das hier üblich ist.«

»Das entscheiden wir, wenn ich vor Ort bin, okay?«

»Okay, aber bräuchten wir nicht auch ein Auto? Du kannst ja nicht immer eines mieten?«, fragte er noch.

Ich versprach, mich auch darum zu kümmern. Ritas Mann Peter hatte jahrelang die Nissan-Vertretung in der Schweiz geführt, er konnte mir sicher weiterhelfen.

Am nächsten Tag flog ich zurück nach Zürich. Hoch über den Wolken hatte ich wieder ein bisschen Zeit, um nachzudenken. Jetzt, wo es anfing, ins Geld zu gehen, musste ich dringend mit meiner Familie reden. Natürlich wussten sie bereits, was zwischen Weihnachten und Neujahr in Tarifa passiert war, aber dass es so schnell so konkret werden würde, hatte selbst ich nicht geahnt. Eine neue Firma wollte ich zwar nicht gründen – das hätte wieder Stress bedeutet –, aber eine Stiftung für einen guten Zweck war vielleicht das Richtige.

»Mam, du bist schon ein bisschen verrückt«, sagte Andy, als ich mit meiner Geschichte fertig war.

Von außen musste es tatsächlich so aussehen. Zu viert saßen wir am Küchentisch. Sam, der gerade aus Hongkong zu Besuch war, Andy und mein Exmann Peter, den ich auch eingeladen hatte. Obwohl ich mich bereits vor dreiundzwanzig Jahren von ihm hatte scheiden lassen, war er die ganze Zeit über eine meiner wichtigsten Bezugspersonen geblieben. Meine Gefühle waren damals einfach abgekühlt, außerdem hatte ich noch mehr vom Leben gewollt und mir nicht vorstellen können, dass es bis ans Lebensende so gemütlich und gesetzt weitergehen sollte. Aber ich habe selten einen liebenswürdigeren Menschen kennen gelernt als Peter. Wir hatten auch die Kindererziehung trotz Trennung immer gut und fair hinbekommen, genauso wie wir uns das nach der Scheidungsverhandlung geschworen hatten. Vielleicht hatten wir uns einfach zu früh kennen gelernt. Wie auch immer, Peters Meinung war und ist nach wie vor wichtig für mich. Er ist zuverlässig und gewissenhaft, und er hat ein großes Herz.

»Du hast keine Ahnung von Walen«, sagte Andy, »du hast keine Ahnung von Forschung, und du bist in Tarifa angewiesen auf diesen Diego, von dem du selbst sagst, dass du ihm nicht ganz traust.«

»Ich gebe ja gern zu, dass es ein bisschen verrückt klingt«, sagte ich, »aber es fühlt sich richtig an. Zudem habe ich ja nicht nur Diego, sondern auch Anjan und Claudia an meiner Seite. Und ich habe mit David Senn gesprochen. Er ist ein Experte auf diesem Gebiet und sehr kompetent, nicht nur als Forscher, sondern auch, was das Potenzial eines solchen Projekts anbelangt. Und ich selbst bin ja auch nicht ganz unbedarft, was das Geschäftliche betrifft. Das Risiko ist mir durchaus bewusst, aber ich habe viele Jahre eine Firma geführt, und ihr könnt nicht abstreiten, dass ich einen ziemlich guten Riecher dafür habe, was funktioniert und was nicht.«

»Dein guter Riecher bezieht sich auf das Design von Handtaschen und nicht auf Walforschung, da gibts schon einen Unterschied.« Andy ließ sich nicht so schnell überzeugen, er war schon immer der Vorsichtigere gewesen.

Bei Sam sah ich jedoch sofort jenes Leuchten in den Augen, das ich von mir selbst gut kannte. Er sagte ganz simpel: »Du suchst nach einem neuen Sinn im Leben. Go for it, machs, wenn du das Gefühl hast, dass es das Richtige ist! Vielleicht ist es tatsächlich das, was du gesucht hast – oder andersrum: Vielleicht hat es dich gefunden.«

Ich musste lachen und fühlte mich sehr verstanden von meinem älteren Sohn, wir funktionierten in manchen Dingen genau gleich. Das hieß aber nicht, dass ich nicht auch auf Andy hörte. Er kam eher nach Peter, und an diesem hatte ich immer sehr geschätzt, dass er zwar vorsichtig, aber extrem umsichtig war.

»Du wolltest dich vom Stress und vom Hamsterrad befreien«, gab Peter nun zu bedenken, »deshalb war und ist der Verkauf von der Sono und der Deal mit Beat absolut ideal für dich. Ich verstehe nicht ganz, warum du dir nun gleich ein neues Projekt anlachst; damit wäre es aus mit mehr Zeit und Geruhsamkeit. Dieses Projekt wird dich vermutlich sogar noch mehr beschäftigen als deine bisherige Arbeit. Willst du das wirklich?«

Ich wurde sechsundfünfzig, da hatte er schon recht, und ich wollte kürzertreten, auch das stimmte. Aber trotz aller rationalen Einwände war meine innere Stimme stärker.

»Ich kann nicht garantieren, dass es funktioniert«, antwortete ich, »aber ich habe durch die Sono bis nächstes Jahr noch ein mehr oder weniger regelmäßiges Einkommen. Bis dann zeichnet sich sicher auch ab, ob das Projekt eine Chance hat. Vermutlich könnte ich danach auch für die Sono weiterarbeiten, falls es nötig wäre. Insofern ist das Risiko beschränkt, ich setze ja nicht alles auf eine Karte. Aber wie gesagt, es fühlt sich einfach richtig an, und irgendwie bin ich schon recht weit gegangen. Wenn ich jetzt die Notbremse ziehe, käme ich mir feige vor. Ich habe keine Angst vor den Herausforderungen und hätte wirklich große Lust, es zu versuchen.«

Sam strahlte mich an und sagte mit einem Augenzwinkern: »Ich freu mich aufs Tauchen in Tarifa und auf all die Delfine und anderen Wale. Orcas haben wir noch nie in freier Natur gesehen, die fehlen noch auf unserer Liste. Warte damit bitte auf uns!«

Ich hatte die Jungs schon relativ früh fürs Tauchen begeistern können, und als sie in die Pubertät kamen, war das ein wichtiger Grund gewesen, weswegen sie noch mit mir in die Ferien fuhren. Ich hatte mir immer neue, attraktive Reisedestinationen einfallen lassen, und mit der Zeit war ein freundschaftlicher Wettbewerb zwischen uns entstanden, wer welchen Fisch zuerst sah.

Die Stimmung war gut an diesem Abend, Peter und Andy wollten einfach sichergehen, dass ich mich nicht kopflos ins Unglück stürzte. Aber da ich auch ein paar Argumente auf meiner Seite hatte und das Risiko überschaubar war, konnte ich sie einigermaßen beruhigen. Zudem wussten sie nur zu gut, dass ich mich nicht so leicht umstimmen ließ, wenn ich mir etwas in den Kopf gesetzt hatte.

Und immer wieder Zweifel

Es war noch winterlich kalt in Zürich, als ich nach Tarifa flog, um mir die ehemalige Bar anzusehen und den Mietvertrag zu unterzeichnen. Zwanzig Grad zeigte das Thermometer, als ich in Málaga ausstieg. Mein Herz hüpfte, als ich von den Hügeln nach Tarifa hinunterfuhr. Der Himmel war blau, alles blühte und war grün. Auf dem Meer tanzten Schaumkronen, denn der Levante wehte heftig.

Glücklicherweise ahnte ich damals weder, was das bedeutete, noch, wie viele andere Probleme auf mich zukommen würden, sonst hätte ich rechtsumkehrt gemacht und mich dankbar weiterhin um meine Taschendesigns gekümmert.

Diego wartete bereits im Café Central. Zacharias war erstaunlich sauber, und auch Diego sah frisch und erholt aus; ich wurde einfach nicht schlau aus diesem Mann. Manchmal war er jugendlich und voller Tatendrang, dann wieder kam er mir vor wie ein verwahrloster alter Clochard. Er hatte die Schlüssel organisiert und führte mich zu dem Ladenlokal, das nur ein paar Schritte entfernt vom Café lag.

Als er die Tür aufschloss, traf mich fast der Schlag. Es war ein dunkles, stinkendes Loch. Nachdem sich meine Augen an die Dunkelheit gewöhnt hatten, sah ich, dass sich die Läden der beiden Fenster öffnen ließen. Schon besser, nun sah man wenigstens etwas. Der Gestank war aber trotz der weit aufgerissenen Fenster nach wie vor abscheulich. Auf dem langen Tresen im ersten Raum standen halb volle Bierflaschen herum. An der Wand dahinter gab es ein kleines Lavabo, das vor Schmutz starrte. Den Wänden entlang waren Harasse mit leeren Flaschen aufeinandergestapelt, auch im hinteren Raum, und auf dem Boden lagen alte Zeitungen und lose Holzbretter herum.

Direkt hinter dem Tresen führten zwei Türen zu den Toiletten. Darin stank es noch schlimmer. Die Toilettenschüsseln waren total verdreckt, und die Spülung funktionierte natürlich auch nicht. Ich flüchtete zurück ins »Central«; ich brauchte dringend einen Stuhl und einen Kaffee. Diego setzte sich schweigend neben mich.

»Das ist ein Loch«, sagte ich nach fünf Minuten und seufzte. »Weißt du, wie viel Arbeit es braucht, bis wir das instand gesetzt haben?«

Diego schwieg immer noch.

»Gibt es denn im ganzen Städtchen nichts Besseres? Komm, wir lassen uns noch etwas Zeit und schauen, ob sich wirklich nichts anderes findet.«

Wir liefen durch Tarifa. Die kleinen verwinkelten Gässchen oben am Hang kamen als Standort nicht infrage, dort würden uns die Touristen nicht finden. Und an der Hauptstraße stand nichts leer, hier gab es kleine Kleiderläden, Bars und Restaurants, dazwischen noch einen Gemüsehändler und einen Bäcker. Jeder zweite Hausbesitzer betrieb im Parterre sein eigenes kleines Business, zu mieten gab es höchstens hie und da eine Wohnung in einem der oberen Stockwerke. Ich sah ein, dass die Lage der verdreckten und stinkenden Bar tatsächlich gut war, aber mir graute vor dem Aufwand. Wir setzten uns wieder ins Café.

»Ich könnte das ja machen«, bot Diego an. »Wenn ich den Dreck rausschaffe und die Wände streiche, sieht das sicher ganz freundlich aus.«

»Aber bitte nicht blau-weiß«, lachte ich, »sondern einfach nur weiß. Es muss sehr hell werden drinnen, sonst bekomme ich Depressionen. Schaffst du das?«

»Das müsste möglich sein, ist ja nicht so groß. Allerdings hab ich kein Geld, um Farbe zu kaufen. Könntest du mir welches geben?«

Natürlich würde ich das tun. Zuerst wollte ich aber wissen, wer die Bar überhaupt vermietete. Diego holte den Mann. Es war der Besitzer des gegenüberliegenden Kleidergeschäfts. Wir einigten uns darauf, dass dieser die Harasse und Flaschen abführte und ich das Lokal fürs Erste bis Ende Jahr mieten würde. Dann gab ich Diego dreihunderttausend Peseten für die Renovation und nahm ihm das Versprechen ab, dass er bis Ostern alles sauber machte und neu strich und die Toiletten und den Wasseranschluss reparieren ließ.

Ziemlich ermattet erschien ich bei Rita und Peter zum Nachtessen. Es tat gut, Freunde um mich zu haben und meine Freundin wiederzusehen – Telefongespräche waren einfach nicht dasselbe. Voller Elan hatten sie an ihrer Finca weitergebaut. Die Zimmer fürs Bed & Breakfast waren bereits fertig und warteten auf Touristen. Nach dem Schock mit der Bar folgten nun positive Neuigkeiten: Peter hatte einen alten Kombi für mich gefunden, der in gutem Zustand war, weil er nicht oft gefahren worden war.

Als ich die Geschichte mit der Bar erzählte, schauten mich die beiden ziemlich besorgt an.

»Die Lage ist in Ordnung«, sagte Peter, »aber von Diego würde ich nicht zu viel erwarten. Ich bin nicht so sicher, ob es eine gute Idee war, ihm Geld dazulassen. Vielleicht hätte ich das übernehmen sollen, mit Renovationen kenne ich mich ja mittlerweile aus. Stell dir vor, ich weiß sogar, wo man hier Farbe kauft«, sagte er lachend.

Warum hatte ich bloß nicht gleich an ihn gedacht? Zumal ich Peters Bedenken teilte. Aber ich verdrängte meine Zweifel gleich wieder. Es waren noch zwei Wochen bis Ostern, es würde schon gut gehen.

Am nächsten Tag holten wir den alten Kombi ab. Über die Tatsache, dass es ein Mercedes war, war ich alles andere als erfreut, denn ich mag diese Marke nicht. Aber das Geld war gut investiert, ich brauchte dringend ein Auto. Rita und Peter fuhren wieder nach Hause, und ich war mit Diego verabredet, um mir nochmals die Bar anzusehen. Zudem hatte ich ihn gebeten, mir einen Anwalt zu suchen, der Deutsch sprach. Ich musste abklären, welche Bewilligungen ich zum Betreiben einer Forschungs- und Whalewatching-Station brauchte und ob eine Schweizer Stiftung dafür genügte.

Als ich das Auto auf dem großen Parkplatz beim Hafen abstellte, sah ich Ana und Miguel, die uns an Weihnachten mit hinaus aufs Meer genommen hatten, bei ihrem Tauchschule-Container herumhantieren. Es war Freitagmorgen, und sie setzten ihre Geräte für die kommende Saison instand. Miguel und Ana sprachen leider kein Englisch, und ich musste mich mit meinen wenigen Brocken Spanisch behelfen. Ich fragte, ob es wirklich so schwierig sei, in Hafennähe ein Lokal zu mieten.

»Was glaubst du, weshalb wir hier von einem Container aus arbeiten?«, antwortete Miguel lächelnd. »Wir haben am Anfang auch etwas zum Mieten gesucht, aber in dieser Gegend ist es extrem schwierig. Das Einzige, was man problemlos mieten kann, sind Touristen-Einfamilienhäuschen hinten am großen Strand oder weiter oben am Hügel. Aber in der Altstadt gibt es nichts.«

Ich erzählte ihnen von meinen Plänen, in Tarifa eine Whalewatching- und Forschungsstation aufzubauen. Zuerst schauten sie mich ein bisschen skeptisch an und fragten sich wohl, was diese ältere Dame dazu trieb, sich in einem fremden Land auf ein solches Abenteuer einzulassen, aber grundsätzlich fanden sie die Idee gut. Ihnen lagen die Tiere wohl ebenso am Herzen wie mir.

»Unterschätz aber nicht, wie schwierig es ist, hier als Fremde mit einem Business anzufangen«, sagte Ana. »Wir sind Spanier, und Sevilla ist nicht so weit weg, aber selbst für uns ist es immer noch schwierig mit der Bevölkerung hier. Die Menschen sind sehr skeptisch und haben immer ein bisschen Angst, dass man ihnen etwas wegnimmt.«

Miguel doppelte nach: »Du wirst Verbündete brauchen.«

»Wie gut kennt ihr Diego?«, fragte ich.

Die beiden schauten sich an. »Diego ist schon in Ordnung«, antwortete Miguel, »aber ich glaube, er hat ein paar Probleme. Er hilft uns manchmal, doch statt ihn zu bezahlen, gehe ich mit ihm lieber einkaufen, Lebensmittel oder etwas für Zacharias.«

»Ich hab ihm den Auftrag gegeben, die Bar in Ordnung zu bringen und zu streichen, und ihm dafür Geld gegeben.«

»Hm, betrachte das als Experiment. Es würde mich freuen, wenn es klappt«, meinte Miguel vielsagend.

Die Diskussion führte in eine Richtung, die mir nicht behagte.

Ich wechselte das Thema. »Ich habe ein Boot gekauft, es wird im Juni geliefert. Aber ich bräuchte noch einen Kapitän, der es fahren kann. Kennt ihr vielleicht jemanden?«

»Auf die Schnelle fällt mir niemand ein, aber wir können uns ja mal umhören«, sagte Miguel.

»Gut, ich komme an Ostern wieder, dann schaue ich bei euch vorbei.« Die beiden waren mir sympathisch. Ich verabschiedete mich, Diego wartete bereits im Café Central.

»Ich hab einen Termin für dich organisiert bei Clemens Bolte«, sagte er, als ich mich zu ihm setzte. »Er ist Anwalt und spricht Deutsch. Er arbeitet gleich hier in der Nähe und sagt, wir sollen doch einfach schnell vorbeikommen.« Das war mir sehr recht.

Clemens Bolte war etwa so alt wie ich und sehr freundlich. Als ich von meinen Plänen erzählte, runzelte er die Stirn. »Señora Heyer, Sie haben große Pläne. Um hier ein Geschäft zu betreiben, brauchen Sie eine Bewilligung und vor allem ein Lokal. Wollen Sie hier eine Firma gründen?«

Gerade das wollte ich ja nicht. »Ich will in der Schweiz eine Stiftung gründen, reicht das nicht?«

»Nein, Sie müssen zusätzlich noch eine spanische Firma gründen, wenn Sie hier ein Geschäft betreiben.«

»Kann ich statt einer Firma auch eine spanische Stiftung gründen?«, fragte ich, doch Clemens Bolte wusste nicht, ob es in Andalusien überhaupt die Rechtsform einer Stiftung gab. Das konnte ja heiter werden. Ich bat ihn trotzdem, abzuklären, ob es möglich wäre, eine zu gründen, und fragte ihn, was ich sonst noch für Bewilligungen benötigte.

»Sie sagen, Sie haben ein Boot? Dafür brauchen Sie eine Zulassung. Und wie haben Sie das mit dem Auto geregelt? Wem gehört es, und auf wen ist es angemeldet? Werden Sie Mitarbeiter haben? Und haben Sie schon ein Bankkonto bei einer spanischen Bank ...«

Clemens Bolte schien vertrauenswürdig zu sein, er konnte mir sicher einiges abnehmen. Nicht gratis, das war klar, aber ich war froh, dass ich mich nicht selbst um jede Kleinigkeit kümmern musste. Wir kamen überein, dass er alles Nötige abklären und in die Wege leiten würde, damit wir an Ostern, so hoffte ich, Nägel mit Köpfen machen konnten.

Helfende Hände

Zu Hause in Zürich saß ich wieder über meiner Taschen-Musterkollektion und war ziemlich zufrieden mit dem Resultat. Es tat gut, zu sehen, dass ich wenigstens von diesem Metier etwas verstand, und tröstete mich ein bisschen über den Umstand hinweg, dass mein neues Projekt, nüchtern betrachtet, schon eher eine abenteuerliche Aktion war. Ich besaß nun ein Boot, das im Juni in Tarifa eintreffen würde, und einen Mietvertrag für eine stinkende Bar. Und ich war noch immer wild entschlossen, eine Forschungs- und Whalewatching-Station auf die Beine zu stellen. Nun musste ich das Ganze noch ein bisschen besser organisieren und meiner Idee einen professionellen Überbau geben. Ich rief meinen guten Freund Benny an.

Ich kannte ihn damals schon viele Jahre, er hatte früher ebenfalls Taschen entworfen. In den Achtzigerjahren war er dann nach Griechenland ausgewandert und hatte auf der Insel Serifos ein Restaurant eröffnet. Dort lernte er auch seinen Freund Ludger kennen. Als ich die beiden das erste Mal besuchte, stand gleich neben ihrem Haus ein kleines Kykladenhäuschen frei. Das gefiel mir so gut, dass ich es kurz entschlossen kaufte. Der Ort war jahrelang mein Fluchtpunkt, wann immer ich kurzfristig Lust hatte, zu verreisen, oder ein bisschen Wärme brauchte. Zudem gab es dort herrliche Strände, und das Meer war ideal zum Schnorcheln. Bei Benny und Ludger fühlte ich mich wohl, und meine Jungs ebenfalls.

Benny begann jedoch in Griechenland zu trinken. Als er 1995 in die Schweiz zurückkehrte und in der Nähe von Baden einen Gasthof übernahm, war er schon weit in die Sucht hineingeraten und musste bald Bankrott anmelden. Beinahe hätte er sich zu Tode getrunken. Ich war damals neben seinem Bruder die Einzige, die ihn hartnäckig mit seinem Problem konfrontierte und ihn schließlich zu einem Entzug bewegen konnte. Und ich begleitete ihn durch diese schwere Zeit hindurch. Als es ihm wieder besser ging und er in einem Wohnheim für ehemalige Alkoholiker und Drogensüchtige lebte, entdeckte er, dass er sehr gut mit diesen Menschen umgehen kann. Benny erkannte damals, dass viele in ein Loch fielen, sobald sie nach Hause entlassen wurden. Auch zwei seiner Freunde waren so wieder rückfällig geworden. Darum beschloss er, ein Integrationszentrum für Menschen mit psychischen Problemen zu schaffen.

Im aargauischen Meisterschwanden war damals das Gärtnerhaus einer großen alten Villa mit viel Umschwung zur Vermietung ausgeschrieben. Benny fand die Lokalität ideal für sein Projekt. Er wollte eine kleine Wohngemeinschaft einrichten und zusammen mit den Bewohnern den verwilderten Garten bewirtschaften. Der Hauseigentümer unterstützte seine Idee, aber er verlangte finanzielle Sicherheiten und schlug Benny vor, eine Stiftung zu gründen. Da er das nötige Geld nicht hatte, schoss ich es ein. Die Stiftung Gärtnerhaus arbeitet seither sehr erfolgreich und bietet inzwischen siebzig Menschen Platz. Das stiftungseigene Blumengeschäft betrieb bis zu seiner Pensionierung übrigens Ludger, Bennys damaliger Freund und heutiger Ehemann.

Als Benny 1997 die Stiftung gründete, bat er mich, Stiftungspräsidentin zu werden. Ich wusste also bereits ein bisschen Bescheid, was man für eine Stiftung braucht und wie man sie leitet. Diese Erfahrung war mir nun bei meinem eigenen Vorhaben sehr nützlich. Manchmal weiß man ja im ersten Moment wirklich nicht, wofür bestimmte Dinge gut sind im Leben. Jetzt wusste ich es.

Als ich Benny anrief, war er sofort begeistert. »Keine Frage, ich mache mit. Was brauchst du von mir?«, fragte er.

»Könntest du an Ostern nach Tarifa kommen und mir helfen, die Bar zu einem funktionsfähigen Ladenlokal zu machen? Und – ich möchte dich im Stiftungsrat haben.«

»Katharina, ich hätte da jemanden, den du vielleicht brauchen könntest«. Meine Sekretärin bei Sono war am Apparat. Ich hatte in der Firma von meinen Plänen erzählt. »Philipp ist ein Freund von mir. Er kann Spanisch und möchte gern in Spanien arbeiten. Bräuchtest du nicht jemanden fürs Backoffice?«

Natürlich wäre jemand mit guten Spanischkenntnissen vor Ort nützlich! Erst recht, weil Büroarbeit nicht meine bevorzugte Beschäftigung ist und es genug andere Dinge gab, um die ich mich kümmern musste. »Keine schlechte Idee«, sagte ich darum. »Kann ich diesen Philipp mal treffen?«

Wir trafen uns in den Büros der Sono. Philipp arbeitete bei der Migros am Limmatplatz als Sachbearbeiter, war um die fünfundzwanzig Jahre alt und machte einen guten Eindruck auf mich.

»Ich habe eine kaufmännische Lehre gemacht und bin anschließend ein Jahr in Südamerika herumgereist«, erzählte er. »Das hat mir so gut gefallen, dass ich gern wieder in ein Spanisch sprechendes Land gehen würde. Wenn es also eine Möglichkeit gäbe, in Tarifa zu arbeiten, wäre ich sofort dabei. Ich kann alles, was man administrativ können muss, inklusive Buchhaltung.«

Philipp kam wie gerufen. Anjan würde im Mai runterfahren, um mit seiner Arbeit als Biologe zu beginnen, aber er konnte nicht alles allein machen. Jemand musste im Büro sein und die Buchungen für das Whalewatching entgegennehmen.

»Das klingt ganz gut«, sagte ich. »Eine wichtige Bedingung ist aber, dass du mit Anjan klarkommst. Ihr würdet eng zusammenarbeiten, und ich bin darauf angewiesen, dass ich ein Team habe, das an einem Strang zieht. Du müsstest das Büro aufbauen und hättest die ganze Administration unter dir. Du würdest die Reservationen fürs Whalewatching machen, zudem den Souvenirshop betreuen, den ich in einer Ecke einrichten möchte. Es wird erst mal viel zu tun geben, ich kann keine fixen Arbeitszeiten bieten, und ihr beide werdet anpacken müssen, wo immer es nötig ist. Wärst du dazu bereit?«

Philipp strahlte. »Ja klar, das wird mir viel Spaß machen, denn ich helfe gern mit, etwas aufzubauen. Ein Delfinexperte bin ich zwar nicht, aber vielleicht werd ichs ja noch.«

Seine offene Art gefiel mir, ich fand es auch sympathisch, dass er sich mir nicht als engagierter Tierschützer verkaufte. Er stand dazu, dass er einfach gern in Spanien arbeiten würde.

»Triff dich mit Anjan in Basel, und gib mir nachher Bescheid. Ich kann dir keinen fürstlichen Lohn bezahlen, würde aber die Kosten für die Unterkunft übernehmen. Wärst du mit tausendzweihundert Franken einverstanden?«

»Ich muss ja keine Familie ernähren«, sagte er augenzwinkernd, »das geht klar.«

Ich war gespannt, wie Anjan und er miteinander zurechtkamen.

Beim Gespräch mit Philipp war mir klar geworden, dass ich mit der Werbung für die Whalewatching-Touren vorwärtsmachen musste. Wenn ich für die Buchungen jemanden anstellte, musste es ja auch Touristen geben, die buchten. Diego sollte also in den Hotels rundum Handzettel verteilen, Flyer, wie man sie oft in den Hotellobbys sieht. Das würde viele Tagestouristen zu uns bringen. Zudem wollte ich in der Schweiz aktiv Delfin- und Walbeobachtungsferien in Tarifa anbieten. Mit Anjan hatte ich einen Biologen im Team, der Vorträge über die Situation der Delfine und andere Wale vor Ort halten konnte; kombiniert mit Bootsfahrten hinaus zu den Tieren, Wanderungen in den Sanddünen oder Schnorcheln ließ sich ein attraktives Wochenkursprogramm zusammenstellen. Natürlich dachte ich dabei auch an Familien mit Kindern, für die mein Angebot viel interessanter und sinnvoller war als Badeferien mit Delfinarien-Besuch. Wenn wir nur schon ein paar Schweizer Familien, die so gern Urlaub in Südspanien machten, für unser Projekt gewinnen könnten, wäre das großartig.

In der verbleibenden Zeit bis Ostern konzentrierte ich mich auf die Werbung in der Schweiz. Ich kreierte zusammen mit Anjan Flyer für eine Ferienwoche in Tarifa und fragte meine »Turnfrauen«, ob sie diese verteilen würden. Seit vielen Jahren ging ich nämlich einmal in der Woche zum Frauenturnen, und mit der Zeit waren daraus richtige und wichtige Freundschaften entstanden. Ich war überwältigt vom Engagement meiner Freundinnen. Sie verteilten die Flyer überall, sie hängten sie in Einkaufs- und Gemeinschaftszentren auf und streuten sie unter ihren Freunden und Bekannten. Ich hatte meine Handynummer darauf angegeben und bekam schon bald die ersten Anfragen.

Meine Turnfreundin Claudine hatte eine weitere gute Idee. Sie war Zeichenlehrerin, und als sie unseren Flyer sah, fragte sie: »Sag mal, Katharina, wollt ihr nicht auch ein Feriencamp für Kinder anbieten? Ich als Mutter würde meine Kids sofort dorthin schicken, wenn ich wüsste, dass das eine seriöse Sache ist. Jedes Kind mag Delfine, und wenn sie bei euch am Strand Urlaub machen, dann lernen sie auch noch etwas über Tierschutz. Wenn du willst, helfe ich mit, so ein Kindercamp auf die Beine zu stellen.«

»Eine großartige Idee! Aber glaubst du, dass das so kurzfristig noch zu schaffen ist?«

»Ja sicher, wir brauchen ja keine fünfzig Kinder. Wenn zehn Familien ein Kind schicken, dann ist das schon mal was.«

Claudine kannte über ihre Lehrerkollegen und die verschiedenen Schulhäuser in der Gegend viele Familien mit Kindern. Wir machten also einen weiteren Flyer, und sie ließ ihn in den Schulklassen verteilen. Auch Philipp und Anjan hatten sich in der Zwischenzeit getroffen und sich auf Anhieb gut verstanden. Ich kam mit Philipp überein, dass er bei der Migros auf Mai kündigte und für die erste Saison in Tarifa als »Bürofachkraft für alles« zur Verfügung stand. Mehr konnte ich ihm nicht versprechen.

Es war phänomenal, wie viele Menschen in dieser kurzen Zeit spontan und unkompliziert mithalfen, das Projekt anzustoßen. Mir tat sich eine neue Welt auf, voller Schwung und Optimismus. Mein Leben kam mir plötzlich viel unbeschwerter und heiterer vor. Die Dinge entwickelten sich wie von selbst.

Eine herbe Enttäuschung

Beladen mit einem Faxgerät und einem Telefon sowie all den Sachen, die man sonst noch in einem Büro braucht, flogen Benny und ich am Gründonnerstag 1998 ab. Ich hatte mir eine ganze Woche freigeschaufelt, weil ich nach Ostern in Tarifa noch verschiedene Anwalts- und Banktermine vereinbart hatte. Zudem wollte ich eine Bleibe für das Team und ein Hotel für mögliche Gäste auskundschaften. Benny musste bereits am Ostermontag wieder zurückfliegen. Aber ich hoffte, dass die Zeit reichen würde, um alles zu erledigen, damit Anjan und Philipp Anfang Mai ihre Arbeit in unserem neuen »Office« aufnehmen konnten.

Da ich Diego meine Mercedes-Schlüssel überlassen hatte, um Farbe und Möbel zu kaufen, fuhren wir fröhlich im Leihwagen von Málaga nach Tarifa. Um zwölf Uhr mittags waren wir mit Diego vor dem Office verabredet... Doch kein Diego weit und breit. Die Fensterläden waren geschlossen, sodass wir nicht einmal reingucken konnten. Wir setzten uns ins Café Central. Ich rief bei Diego an, erreichte ihn aber nicht. Um halb zwei bog er endlich um die Ecke. Er wirkte ein bisschen angespannt, und ich war mittlerweile ziemlich verärgert.

»Entschuldige, Katharina, Zacharias ist krank und hat die ganze Wohnung vollgekotzt.« Er schloss das Office auf – und mich traf der Schlag. Alles war genau so, wie wir es beim letzten Mal verlassen hatten, nur die Bierflaschen und Harasse waren weg – wenigstens der Besitzer hatte Wort gehalten. Ich sah Diego fassungslos an.

»Sorry, Zacharias war wirklich krank. Ich musste mich um ihn kümmern und hatte einfach keine Zeit. Dann habe ich eine Frau gefragt, ob sie die Bar putzen würde. Sie hat zugesagt, ist aber nicht gekommen. Es tut mir wirklich leid!«

Ich lief einfach davon. Ich hatte das Gefühl, wie wenn man mir den Boden unter den Füßen weggezogen hätte. Benny und Diego kamen mir nach und setzten sich im »Central« neben mich.

»Und was ist mit der Farbe? Wo ist die?«, fauchte ich Diego an.

»Dazu bin ich auch noch nicht gekommen, wie gesagt... Und das Geld habe ich für Zacharias' Medikamente ausgegeben. Wenn du mir noch ein bisschen gibst, geh ich gleich Farbe holen.«

Jetzt war ich nicht nur fassungslos, sondern auch sprachlos. Ich war schrecklich wütend.

Benny kannte mich sehr gut und wusste, dass die Situation im Moment nicht zu retten war. »Ich gehe mit Diego kurz an den Strand«, sagte er und bedeutete Diego, mitzukommen.

Wie geohrfeigt saß ich am Tisch und kniff mich in den Arm. Das durfte doch nicht wahr sein. Warum war ich so blind gewesen? Ich hätte doch schon längst merken müssen, dass man sich auf Diego nicht verlassen konnte. Was war bloß los mit ihm?

Nach einer halben Stunde kam Benny zurück. Allein. »Wenn du mich fragst, hat Diego ein größeres psychisches Problem«, sagte er. »Ich kenn mich da mittlerweile ein bisschen aus, wir haben im ›Gärtnerhaus‹ alle möglichen Bewohner. Dein Diego hat definitiv paranoide Züge. Als Geschäftspartner würde ich ihn dir nicht empfehlen und als Mitarbeiter ebenfalls nicht.«

Dasselbe sagte mir mein Gefühl eigentlich auch, nur hatte ich es bis jetzt nicht wahrhaben wollen. Außerdem fiel mir plötzlich wie Schuppen von den Augen, dass ich hier außer Diego gar niemanden kannte. Er sollte doch das Whalewatching aufziehen, Touristen auf uns aufmerksam machen, mithelfen, einen Kapitän für das Boot zu finden, und, und, und. Was machte ich jetzt bloß ohne ihn? Ich musste mit ihm reden.

Als ich vor seinem Haus ankam, wartete er schon vor der Tür. »Was hast du dir eigentlich dabei gedacht?«, fragte ich ihn. »Ich vertraue dir, baue auf dich, und du lässt mich derart im Regen stehen. Was soll das?«

Er stank grässlich. Das war mir vorher gar nicht aufgefallen. Er roch aber nicht nach Rauch oder Alkohol, auch nicht nach Zacharias, nein, irgendwie süßlich, aber ich konnte es nicht einordnen.

»Es tut mir wirklich leid, Katharina, ich habe es einfach nicht geschafft. Zacharias war wirklich krank, und mir ging es auch nicht so gut in den letzten zwei Wochen. Der Streit mit Lourdes hat mir zugesetzt. Sie wollte nicht akzeptieren, dass ich das Whalewatching mit dir und nicht mit ihr aufziehen will. Ich hatte einfach keine Kraft mehr.«

Und schon tat er mir leid. »Aber du verstehst schon, dass das nicht geht?«, sagte ich. »Du müsstest mir doch wenigstens mitteilen, wenn etwas nicht klappt, damit wir es anders organisieren können. Du weißt doch, dass wir vorwärtsmachen müssen. Warum hast du nicht angerufen?«

»Ich hab mich nicht getraut, ich wollte dich nicht mit der Lourdes-Geschichte belästigen.«

»Und was sollen wir nun machen?«, fragte ich ein bisschen ratlos.

»Gib mir noch eine Chance, bitte!«

»Das muss ich mir überlegen. Ich melde mich, okay?«

Benny und ich hatten in Tarifa Hotelzimmer gemietet. Doch ich wollte zuerst zu Rita und Peter fahren. Beim Essen erzählte ich, in welchem Zustand wir Diego und die Bar angetroffen hatten. »Ich gebe ja zu, dass ich ziemlich leichtgläubig war, aber es hatte einfach alles so gut zusammengepasst«, sagte ich zerknirscht.

Als ich erwähnte, dass Diego so seltsam süßlich gerochen hatte, meinte Rita kurz und knapp: »Klingt nach Drogen.«

Daran hatte ich noch gar nicht gedacht. Vielleicht, weil das nie ein Thema war in meinem Leben. Auch nicht bei meinen Jungs. Über Alkoholprobleme wusste ich wegen Benny Bescheid, aber mit anderen Drogen war ich nie in Berührung gekommen. Was war ich naiv! Rita fragte mich, ob er erweiterte Pupillen gehabt habe, aber darauf hatte ich natürlich nicht geachtet. Falls er tatsächlich Drogen nahm, war eines für mich klar: Ich hatte weder den Willen noch die Kraft, ihn von seiner Sucht zu befreien. Das hier war eine andere Situation als damals mit Benny. Benny war ein Freund.

»Natürlich, Drogen«, stöhnte ich.

»Ich verstehe gut, dass du enttäuscht und frustriert bist«, meldete sich Peter zu Wort, »aber darf ich dir einen Tipp geben?« Peter dachte immer praktisch. »Fahr noch mal zu Diego und schmeiß ihn sofort raus aus deinem Projekt. Und vor allem: Nimm ihm so schnell wie möglich alle Schlüssel ab, damit er nirgends mehr Zugang hat. Du brauchst Mitarbeiter, auf die du dich verlassen kannst.«

Rita brachte einen Kaffee, und ich rührte unendlich lang in der Tasse herum. Peter hatte natürlich recht, aber ich hatte weiche Knie. Wie jeder Mensch wich ich vor unangenehmen Entscheidungen zurück; zudem hatte ich Angst, die gute und große Idee meines ganzen Vorhabens gleich mit zu Grabe tragen zu müssen. Diego war bisher ja eine Art Verbündeter gewesen in diesem fremden Land und als möglicher Verantwortlicher für das Whalewatching ein wichtiger Pfeiler in meinem Projekt. Ich, die ich mir so viel einbildete auf meine Menschenkenntnis, ausgerechnet ich hatte mich derart getäuscht. Ich hatte versagt, bevor mein Abenteuer überhaupt richtig begonnen hatte. Es fühlte sich an, wie wenn mir jemand die Luft rausgelassen hätte.

»Es wird mir wohl nichts anderes übrig bleiben, als ihn vor die Tür zu setzen«, seufzte ich schließlich, »aber ich brauche noch ein bisschen Zeit.«

Nun nahm mich Benny unter seine Fittiche. Am selben Abend noch erläuterte er mir den Plan, den er ausgeheckt hatte: »Am Montagnachmittag muss ich zurück in die Schweiz, wir haben also drei volle Tage, um die Bude in Ordnung zu bringen, das sollte reichen. Wir brauchen Putzmittel, Schrubber, Pinsel und Farbe. Das heißt: Morgen einkaufen und putzen, Samstag und Sonntag streichen und am Montag mit Einrichten beginnen.«

Benny war wunderbar konkret, das tat mir gut. Und so arbeiteten wir schließlich von morgens früh bis abends spät wie besessen, machten nur ab und zu eine kleine Pause für einen Spaziergang am Meer oder einen Lunch im Café Central. Rita und Peter halfen mit und besorgten die Möbel. Auch das WC und die Wasserleitungen ließen wir reparieren. So kamen wir recht gut voran, und als Benny am Montagmittag nach Hause flog, sah das Lokal bereits ganz passabel aus. Als letzte gemeinsame Tat trugen wir das Faxgerät und das Telefon in die ehemalige Bar und stellten beides auf den inzwischen gekürzten Tresen, der uns von jetzt an als Desk dienen würde. Ich umarmte meinen stattlichen Freund Benny, so fest ich konnte, und war ihm unendlich dankbar. Ohne seine Unterstützung hätte ich das nie geschafft. Anjan und Philipp konnten kommen und mit der Arbeit beginnen.

Aufrappeln

Nach Bennys Abreise folgte der schwierigere Teil, die Trennung von Diego. Ich ließ das Auto am Rand der Altstadt stehen, da ich noch ein paar Schritte zu Fuß gehen wollte. Diego hatte wohl schon geahnt, dass es keine zweite Chance für ihn geben würde, denn in den Tagen zuvor war er telefonisch nicht erreichbar gewesen. Ich hatte keine Ahnung, was ich ihm sagen würde. Aus einem Impuls heraus rief ich daher Ara an und schilderte ihm meine Situation. Er war über die letzten fünf Jahre ein wichtiger Freund und Ansprechpartner geworden, auch wenn wir nur selten Kontakt hatten. Ich wollte keinen Guru haben, den ich immer um Rat fragen musste, sondern lieber meiner eigenen inneren Stimme folgen. Aber jetzt war einer der wenigen Momente, in denen ich mit ihm reden musste.

Kennen gelernt hatte ich Ara, nachdem ich mir beim Tennisspielen die rechte Schulter verletzt hatte. Riss im Musculus supraspinatus lautete die Diagnose. Das muss 1992 gewesen sein. Trotz einer schmerzhaften Operation und viel Physiotherapie wollte die Schulter nicht richtig heilen, deshalb suchte ich Rat bei einer Atlastherapeutin. Sie gab mir Aras Telefonnummer und sagte, er schaffe oft Abhilfe, wo andere nicht weiterkämen. Ich rief ihn an und erhielt relativ schnell einen Termin. Als ich ihm von meinem anstrengenden Leben erzählte – ich war damals noch voll in die Sono eingespannt –, fragte er nach, doch ganz anders, als ich es gewohnt war. Seine Fragen zielten nicht so sehr darauf ab, mich kennen zu lernen, sondern spiegelten mir vielmehr mein eigenes, stark von Erfolgsstreben und Konsum geprägtes Leben wider. Er gab mir keine Ratschläge, sondern bot mir an, an seinen Wochenendseminaren teilzunehmen, was ich in den darauf folgenden zwei Jahren auch tat.

Rückblickend kann ich sagen, dass die Begegnung mit Ara mein Leben tief greifend verändert hat. Wenn es – wie ich heute überzeugt bin – schon länger ein Band zwischen mir und den Walen und Delfinen gab, dann wage ich zu behaupten, dass die Begegnung mit ihm mir ermöglicht hat, herauszufinden, was ich wirklich wollte, und dies zu leben. Ich glaube fest, dass es Dinge zwischen Himmel und Erde gibt, die wir nicht benennen können, die aber dennoch unser Leben berühren und unser Schicksal lenken. Und ich glaube, dass es Menschen gibt, die etwas in Gang setzen können, das vielleicht schon lange in einem schlummert. Menschen wie Ara. Er war es, der mich auch gelehrt hat, alles mehr fließen zu lassen, offener zu werden, Dinge geschehen zu lassen und nicht alles beeinflussen zu wollen.

Früher war ich sehr ängstlich und scheu, ich getraute mich kaum, allein in ein Restaurant zu sitzen, und war immer sehr darauf bedacht, es allen recht zu machen. Dank Ara lernte ich viel über die blockierende Kraft der Angst, die Menschen die Fähigkeit nimmt, Entscheidungen zu treffen. Ich begann, meine innere Stimme und meine Aussagen ernst zu nehmen und das, was ich glaubte und sagte, auch umzusetzen. Hätte ich mich damals mit diesen Fragen und mit mir selbst noch nicht auseinandergesetzt gehabt, hätte ich wahrscheinlich nicht die Kraft aufgebracht, mein altes Leben hinter mir zu lassen und in Tarifa neu zu beginnen.

Als Ara nun abnahm, war ich froh, seine Stimme zu hören. Trotzdem fragte ich unwirsch: »Warum bloß hast du mir diesen Floh mit den Walen ins Ohr gesetzt? Warum wolltest du, dass ausgerechnet ich mich hier unten engagiere? Warum hast du dir keinen starken Mann ausgesucht, der alles im Griff hat und solchen Problemen gewachsen ist? Ich spreche ja nicht mal Spanisch und fühle mich gerade total überfordert.«

Ich wusste, dass ich Ara unrecht tat. Ich konnte ihm nicht die Schuld für mein Schlamassel zuschieben. Ich selbst hatte das alles gewollt und vorangetrieben. Ich selbst war verantwortlich für das, was ich tat. Trotzdem hatte ich momentan das Gefühl, als wäre ich auf einen Trip geschickt worden und gerade sehr unsanft wieder in der Realität gelandet.

»Ich kann dir nicht erklären, warum. Du bist für mich eben die Garantin dafür, dass den Walen und Delfinen dort geholfen wird.« So simpel war seine Antwort.

»Aber ich verstehe ja nicht einmal etwas von Booten. Wie soll ich das denn auf die Reihe kriegen?«

»Durchhalten, Katharina, es kommt schon gut, du musst nur daran glauben.«

Manchmal gingen mir seine kryptischen Sätze ziemlich auf den Wecker. Im Moment hätte ich jemanden gebraucht, der mir konkret sagt, wie es weitergehen soll.

Inzwischen war ich vor Diegos Haustür angelangt und stieg hoch zu seinem Apartment. Er war zu Hause und seine Wohnung wie immer ein Chaos. Zacharias sah für einmal recht munter aus, ich konnte mir nicht vorstellen, dass er wirklich krank war. Ich setzte mich an den Tisch.

»Diego, ich habe nachgedacht. Ich kann dir keine zweite Chance geben. Ich muss mich auf meine Mitarbeiter verlassen können, wenn ich das Projekt zum Fliegen bringen will. Ich weiß nicht, welche Probleme du hast und wie gravierend sie sind, aber ich muss meine Energie einteilen. Ich kann nicht dich und die Wale retten. Verstehst du das?« Er nahm, was ich sagte, äußerlich gelassen hin. Deshalb nahm ich meinen ganzen Mut zusammen und fuhr fort: »Ich hätte gern alle Schlüssel und Unterlagen zurück, die du von mir hast, und zwar jetzt gleich.«

Er stand auf, wühlte in seinem Chaos herum und übergab mir sämtliche Schlüssel und Unterlagen. Es blieb nichts mehr zu sagen. Trotzdem setzte ich noch einmal an: »Es tut mir wirklich leid, dass du Probleme hast, Diego, aber ich kann sie nicht für dich lösen, das musst du selbst erledigen.«

Ohne mich noch einmal nach ihm umzudrehen, ging ich mit zitternden Knien hinaus. So etwas hätte ich früher nie geschafft. Ich kannte Diego erst seit wenigen Monaten. Aber ich hatte mein ganzes Projekt irgendwie um ihn herum organisiert, dafür hätte ich mich ohrfeigen können. Er hatte mich bitter enttäuscht und, wie mir jetzt erst aufging, mich wohl auch immer wieder angelogen. Vermutlich war er nicht einmal Orca-Forscher. Ich hatte keine Gelegenheit mehr, das herauszufinden, denn es war das letzte Mal, dass ich ihn sah. Von diesem Moment an war er wie vom Erdboden verschwunden.

Ich aber stand an einem entscheidenden Wegkreuz, und wäre Diego nicht gewesen, wäre ich nicht hierhergelangt. Noch wusste ich nicht, ob ich den Mut haben würde, den eingeschlagenen Weg weiterzugehen. Und was ich in diesem Moment auch noch nicht wusste, war, dass Diego mir ein Vermächtnis hinterlassen hatte: Lourdes.

Ein Weilchen lief ich durch die Straßen, kopf- und ziellos, bis ich merkte, dass ich am Hafen angelangt war. Ich sah Ana und Miguel, wie sie ihr Boot für eine Tauchtour klarmachten, und fragte, ob sie mich mit aufs Meer nehmen würden. Die beiden merkten sofort, dass es mir nicht gut ging.

»Klar, wir haben noch Platz«, sagte Miguel. »Willst du tauchen?«
»Nein, ich muss einfach ein bisschen aufs Wasser.« Wortlos setzte ich mich an die Seite und starrte aufs Meer. In mir drin war es einfach nur leer. Was Miguel und Ana taten oder wer sonst noch auf dem Boot war, nahm ich gar nicht wahr.

Wir fuhren hinaus, und irgendwann gingen die anderen mit ihren Tauchausrüstungen ins Wasser. Es war windstill, der Himmel blau, eigentlich ein schöner Tag. Als es nun ruhig wurde um mich herum, löste sich langsam meine Schockstarre. Das leichte Schaukeln, der Geruch des Meeres, die Sonne, die sich im Wasser spiegelte, all das war wie eine Seelenmassage. Langsam spürte ich mich wieder. Miguel war auch auf dem Boot geblieben. Wir sprachen eine halbe Stunde lang kein Wort, und ich war froh darum. Dann brach es aus mir heraus: »Das Experiment ist gescheitert!«

Miguel konnte sich offenbar nicht an unsere letzte Diskussion erinnern und schaute mich verständnislos an.

»Das Experiment mit Diego ist gescheitert, ich habe ihn eben rausgeworfen.«

»Ach, das tut mir leid«, antwortete Miguel, schien aber nicht sonderlich überrascht.

»Was soll ich jetzt machen? Ich spreche nicht einmal Spanisch. Das Boot wird im Juni geliefert, und ich muss in ein paar Tagen zurück in die Schweiz. Meine Mitarbeiter Anjan und Philipp wollen in drei Wochen hier mit der Arbeit anfangen. Ich habe immer noch keinen Kapitän, und es weiß noch kein Mensch, dass wir hier Whalewatching anbieten wollen.« Ich hatte mich etwas beruhigt und zitterte nicht mehr, aber auch jetzt fand ich meine Lage nicht beneidenswert.

Miguel antwortete vorsichtig: »Das sind tatsächlich ein bisschen viele Probleme aufs Mal. Aber ich habe nachgedacht, seit du das letzte Mal hier warst. Bei einer Frage könnte ich dir vielleicht weiterhelfen.«

Erstaunt schaute ich ihn an.

»Ich habe ja auch eine Bootslizenz«, fuhr er weiter. »Wenn du also einen Kapitän für dein Boot brauchst: Das könnte ich übernehmen. Allerdings arbeite ich als Ausbilder bei der Polizei in Sevilla und kann unter der Woche nicht weg. Aber übers Wochenende sind wir sowieso hier, und wenn wir die Fahrten gut planen, bekommen wir die Tauchgänge und das Whalewatching sicher unter einen Hut. Zudem habe ich einen Freund, der ebenfalls eine Lizenz hat. Den könnte ich auch fragen.«

Ich war ihm sehr dankbar für diese Worte. Nicht nur wegen des Angebots, sondern vor allem, weil er mir zeigte, dass es einen Ausweg gab aus dieser misslichen Lage. »Miguel, das werde ich dir nie vergessen«, seufzte ich erleichtert und sagte, allerdings mehr zu mir selbst: »Irgendwie schaffen wir das!« – Jetzt hätte nur noch gefehlt, dass ein paar Grindwale vor dem Boot auftauchten, am liebsten in Herzformation, aber den Gefallen taten sie mir nicht.

Als ich am Dienstagmorgen in der Anwaltskanzlei erschien, erwartete mich eine unerfreuliche Nachricht. Clemens Bolte hatte mein Mandat an eine Kollegin, Señora Antonia Martín, weitergegeben. Sie war zwar sehr nett, sprach aber leider nur Spanisch. Vertragsverhandlungen in Spanisch, Bankgespräche in Spanisch, was hatte ich mir da bloß eingebrockt. »Du schaffst das«, hatte Ara gesagt. Woher wollte er das denn nur wissen?

Bei der Gründung der spanischen Stiftung traten wir auf der Stelle, ich hatte den Eindruck, Señora Martín versuchte immer noch herauszufinden, was das überhaupt für eine Gesellschaftsform war. Dafür klappte es mit der Bank; ich eröffnete ein Konto und deponierte umgerechnet fünftausend Schweizer Franken für das Nötigste. Die freundliche Anwältin hatte mir auch ein paar Hausbesichtigungstermine organisiert. Ich entschied mich für ein kleines

Reiheneinfamilienhaus jenseits der alten Stadtmauer. Das Häuschen mit Garten lag in einer kleinen Siedlung am Hang und bot eine schöne Aussicht aufs Meer. Zu Fuß waren es etwa zehn Minuten bis zu unserem Office. Das Haus hatte vier Zimmer; wie auch immer meine Crew am Ende aussehen würde – das war ihre Unterkunft, zumindest für diese Saison. Anjan und Philipp würden hier wohnen. Und natürlich ich, wenn ich in Tarifa war. Das Haus war möbliert, nicht ganz nach meinem Geschmack, aber für eine WG durchaus in Ordnung.

Nach ein paar Tagen hatte ich mich einigermaßen gefangen. Mein alter Tatendrang meldete sich zurück. Ich hatte ein schön hell gestrichenes Office mit Fax und Telefonanschluss, und niemand konnte mehr ahnen, wie es hier einmal ausgesehen hatte. Einzig der Alkohol war noch zu riechen, aber auch das würde sich mit der Zeit geben. Außerdem hatte ich ein Haus für mich und meine beiden Mitarbeiter, eine Bankverbindung, ein Auto, ein Schiff, das in ein paar Wochen geliefert würde, und einen Teilzeit-Kapitän, vielleicht sogar zwei. Ich hatte sogar ein kleines, hübsches Hotel gefunden, das meine Gäste, so sie denn kommen würden, im Sommer beherbergen wollte. Meine Lage war definitiv schon schlechter gewesen. Zudem war ich am letzten Tag noch mit Miguel und Ana hinten bei der Insel auf einem Tauchausflug gewesen: Dort gab es Unterwasserhöhlen, außerordentlich viele Fischarten, sogar Weißspitzenriffhaie und Schildkröten. So war ich einigermaßen versöhnt mit mir und der Welt, als ich nach einer Woche in Málaga wieder ins Flugzeug stieg.

Nägel mit Köpfen

Zurück in der Schweiz, brachte ich zügig die Stiftungsgründung voran. Durch Benny wusste ich, wie die Statuten aussehen mussten. Mit ihm, Claudia und Anjan setzte ich mich an einem Abend zusammen, um zu besprechen, wie wir den Zweck der Stiftung definieren wollten. Lange studierten wir an einem sinnigen Namen herum und einigten uns schließlich auf »Foundation for information and research on marine mammals«, Stiftung für Information und Forschung über Meeressäugetiere. Auch die Abkürzung klang gut: *firmm*. Das englische Wort »firm« bedeutet »felsenfest, entschlossen, verbindlich«. Das passte gut und war für mich wie ein Bekenntnis, dass ich es ernst meinte mit dem Schutz der Tiere.

Am 27. April 1998, knapp zwei Monate nach dem Kongress in Monaco, fuhren wir zur Stiftungsgründung in den Kanton Aargau, nach Baden. Neben Benny hatte ich einen weiteren Freund und natürlich David Senn für den Stiftungsrat angefragt. Und Professor Senn hielt, was er versprochen hatte. Vor dem Notariatsbüro begegnete ich ihm zum ersten Mal persönlich, bisher hatten wir nur telefoniert. Als David auf mich zukam, wirkte er wie ein großer Bär. Dass er auch ein großes Herz hat, merkte ich schnell. David ist ein ausgesprochen warmherziger Mensch, mit dem mich seither eine wunderbare Freundschaft verbindet. Selten habe ich einen so engagierten Dozenten erlebt, seine Begeisterungsfähigkeit übertrug sich auf alle Studenten, die er später zu uns nach Tarifa schickte.

Als Greenhorn in Sachen Meeresforschung hatte ich damals noch keine Ahnung, dass wir mit ihm den bekanntesten Schweizer Meeresbiologen an Bord hatten, und erst viel später erfuhr ich, dass er bereits seit Jahren für die Schweiz im wissenschaftlichen Gremium der Internationalen Walfangkommission IWC saß. Diese Kommission hatte es geschafft, dass der Walfang seit 1986 weltweit verboten ist. Allerdings bleibt er zu Forschungszwecken erlaubt, was Japan, Island und Norwegen zum Vorwand nehmen, auch weiterhin Wale zu töten. Die Japaner haben zudem begonnen, Stimmen anderer Länder, die in der IWC vertreten sind, zu kaufen, um die Entscheide der Kommission zu beeinflussen. Die Mongolei beispielsweise stimmt regelmäßig gleich wie Japan, obwohl das Land als Binnenland gar kein eigenes Interesse an den Entscheidungen der IWC hat.

Eine Stiftungsgründung ist eine eher trockene Sache, aber ich war sehr aufgewühlt, als wir gemeinsam in den zweiten Stock gingen, wo uns der Notar erwartete. Er ließ sich von uns den Stiftungszweck erklären, und ich redete mich ins Feuer. Walen und Delfinen helfen, indem man Menschen aufklärt, eine Forschungsstation ins Leben ruft und diese aus den Einkünften des Whalewatchings und aus Spendengeldern finanziert – wenn das kein sinniger Stiftungszweck war! Ihn interessierte jedoch vor allem, woher das Stiftungsvermögen kam. Die zwanzigtausend Franken stammten von mir und waren hart verdientes Geld. Ich musste kurz schlucken, insgeheim ahnte ich schon, dass mich mein neues Abenteuer noch sehr viel mehr kosten würde. Ich hatte ja bereits in Tarifa gesehen, wie mir das Geld zwischen den Fingern zerrann. Aber irgendwie würde das schon klappen. Ich hatte immer noch den Job bei der Sono, meine Jungs waren selbständig, sodass ich nur für mich aufkommen musste, und das Leben in Spanien war nicht teuer. Zudem waren die Anfangsinvestitionen getätigt, und einen Plan, wie Geld reinkam, hatten wir auch. Wir unterzeichneten die Stiftungsurkunde.

Meine Turnfreundin Claudine hatte inzwischen Ernst gemacht: Die Flyer für das Kindercamp stießen auf großes Interesse. Für Mitte Juli hatten sich bereits fünfzehn Kinder angemeldet, und auch für die anderen Ferienkurswochen gab es schon Buchungen. Ich konnte es kaum glauben: Wir hatten die ersten Gäste für unser Projekt! Erwachsene und Familien, die unsere Ferienkurse besuchten, würde ich in einem kleinen hübschen Hotel in der Nähe unterbringen, für das Kindercamp hatte ich mir an Ostern außerhalb von Tarifa eine Jugendherberge angeschaut. Sie war ideal gelegen, und es gab sogar einen Swimmingpool. Mir war wichtig, dass die Kinder nicht direkt im Dorf untergebracht waren, denn mit all den Surffreaks ging es im Sommer in Tarifa hoch her, auch in Sachen Alkohol und Drogen. Claudine hatte bereits einen Plan mit Ferienaktivitäten zusammengestellt, und ich war damit beschäftigt, die Unterkunft und die Flüge zu buchen. Es wurde konkret.

Anfang Mai fuhren Anjan und Philipp mit dem Auto nach Tarifa. Eine Woche später kamen sie an und waren hellauf begeistert von ihrer neuen Bleibe im Reihenhäuschen. Bis die Schweizer Sommerferien begannen, hatten wir noch gut acht Wochen Zeit, aber es wartete viel Arbeit auf sie. Anjan schickte mir bald den Entwurf für unseren Flyer, den wir in den Hotels verteilen wollten: ein springender Delfin auf hellblauem Papier, darunter stand »Ausfahrten auf Anfrage« und unsere Adresse und Telefonnummer. Ich fand ihn hübsch. Da Diego ausfiel, musste Philipp nun Werbung machen. Mit großem Elan klapperte er alle Hotels rund um Tarifa ab, von Estepona im Osten bis Barbate im Westen. Mit seinem sportlichen Aussehen, dem blondbraun gelockten langen Haar und seinem Charme kam er gut an. Die meisten Hotels legten unsere Flyer für die Tagestouristen auf.

Ein paar Tage später rief Anjan wieder an. »Es gibt gleich neben dem Office einen kleinen Keller. Mit ein bisschen Farbe könnte man den zu einem Kurslokal umfunktionieren. Was meinst du? Wir wollen für unsere Ferienkursgäste ja auch Vorträge über das

Leben und die Gefährdung der Meeressäuger halten. Dafür ist es im Office zu eng. Der Keller gehört einer Frau, die gleich darüber wohnt. Sie wäre einverstanden.«

»Warum nicht?«, sagte ich und gab meinen Segen. Sie wollten dort auch ein paar Bänke und eine Leinwand reinstellen, damit sie Dias zeigen konnten. Anjan hatte bereits begonnen, Informationen zusammenzutragen und Vorträge auszuarbeiten. Da es zum damaligen Zeitpunkt noch keine Forschung gab über die Wale in der Straße von Gibraltar, mussten wir allerdings erst herausfinden, welche Tiere dort überhaupt lebten. Ich selbst hatte bis dahin erst Große Tümmler, die bekannteste Delfinart, und Grindwale gesehen.

Zwei Wochen später rief Anjan wieder an. »Ich habe zwei Volontärinnen gefunden.« Seine Stimme klang sehr ausgelassen. Er hatte auf einer Biologen-Website unser Projekt gepostet, und wie er vorausgesagt hatte, waren die Volontärstellen begehrt. »Eine kommt aus Barcelona, die andere aus Valencia. Ich habe mit ihnen telefoniert; beides sind Biologiestudentinnen, und was sie sagen, klingt gut. Sie wollen während der Semesterferien bei uns arbeiten. Kann ich ihnen zusagen?«

Dass es so einfach werden würde, hätte ich nicht gedacht. »Für mich ist das okay«, antwortete ich darum.

Anjan hatte eine Schwäche für hübsche junge Frauen, aber das wusste ich damals noch nicht. Eine Woche später meldete er sich erneut, um mir zu sagen, dass unser Boot Ende Juni geliefert würde. »Jedes Boot braucht einen Namen. Wie gefällt dir ›Beluga‹?«, fragte er.

Diese Walart gibt es zwar in Tarifa nicht, weil das Wasser dort zu warm ist. Aber der Name gefiel mir, und unser Boot war ja tatsächlich weiß, weiß wie ein Beluga. »Wunderbare Idee!«, sagte ich.

»Leider gibt es von Señora Martín nicht viel Neues«, fuhr Anjan fort. »Sie bastelt immer noch an der spanischen Stiftung herum.

Aber die Lizenz für den Souvenirshop sollten wir Ende Juni bekommen. Und noch eine gute Nachricht: Um einen Bootsplatz brauchen wir uns nicht zu kümmern, die werden nämlich gar nicht vermietet. Hier legt jeder an, wo gerade Platz ist.«

Ich war gerade von meiner Asienreise zurückgekommen und hatte die Skizzen für die Taschenmodelle des nächsten Frühlings bereits fertig. Deshalb konnte ich es mir leisten, für vier Wochen nach Tarifa zu fahren. Wenn das Boot kam, wollte ich auf alle Fälle dort sein.

So viele Wale!

Diesmal windete es wieder kräftig, als ich in Tarifa ankam. Auf dem Meer trieb der Levante Schaumkronen vor sich her. Als ich vor dem Café Central stand, sah ich links am Eingang zu unserer Gasse eine große Stehtafel, von der mich ein Delfin anblickte. Darauf stand in Englisch und in Spanisch: »Whalewatching – Wir zeigen Ihnen die Delfine und die anderen Wale vor Gibraltar«. Die zweite Tafel war hinten in der Gasse direkt neben dem Eingang unseres Office platziert, an den Fenstern hingen Bilder von Walen und Delfinen. Drinnen herrschte emsiges Treiben. Anjan und Philipp hatten gut gearbeitet, sie hatten auch ein Logo kreiert und Briefpapier drucken lassen.

»Die Ladenlizenz ist soeben gekommen, von nun an dürfen wir ganz legal etwas verkaufen in unserem Shop«, begrüßte mich Philipp. »Für das Whalewatching hingegen brauchen wir überhaupt keine Lizenz, vermutlich dürften wir die Touristen sogar auf Luftmatratzen rausbringen. Lustige Gesetze haben die hier in Spanien.«

Ich holte aus meinem Koffer Portemonnaies, kleine Rucksäcke und andere Mitbringsel mit Delfinsujets, die ich in Asien hatte fabrizieren lassen, und stellte sie auf die Holztablare, welche die beiden an die Wände montiert hatten. Es konnte losgehen. Ich fand das Leben wunderschön. Voller Stolz zeigten mir Anjan und Philipp das neue Schulungslokal. Es war wirklich ein Keller, dunkel und muffig, und bot höchstens acht Personen Platz. Aber sie hatten das Beste daraus gemacht. Hier wollten wir Vorträge für die Ferienkursgäste halten und sie für die Situation der Delfine und der anderen Wale in der Straße von Gibraltar sensibilisieren. An den Wänden hingen geografische Karten der Gegend und Poster mit verschiedenen Delfin- und Walarten. Unsere Gäste sollten schließlich wissen, welche Tiere wo und wie lebten und warum sie bedroht waren. Wie David Senn später immer wieder sagte: »Nur, was man kennt, kann man lieben und ist man bereit zu schützen.«

Die beiden Volontärinnen fand ich sehr sympathisch. Patricia kam aus Valencia und Laura aus Barcelona. Sie waren jung und hübsch, Anjan und Philipp gefielen sie ganz offensichtlich auch. Solange gut gearbeitet wurde, war das für mich in Ordnung. Als ich dann allerdings in unsere Reiheneinfamilienhaus-WG kam, war gut sichtbar, dass sie nicht nur zusammen arbeiteten, sondern auch die Nächte nicht allein verbrachten.

»Entschuldige das Chaos, aber wir sind heute Morgen nicht mehr dazu gekommen, aufzuräumen«, sagte Anjan etwas verlegen.

Ich war froh, dass ich nicht ihre Mutter war, und handelte mit ihnen schnell die Spielregeln aus. »Wie ihr hier haust, geht mich nichts an, ihr seid erwachsen. Aber es gibt zwei Regeln: Mein Zimmer ist mein privater Raum, und wenn ich hier bin, möchte ich meine Ruhe haben. Ist das für euch in Ordnung?«

»Aber sicher.«

Als ich in die Küche schaute, entschied ich mich, nicht hier zu kochen. Ich hatte keine Lust, zwischen vergammelten Pizzastücken und leeren Flaschen meinen Salat zu rüsten. Das war auch nicht nötig, ich würde meine Zeit sowieso vornehmlich im Office verbringen. Dort konnte ich am Abend in Ruhe arbeiten und mir um die Ecke etwas Kleines zum Essen besorgen. Für den ersten Abend aber zog ich mich in mein WG-Zimmer zurück.

Am nächsten Tag um die Mittagszeit wurde die »Beluga« geliefert. Wir standen alle Spalier, als der große Lastwagen das Boot in den Hafen hinunterfuhr, wo wir es endlich wassern konnten.

Miguel war auch gekommen, und wir hofften, sofort die Jungfernfahrt machen zu können. Aber daraus wurde nichts.

»Der Levante ist zu stark, bei diesem Wellengang können wir nicht raus mit dem Boot«, sagte Miguel. »Hier ist der Wind unser ständiger Begleiter, ob er als Levante aus dem Osten kommt oder als Poniente von Westen.«

Dass es in der Straße von Gibraltar oft Wind gab und die Wellen dann vergleichsweise hoch waren, hatten wir beim Kauf des Bootes natürlich nicht bedacht. Die »Beluga« war ein Schlauchboot und lag tief im Wasser.

»Wie oft geht hier eigentlich dieser Levante?«, fragte ich zaghaft.

»Schwer zu sagen, manchmal weht er wochenlang, dann wieder ganze Wochen nicht«, antwortete Miguel.

Hatten wir etwa ein Boot gekauft, das wir in Tarifa gar nicht brauchen konnten? Das fing ja gut an!

Die Tagestouristen, die sich im Office schon für eine Whalewatching-Tour angemeldet hatten, mussten nochmals vertröstet werden: Erst hatten sie darauf gewartet, dass das Boot kam, und jetzt musste der Wind erst nachlassen. Wenigstens war es Antonia Martín, der Anwältin, in der Zwischenzeit gelungen, meine spanische Stiftung Firmm España zu gründen, wir hätten eigentlich ganz legal loslegen können. Nun nutzten wir die Wartezeit, um Schwimmwesten zu besorgen; für jeden Passagier eine, diese Regel galt auch in Spanien. Leider hatte die »Beluga« keinen Stauraum, in dem wir sie hätten lagern können, und unser Büro war zehn Minuten vom Hafen entfernt. Wir konnten die Touristen aber nicht mit den Schwimmwesten durch die halbe Stadt laufen lassen.

»Für eure Schwimmwesten hätten wir in unserem Container noch Platz«, bot Miguel an. »Die stapeln wir schön in die Ecke bis hoch zur Decke hinauf, das geht schon.«

Inzwischen war es Juli geworden. Es hatte eine ganze Woche gedauert, bis der Levante nachließ. Alle waren mit dabei, als wir unsere Jungfernfahrt mit der »Beluga« Richtung Atlantik machten: Laura, Philipp, Patricia und Anjan nahmen mich in ihre Mitte. Achtzehn Menschen hatten auf dem Schlauchboot Platz, von uns würden voraussichtlich immer drei dabei sein: der Kapitän, ein Biologe und jemand, der sich um die Passagiere kümmerte. Es gab allerdings nur vier Holzbänke für maximal zwölf Personen, die anderen würden auf dem Boden sitzen müssen. Man saß auf der »Beluga« wirklich tief im Wasser und wurde selbst ohne Wellengang ab und zu mal nass. Es rüttelte und schüttelte und fühlte sich recht abenteuerlich an.

Die erste offizielle Ausfahrt mit Touristen war denn auch ziemlich aufregend. Der Levante hatte für ein paar Tage aufgehört, das Meer war schön ruhig. Unsere erste Gruppe bestand aus neun Passagieren: Holländern, Engländern und einer wohlgenährten vierköpfigen spanischen Familie. Am Hafen verteilten wir die Westen, und ich merkte, dass ich vergessen hatte, genügend kleinere zu kaufen; die zwei spanischen Kinder sahen kaum über den Westenrand hinaus. Miguel hatte zum Glück noch welche, die passten. Beim Einsteigen bekam ich furchtbare Angst, dass die voluminösen Spanier, ungelenk wie sie in ihren Schwimmwesten waren, ins Wasser plumpsen könnten.

Aber sie schafften es. Wie erwartet, wurden alle ein bisschen nass, als wir Richtung Süden in die Straße von Gibraltar fuhren.

Wir waren noch nicht weit weg vom Hafen, da tauchten schon die ersten Delfine auf. Sie sprangen vor unserem Bug her und machten Pirouetten. Etwa in der Mitte der Meerenge kamen Grindwale dazu, ein Pärchen mit zwei Jungen. Dann wurden es immer mehr. Überall tauchten ihre schwarzen Körper auf, meist waren sie in Gruppen von sechs bis acht Tieren unterwegs. Im Gegensatz zu den Delfinen machten sie keine Luftsprünge, sondern zogen ganz ruhig durchs Wasser. Wenn sie nicht einfach dalagen, schwammen sie meist westwärts gegen die Strömung Richtung Atlantik. Einige kamen ans Boot; mir schien, als wollten sie erkunden, wer wir waren. Weil die »Beluga« so tief im Wasser lag, waren sie ganz nahe. Als sie mich vom Bootsrand aus mit ihren dunklen Augen so direkt und auf diese kurze Distanz ansahen, war es wieder da, dieses unglaublich beglückende Gefühl. Es ist schwierig zu beschreiben, fühlte sich aber etwa so an, wie wenn einem eine liebe Person, der man hundertprozentig vertraut, direkt in die Seele schaut.

So richtig genießen konnte ich diese erste Ausfahrt mit Gästen jedoch nicht. Ich hatte ziemlich viel Stress wegen der großen Frachter. Sie fuhren hintereinander auf zwei vorgegebenen Routen durch die Meerenge rein und raus, es herrschte dichter Verkehr auf beiden Spuren, und wir wussten noch nicht genau, wie wir uns verhalten mussten, damit wir den Frachtern nicht in die Quere kamen. Vorn durfte man nicht kreuzen, das war gefährlich und gab eine Buße. Miguel versuchte darum, sie von der Seite anzufahren und direkt hinter den Frachtern zu kreuzen. So klappte es. Wir durchquerten die Frachterrouten und fuhren auf die marokkanische Seite hinüber. Dort tummelten sich noch mehr Grindwale. Es war großartig. Wir kamen uns vor wie in einem großen Aquarium. Um uns herum begann das Wasser zu leben. Im Nu waren wir komplett nass. Es prustete und pfiff, keuchte und quietschte, und dennoch strahlten die Tiere eine unglaubliche Ruhe und Gelassenheit aus. Nie hätte ich mir träumen lassen, dass ich so etwas erleben würde. Nach drei Stunden fuhren wir mit unseren Gästen total beglückt wieder zurück.

Es sprach sich schnell herum, wie viele Tiere es dort draußen zu sehen gab, und es kamen immer mehr Menschen zu uns ins Office. Miguel hatte uns einen Kapitän vermittelt, deshalb konnten wir gelegentlich sogar zweimal am Tag rausfahren und sahen jedes Mal Delfine und Grindwale. Es war unglaublich. Bis vor kurzem hatte man in Forschungskreisen nicht einmal gewusst, dass diese Arten hier vorkommen. Nun merkten wir: Es gab sogar sehr viele Delfine und Grindwale in der Straße von Gibraltar, und sie waren resident, lebten also das ganze Jahr über hier! Das gab es in so großer Population nicht an vielen Orten auf der Welt. Warum nur hatten sie sich ausgerechnet diese dicht befahrene Wasserstraße als Heimat ausgesucht?

Die Rettungsaktion

Wir hatten die ersten vierzehn Tage mit Whalewatching-Touren hinter uns, als mich abends um fünf Uhr jemand anrief und ganz aufgeregt meldete, dass am kleinen Mittelmeerstand hinter dem Hafen ein Wal gestrandet sei. Anjan, Philipp und unsere zwei Volontärinnen Patricia und Laura liefen sofort los. Die Playa Chica liegt ganz in der Nähe von unserem Office, gleich hinter der Altstadt zwischen dem Hafen und der Insel. Als sie dort ankamen, hatten sich schon etliche Schaulustige eingefunden und ein paar Kinder turnten bereits auf dem Wal herum.

»He, was macht ihr da?«, riefen Anjan und Philipp empört. Sie scheuchten die Kinder fort und begannen, den Strand abzuriegeln.

Patricia und Laura hatten eben erst einen Kurs über Walrettungen absolviert und wussten, was zu tun war. Zusammen mit ein paar anderen Leuten gelang es ihnen, das zwei Meter lange Grindwal-Baby ins Wasser zurückzuschieben. Aber leider blies der Levante wieder einmal heftig und trieb große Wellen in die kleine Bucht. Vermutlich war das Baby von diesen Wellen an den Strand gespült worden. Der kleine Wal war jetzt zwar wieder im Wasser, aber er war offenbar zu schwach, um aus der Bucht hinauszuschwimmen. Er versteckte sich am Rand der Bucht in der Nähe der Felsen und fiepte jämmerlich.

»Wir rufen die ›Crema‹ an«, entschied Patricia. »Das ist eine spanische Tierschutzorganisation für Meerestiere, die auch wirklich kommt, wenn man sie ruft. Sie haben entlang der Küste mehrere Stützpunkte, der nächste ist in Málaga.« Patricia schnappte sich Anjans Handy und rief an.

In der Zwischenzeit waren auch Leute von der Feuerwehr gekommen, die eine Absperrung errichten halfen, denn mittlerweile lief ganz Tarifa zusammen. Als ich um 21 Uhr unser Office abschloss und ebenfalls zum Strand kam, wartete man dort immer noch auf die Leute der Crema. Eine halbe Stunde später trafen die dann endlich ein, mit einem ziemlichen Aufgebot: Ein Veterinär, ein Biologe und zwölf Volontäre waren gekommen. Alle standen zusammen und diskutierten, was zu tun sei. Der Biologe und der Veterinär zogen ihre Taucheranzüge an und wollten den Wal untersuchen, aber er ließ sie nicht an sich heran.

Ich fragte Anjan, was er tun würde. Seine Reaktion war immer die gleiche in solchen Situationen. Wenn ich sein Wissen anzapfte, durchstöberte er die Datenbank in seinem Gehirn, was ein Weilchen dauerte, und man sah förmlich, wie es ratterte.

Dann kam das Resultat seiner Überlegungen: »Dieser Wal dürfte nicht älter als zwei Monate sein. Das heißt, er wird noch von seiner Mutter gesäugt, und das wiederum heißt, er muss so schnell wie möglich aus der Bucht raus zu seiner Mutter, sonst hat er keine Chance. In diesem Alter trinken Walbabys alle zwei bis drei Stunden. Das Wichtigste ist jetzt also, dass er zu seinen Artgenossen kommt, die können ihm besser helfen als wir und werden ihn auch zu seiner Mutter bringen.«

Diese Information baute mich nicht gerade auf. Aber wenigstens war das Walbaby im Wasser, so trocknete es nicht aus.

Die Crema-Leute stellten am Strand Zelte auf, um vor Ort zu übernachten; es war dunkel, und wir konnten nichts mehr tun. Ich schlief schlecht und wachte oft auf in dieser Nacht. Um fünf Uhr früh war ich schon auf den Beinen und ging zum Strand. Um sieben brachte ich den Helfern aus einem Restaurant zwei große Kannen Kaffee und Brötchen. Sie beäugten mich skeptisch. Frauen, die selbständig etwas in die Hand nahmen, waren hier wohl dünn gesät und erregten eher Misstrauen. Aber Hunger hatten sie alle.

Der Levante hatte sich gelegt, dafür herrschte jetzt dicker Nebel. Man konnte kaum die Hand vor den Augen sehen. Die Diskussionen gingen von neuem los. Ich versuchte, da und dort einen Brocken aufzuschnappen, aber die Körpersprache der Rettungscrew sagte eigentlich genug: Sie kratzen sich am Kopf, hinter den Ohren, am Hintern und traten dabei von einem Bein auf das andere. Die große Ratlosigkeit war ausgebrochen.

»Man müsste den Wal jetzt dringend zu den anderen Walen rausbringen«, wandte ich mich an den Crema-Biologen, der sich als Manolo Fernández vorgestellt hatte, und bat Philipp, zu übersetzen.

Der Biologe schaute mich staunend an und fragte: »Woher wissen Sie denn, dass es da draußen noch andere Grindwale gibt?«

»Wir haben ganz viele gesehen in den letzten zwei Wochen. Die leben da draußen, und wenn sie ein Baby vermissen, werden sie es suchen. Ich denke, die wagen sich einfach nicht so nah ans Ufer, schon gar nicht, wenn so viele Menschen da sind.«

Wir hatten bei unseren Ausfahrten bereits Fotos gemacht und Daten gesammelt und mithilfe unseres GPS-Geräts die Positionen der gesichteten Wale notiert. Mit ein bisschen Glück könnten wir so die Wale finden. Als ich ihm das sagte, staunte er noch mehr.

»Das heißt, Sie haben auch ein Boot? Die Rettungsboote der Küstenwache sind nämlich alle im Einsatz, weil sie gerade zwei vermisste Taucher suchen müssen.«

»Ja, wir haben einen Zodiac, würde das helfen?«

»Das ist sogar sehr gut. Wir brauchen ein Boot, das tief im Wasser liegt, sonst bekommen wir den Wal nicht rein. Er wiegt bestimmt zweihundert Kilo«, meinte Manolo.

»Dafür taugt der Zodiac sicher, aber das Problem ist der Nebel. Wir haben keinen Radar, und ohne Radar können wir bei diesem Wetter nicht raus«, gab ich zu bedenken.

Wir diskutierten, bis einer der Männer sagte, er kenne jemanden bei Tarifa Tráfico. Das ist die Verkehrsleitzentrale, die die großen Tanker durch die Meerenge von Gibraltar leitet, eine Art Skyguide, aber für Schiffe. Auch José Marí, der Kollege von Miguel, der seit kurzem ab und zu für uns als Kapitän arbeitete, schaltete sich ein. Er kannte jemanden vom Lotsendienst der Küstenwache, der die großen Tanker bei schlechtem Wetter durch die Meerenge führte. Die hatten orangefarbene, mit Radar ausgerüstete Begleitboote.

»Wenn die uns mit ihrem Boot und dem Radar Begleitschutz geben, könnten wir mit dem Zodiac raus«, sagte Manolo.

Ich war ganz aus dem Häuschen, endlich zeichnete sich eine Lösung ab. Alle aktivierten ihre Kontakte, und bald hatten wir die Zusage von Tarifa Tráfico, dass sie die großen Frachter umleiten würden, sobald sie uns mit dem Radar des Begleitschiffs orten könnten.

Und der Lotsendienst versprach, ein solches Boot zu schicken. Dann wurden die Leute der Crema aktiv. Sie hatten ein rundes Netz von etwa vier Metern Durchmesser dabei, rundum mit Schwimmelementen versehen. Sie zogen ihre Taucheranzüge an, griffen das Netz wie Feuerwehrleute das Sprungtuch und sprangen ins Wasser, um das Walbaby einzufangen. Dieses ließ das anstandslos geschehen, vermutlich war es zu schwach, um sich zu wehren, es hatte ja schon lange nichts mehr getrunken. Fernando, so hieß der Veterinär, gab ihm eine Beruhigungsspritze.

Und wie sie alle da draußen im Wasser standen mit dem Netz, begegnete ich Lourdes zum ersten Mal persönlich. Ihr Auftritt war typisch für sie, nur wusste ich das damals noch nicht. Wie viele Schwierigkeiten würde sie mir in den nächsten Jahren noch bereiten! Wenn es eine Person gab, die mich fast dazu gebracht hätte, aufzugeben, dann war sie es. Dass sie aber genau das bezweckte, hielt mich – neben meiner Liebe zu den Walen – davon ab, es wirklich zu tun. Aber zurück zu diesem bizarren Moment: Plötzlich sprang nun nämlich eine Frau, die sich später eben als Lourdes herausstellte, im Taucheranzug ins Wasser, watete auf den Wal zu und warf sich in Pose. Ihr folgte – ich traute meinen Augen kaum – ein Mann mit Fotokamera. Alle um mich herum schauten sich erstaunt an.

Manolo und Fernando sagten fast gleichzeitig: »Was soll denn das, ist die verrückt? Wir versuchen hier, einen Wal zu retten, und die macht ein Fotoshooting?«

Lourdes setzte ungerührt ihr strahlendstes Lächeln auf, wandte sich der Kamera zu und tätschelte den Wal. Ich dachte, wie daneben das war, in dieser Situation das Helferteam aufzuhalten und Erinnerungsfotos zu schießen. Die Leute buhten sie aus und riefen, sie solle sich verziehen. Doch sie warf sich nur nochmals in Pose. Ich wusste damals noch nicht, wie schwierig und unberechenbar diese Frau war. Die Leute von der Crema jagten sie schließlich weg.

Vor der Bucht waren inzwischen das orange Boot der Küstenwache und José Marí mit unserem Zodiac aufgetaucht.

Manolo drückte mir eine große Flasche Bodylotion in die Hand und sagte zu Anjan und mir: »Kommt mit! Ihr müsst den Wal mit dieser Lotion einstreichen, damit er nicht austrocknet.«

In der Zwischenzeit waren vier seiner Männer mit einer großen Tragbahre zum Netz gewatet und hatten sie unter den Wal geschoben. José Marí lud zuerst einen Mann vom Lotsendienst ins Boot, der in ständigem Funkkontakt mit seinem orangen Radarschiff stand, das uns sicher in die Meerenge bringen sollte. Nach ihm stiegen Manolo, Anjan und ich ein, und wir fuhren mit dem Zodiac so nahe wie möglich an den Wal heran. Die vier Männer versuchten, diesen nun mit der Bahre ins Boot zu hieven. Das wackelte mächtig, aber beim dritten Anlauf gelang es. Plötzlich lag das Baby vor mir, und zum ersten Mal in meinem Leben durfte ich einen Wal berühren. Einen Moment lang vergaß ich alles um mich herum, es war einfach nur wunderbar. Dann erst kam mir wieder in den Sinn, dass ich ja eine wichtige Aufgabe hatte. Anjan und ich begannen, den kleinen Wal mit der Bodylotion einzureiben. Immer von neuem vom Kopf bis hinunter zur Schwanzflosse; wenn wir unten ankamen, war er oben schon wieder trocken. Es fiel mir auf, dass seine Rückenflosse zwei kleine Kerben aufwies, ein Merkmal, das mir später helfen würde, ihn wiederzufinden.

Wir fuhren hinaus in die Meerenge, um uns herum nichts als Nebel. Anjan hatte die GPS-Daten dabei, die uns zeigten, wo wir die Wale die letzten Male gesichtet hatten. Zwanzig Meter neben uns war das orange Boot, weiter sahen wir nicht. Aber wir hörten die Nebelhörner der großen Schiffe, alle tönten so nah, dass ich Angst bekam, wir könnten trotz aller Vorsichtsmaßnahmen von solch einem Riesentanker gerammt werden. Die Szenerie war gespenstisch. Natürlich konnten wir bei diesem Nebel auch keine

Wale sehen. Wir suchten und suchten, fuhren von Position zu Position.

»Manolo«, fragte ich irgendwann, »ist es eigentlich ein Männchen oder ein Weibchen?«

Er lächelte und tastete den Wal ab. »Es ist ein Isidro, also ein Männchen.« Der Name gefiel mir.

Langsam ging uns die Bodylotion aus. Manolo drückte mir eine Plastikwasserflasche in die Hand und sagte: »Mach damit weiter.«

Aber die Flasche war schnell leer. Ich war verzweifelt. Es konnte doch nicht sein, dass dieser kleine Wal kurz vor dem Happy End starb. Wir waren schon eine Stunde unterwegs, die Wale mussten hier irgendwo sein! »Hat jemand ein Messer?«, fragte ich in die Runde.

Ich wollte die Flasche entzweischneiden, damit Anjan und ich Meerwasser schöpfen konnten. Aber niemand reagierte. Nur José Marí hatte meine Not bemerkt und bedeutete mir, ihm die Flasche zu geben. Er nahm sie und begann, sie mit den Eckzähnen in der Mitte durchzubeißen. Kurz darauf hatten Anjan und ich je eine Flaschenhälfte, mit der wir das Walbaby benetzen konnten. Allmählich wurden wir aber alle nervös, denn wir konnten den sedierten Wal nicht einfach ins Wasser lassen und darauf vertrauen, dass ihn seine Familie rechtzeitig finden würde. Da endlich tauchten aus dem Nebel drei Grindwal-Männchen auf. Sie schwammen langsam auf uns zu. Kamen sie tatsächlich, um ihr Baby zu holen?

Es war schwierig, Isidro wieder ins Wasser zu bekommen. Wegen der Beruhigungsspritze durfte man ihn nicht hineinplumpsen lassen. Wir hatten Angst, er wäre verwirrt und würde sinken. Darum sprangen Fernando und Manolo wieder ins Wasser, und zu viert versuchten wir, ihn vorsichtig über die Bahre ins Wasser gleiten zu lassen. Unser Zodiac wackelte so stark, dass ich erneut fürchtete, wir würden kentern, aber wir schafften es. Die Grindwale hatten uns aus fünf Metern Distanz zugesehen. Sobald Isidro im Wasser war, kamen sie pfeifend näher, nahmen ihn in ihre Mitte und schwammen davon. Ich war außer mir vor Freude, es war einfach magisch. Auf dem Boot brach großer Jubel aus.

Dass in Spanien noch nie eine Walrettung geglückt war, erfuhr ich erst am nächsten Tag. Die lokalen Nachrichtenblättern brachten ein großes Foto von Lourdes, und darüber stand in großen Lettern: »Erste erfolgreiche Walrettung in Spanien.« Ich fand das unerhört, meine Freude über das Erlebte konnte es aber nicht trüben. Am Nachmittag kam Anjan von einer Ausfahrt mit einer Schweizer Touristengruppe zurück und erzählte mir, dass eine große Grindwal-Familie auf das Boot zugeschwommen war und zusammen mit ganz vielen Delfinen ein großartiges Spektakel aufgeführt habe. Ich war sicher, dass sie sich damit bei uns bedankten. Ich habe übrigens noch tagelang nach Lebertran gerochen, weil ich mich beim Einreiben über das Baby gebeugt hatte, und ich bin überzeugt, dass es meinen Geruch auch aufgenommen hat.

Freche Orcas

Als in der Schweiz die Sommerferien begannen, kam Claudine mit fünfzehn Kindern nach Tarifa; sie waren alle aus dem Schulkreis von Claudine und zwischen zehn und fünfzehn Jahre alt. Wir holten sie mit gemieteten Autos in Málaga ab. Die Jugendherberge war perfekt, der Swimmingpool löste große Begeisterung aus, und so ließ sich das Camp gut an. Natürlich war die Betreuung von Kindern anstrengender als die von Erwachsenen, aber Claudine hatte viel Erfahrung und auch schon einige Feriencamps geleitet. Anjan erzählte den Kindern jeden Morgen zwei Stunden lang über das Leben der Delfine und der anderen Wale. Sie wollten es immer sehr genau wissen und fragten viel mehr nach als die Erwachsenen. Zum Beispiel, warum die Grindwale Wale hießen und nicht Delfine, obwohl sie doch recht ähnlich ausschauten. Anjan war gefordert, denn das war gar nicht so einfach zu erklären. Biologisch gesehen, gehören die Grindwale nämlich tatsächlich zur Familie der Delfine. Und sie alle zusammen gehören zur Obergruppe der Zahnwale, genau wie Orcas und Pottwale, denn sie alle haben Zähne. Die andere große Gruppe von Walen nennt man Bartenwale; das sind all jene, die anstelle von Zähnen Barten haben. Barten sind lange, kammähnliche feine Hornplättchen, durch die Bartenwale das Plankton aus dem Meer filtern. Zu den Bartenwalen gehören zum Beispiel Blau- und Grauwale oder Finnwale.

Jeden zweiten Tag fuhren wir mit unseren jungen Gästen raus aufs Meer. In der restlichen Zeit gingen Claudine und eine der Volontärinnen mit ihnen an den Strand zum Spielen, Baden, Muscheln- und Krebse-Suchen. Den Kindern machten die Ausfahrten mit der »Beluga« großen Spaß. Sie waren extrem begeisterungsfähig, und ich glaube, die Sympathie war gegenseitig. Auch die Tiere hatten Freude an den Kids und kamen oft ans Boot. Die Kinder merkten schnell, dass es verschiedene Delfine gibt. Die Gewöhnlichen und die Gestreiften Delfine kamen meist in größeren Gruppen und sprangen in einigen Metern Entfernung wild im Wasser umher; die Großen Tümmler waren neugieriger und mutiger und nahmen daher viel eher Kontakt zu uns Menschen auf und machten ihre Luftsprünge ganz nah vor dem Boot. Da man von den Delfinen nur sie, also die Großen Tümmler, trainieren kann, werden nur sie in Delfinarien gehalten.

Claudine als Zeichenlehrerin ließ die Kinder alle Tiere malen, die sie bei den Ausfahrten sahen. Für uns fertigte sie auf A4-großen

Kartons ebenfalls Zeichnungen von den verschiedenen Tierarten mit deren besonderen Merkmalen an. Grindwale zum Beispiel haben unterschiedlich geformte Rückenflossen, die man Finnen nennt. Bei Tieren bis zwei Jahre weist die Finne eine gebogene Oberkante auf, bei erwachsenen ist diese gerade. Claudines Zeichnungen konnten wir für die Briefings der Touristen vor den Ausflügen gut gebrauchen. Ich wollte nämlich, dass nicht nur unsere Ferienkursgäste, sondern alle Touristen, die mit uns rausfuhren, vor der Ausfahrt eine Einführung über die Tiere und ihre Besonderheiten bekamen. Diese Einführung nannte ich »Charlas«, Vorträge. So wussten unsere Gäste Bescheid, worauf sie achten mussten, wenn sie draußen waren. Die Charlas, bei denen wir heute noch Claudines Zeichnungen benutzen, sind zu einem unverzichtbaren Bestandteil unserer Aufklärungsarbeit geworden. Wie gesagt: Nur was man kennt, ist man auch bereit zu schützen.

Als ich eines Morgens von einer Ausfahrt ins Office zurückkam, waren Anjan und Philipp gerade erst eingetroffen. Sie hatten sich schon sehr an den spanischen Tagesrhythmus gewöhnt. Da sie nachtaktiv waren, bekam ich sie selten vor dem Mittag zu sehen. Aber ich musste ihnen zugutehalten, dass sie immer kamen, wenn ich nach ihnen rief, egal, wann sie ins Bett gegangen waren.

»Katharina, ich muss dir etwas beichten«, sagte Anjan an diesem Tag. »Claudia kommt nun doch nicht. Wir haben uns getrennt.«

Damit hatte ich fast gerechnet, nach all den verschiedenen Girls, die ich schon auf Anjans Knien gesehen hatte. Aber es tat mir leid. Ich mochte Claudia, sie war nicht nur freundlich und fröhlich, sondern auch sehr seriös, was man von Anjan weniger behaupten konnte. Er war unglaublich charmant, aber ein Filou. Und ich ärgerte mich wieder einmal über all diese Männer, die dauernd Bestätigung vom anderen Geschlecht brauchen.

Mein zweiter Ehemann war auch so ein Exemplar gewesen, und es macht mich heute noch wütend, wenn ich daran denke, wie lange ich es neben ihm aushielt. Ich dachte damals, ich könne mich wegen meiner Jungs nicht erneut von einem Mann trennen. Sie waren damals in der Pubertät, und ich wollte nicht schon wieder Unruhe in unser Familienleben bringen. Wie so viele Frauen in dieser Situation hielt ich einfach durch. Eines Tages fragte mich mein Sohn Andy aber ganz direkt, ob ich denn eigentlich glücklich sei und wie lange ich noch zuwarten wolle. Das setzte meinen Motor wieder in Gang. Kurz darauf reichte ich die Scheidung ein und war dann auch nicht überrascht, als mein zweiter Exmann bereits kurze Zeit später seine Geliebte heiratete. Von ihm rührt übrigens auch meine Mercedes-Aversion her. Jahrelang fuhr er ein Mercedes-Coupé, nur um zu zeigen, was für ein toller Hecht er war; ihm war egal, dass sich meine beiden Jungs hinten auf den Notsitz quetschen mussten.

Nach dieser Erfahrung war für mich jedenfalls klar, dass ich mich nur noch auf Beziehungen einlassen wollte, in denen ich nichts von dem aufgeben musste, was mir wichtig war im Leben. Ich löste mich von der Vorstellung, dass man nur in einer Beziehung ein glückliches und erfülltes Leben führen kann. Aber abgesehen davon, hatte ich nun mit meinem neuen Lebensprojekt auch gar keine Zeit mehr für einen Mann.

An einem anderen Morgen kam José Marí ganz aufgeregt zum Boot. Er fuhr in dieser Zeit öfters als Kapitän für uns, da Miguel auf seiner »Scorpora« viele Tauchgäste hatte. »Katharina, die Fischer sagen, dass momentan Orcas draußen seien.«

Ich geriet völlig aus dem Häuschen. Es war seit Jahren mein Traum, eines dieser wunderschönen schwarzen Tiere mit den großen weißen Flecken zu sehen. Bisher hatte es immer geheißen,

Orcas kämen vor allem in nördlichen Gewässern vor. Man wusste, dass es vor Norwegen, Island, Grönland und um die Faröer-Inseln viele gab, aber dass sie auch in der Mittelmeerregion lebten, war bis dahin nicht bekannt. Es war unglaublich. Was Ara gehört hatte, stimmte also wirklich. »Dort soll es Delfine und Orcas geben« – wegen dieses einen Satzes von ihm war ich vor gut einem halben Jahr nach Tarifa gekommen, deshalb hatte alles hier angefangen.

»Wo wurden sie denn genau gesehen?«, fragte ich.

»Richtung Atlantik, sie sind offenbar weiter draußen.«

Ich konnte es kaum erwarten, aufs Wasser zu kommen. Wir fuhren mit unseren Camp-Kindern im Zodiac Richtung Tanger, dorthin, wo die Fischerboote waren. Nach einer halben Stunde sahen wir sie: Etwa neun Orcas schwammen und sprangen um etwa zwanzig kleine Fischerboote herum. Die Tiere kamen mir riesig vor. Unsere »Beluga« war nur acht Meter lang, die Orcas vor uns sicher zehn Meter. Wenn sie gewollt hätten, hätten sie die Fischerboote und uns spielend leicht zum Kentern bringen können. Plötzlich hatte ich Angst um die Kinder, aber José Marí fuhr schön langsam und nicht zu nah an sie heran. Und die Orcas hatten auch überhaupt kein Interesse an uns. Wie es aussah, machten sie sich ein Spiel daraus, den Fischern ihren Fang wegzuschnappen. Wenn die Thunfische sich an den Ködern der zweihundert Meter langen Angelleinen festbissen, waren sie für die eigentlich viel langsameren Orcas eine leichte Beute. Diese tauchten nun zwischen den Fischerbooten auf und ab und fraßen sich satt, während die Fischer Leine um Leine mit angebissenen oder bis auf den Kopf abgefressenen Thunfischen heraufzogen. Das Spektakel dauerte sicher eine Stunde.

Weil Orcas die größten Raubtiere der Meere sind, haben sie keine natürlichen Feinde. Gejagt werden sie glücklicherweise nicht. Das Einzige, was ihnen zusetzt, ist die Umweltverschmutzung und – wie allen Walen – der Lärm der Motoren unter Wasser. Dass man sie Killerwale nennt, nur weil sie Fleischfresser sind, konnte ich nie verstehen. Zumal die Orcas in der Straße von Gibraltar ausschließlich Thunfische fressen und kleiner sind als die sogenannten transienten Orcas, die weiter draußen in den Weltmeeren umherziehen und auch größere Tiere verspeisen. Wie die Delfine jagen sie vor allem im Rudel und sind hochintelligent. Meist sind sie in Familien von zwanzig bis vierundzwanzig Tieren unterwegs und bleiben jahrelang zusammen.

Mir fiel ein großes Männchen auf, weil es aktiver war als die anderen. Seine Finne war sicher einen Meter fünfzig hoch, was für ein ausgewachsenes Männchen nicht wenig ist. Ich gab ihm den Namen »Camacho«, und wir machten Fotos von ihm und allen anderen Orcas. Neben Camacho schwamm ein Weibchen. Sie nannte ich »Matriarchin«, denn das Oberhaupt einer Orca-Familie ist immer eine Mutterkuh. Rundum gab es noch ein paar jüngere Männchen, etliche kleinere Weibchen, und dann war da noch ein ganz kleines Orca-Baby. Es war fantastisch! Die Camp-Kinder blieben während der ganzen Zeit andächtig still. Nachdem wir zurückgekommen waren, sprach sich unser Abenteuer schnell herum. Es war eine Sensation. Nun wollten noch mehr Touristen mit uns hinaus aufs Wasser. Die Orcas taten uns den Gefallen und blieben noch bis Mitte August, dann waren sie plötzlich weg.

Nach diesem Erlebnis suchte ich Kontakt zu den Fischern. Ich wollte herausfinden, was sie über die Wale wussten. Eines Morgens wartete ich am Hafen auf Juan. Ihm war ich schon mehrmals begegnet, draußen bei den Orcas und wenn er, wie jetzt, mit seinem Boot vom Fischen zurückkam.

»Stört es dich denn nicht, dass dir die Orcas die Thunfische wegschnappen?«, fragte ich ihn, als er die Fische auslud.

Juan sah mich eindringlich an. »Weißt du, ich glaube, sie haben ein Recht darauf.«

»Was meinst du damit?«

»Wie soll ich sagen? Ich glaube, die Natur will das so. Ich war einmal ziemlich wütend, weil mir die Tiere ständig meine Thunfische klauten. Da nahm ich einen der Backsteine, mit denen wir die Angelleinen beschweren, und warf ihn nach einem der Orcas. Ich traf ihn am Kopf, und er tauchte ab. Kurz darauf erschien er wieder und schwamm direkt auf mein Boot zu. Ich hatte fürchterliche Angst, denn mein Boot ist nur zwölf Meter lang, er hätte es ganz einfach zerstören können. Aber kurz vor dem Boot drehte er ab und kam seitwärts ganz nah ran. Und dann schaute er mir in die Augen.« Juan stockte. »Er schaute mir wirklich in die Augen. Wie wenn er sagen wollte: Tu das nie wieder!« Juans Stimme zitterte. »Seither können die Orcas von mir so viele Thunfische haben, wie sie wollen. Für mich bleibt immer noch genug.«

Von Juan erfuhr ich, dass die Fischer schon lange wussten, dass es hier Orcas gab. Es hatte sich bisher einfach niemand dafür interessiert. Er erzählte mir auch, dass die Tiere tatsächlich nur wegen der Thunfische, ihrer Leibspeise, hier waren. Zweimal im Jahr zogen die Thunfische durch die Meerenge von Gibraltar: im Frühjahr, wenn sie vom Atlantik ins Mittelmeer schwammen, um dort zu laichen, und von Mitte Juli bis Mitte August, wenn sie wieder in den Atlantik zurückschwammen. Im Frühjahr sei es aber einfacher, die Thunfische zu fangen, erzählte Juan. »Dann sind die Weibchen trächtig und darum langsamer. Sie schwimmen der Küste entlang, weil dort die Strömung nicht so stark ist. Dann sind auch die Orcas in Küstennähe. Im Spätsommer hingegen fangen wir die Thunfische eher auf der marokkanischen Seite, dann sind auch die Orcas dort.«

Es gab hier also zweimal im Jahr Orcas. Wie toll, dass wir sie so häufig sehen würden! Ich bedankte mich bei Juan für die wertvolle Information und beschloss, häufiger bei den Fischern vorbeizuschauen, um mit ihnen im Gespräch zu bleiben.

Am Ende dieser ersten Sommerferienzeit hatten wir bereits erstaunlich viel erreicht: Wir hatten herausgefunden, dass die Delfine und Grindwale resident waren und es zeitweise sogar Orcas gab, die hier auftauchten, wir hatten rund fünfzig Ferienkursgäste aus dem deutschsprachigen Raum für eine Woche bei uns gehabt, ein Camp mit Schweizer Schulkindern organisiert und ganz viele Tagestouristen mit der Welt der Wale bekannt gemacht. Zwischendurch war ich für zwei Wochen in Asien gewesen, um die Sono-Frühjahrskollektion in Auftrag zu geben, aber es hatte mich sofort wieder zurück nach Tarifa gezogen. Seit unserer ersten Orca-Sichtung hatten wir jeden Tag zwei Touren gemacht, sofern es die Windverhältnisse erlaubten. Manchmal, wenn Miguel keine Tauchgäste hatte und der Wind stärker blies, fuhren wir mit seiner »Scorpora« hinaus, die auch für höheren Wellengang geeignet war.

Einmal wären wir allerdings sogar mit ihr beinahe gekentert. Antonio, ein anderer Kollege von Miguel, ebenfalls ein Kapitän, fuhr mit uns und einer fünfzehnköpfigen Touristengruppe raus. Es hatte ein bisschen Wind und Wellen, sonst aber war es ein klarer, warmer Tag. Wir waren in die Mitte der Straße von Gibraltar gefahren, und Antonio legte gerade den Leergang ein, damit sich die Schiffsschraube nicht mehr drehte und die Wale zu uns kommen konnten, als ich plötzlich vom Atlantik her eine große, weiße Welle auf uns zurollen sah. Zuerst konnte ich es gar nicht einordnen: Diese Welle passte überhaupt nicht in die Landschaft. Als ich wieder hinsah, war sie bereits bedrohlich nah. Ich schrie Antonio und den Gästen eine Warnung zu, packte das Kind, das neben mir auf der Seitenwand des Bootes saß, und alle kauerten wir uns auf den Boden. Antonio ließ sofort den Motor an und hatte gerade noch Zeit, das Schiff so zu drehen, dass die Welle es nicht von der Seite traf. Und schon wurden wir vier Meter in die Höhe gehoben. Danach folgten noch ein paar kleinere Wellen. Wir hatten Glück gehabt.

Ich hatte es mir inzwischen angewöhnt, Juan und seine Fischerkollegen zu fragen, wenn ich mir etwas nicht erklären konnte. Sie sagten mir, dass diese Riesenwellen, die hier »hileros« genannt wurden, aus dem Atlantik kämen und bei großen Gezeitenunterschieden entstünden, das heißt kurz vor oder kurz nach Leer- oder Vollmond und nur bei Poniente, also Westwind. Wir wussten nun, wann wir besonders achtsam sein mussten.

Die ganze Zeit über stand ich regelmäßig mit unserem Meeresbiologen David Senn in der Schweiz in Kontakt. Er interessierte sich sehr dafür, was wir in Tarifa entdeckten, und ich erzählte ihm von meinen Erlebnissen mit Isidro und den Orcas. In der Zwischenzeit hatten wir auch vereinzelt Finn- und Pottwale vorbeiziehen sehen. Im Gegensatz zu den Delfinen und Grindwalen lebten sie nicht ständig hier. Sie waren nur auf der Durchreise. David war einer der weltweit führenden Planktonforscher, und dass es in der Straße von Gibraltar unter Wasser so viel Leben und vor allem Planktonfresser gab, war für ihn außerordentlich spannend. Er vermutete schon bald, dass es hier ein sehr spezielles Nahrungssystem geben musste. Das war seiner Meinung nach die wahrscheinlichste Erklärung dafür, weshalb sich so viele Tiere hier aufhielten.

»Und wie macht sich Anjan?«, erkundigte sich David Senn bei einem der Telefonate. Anjan war ein bisschen sein Sorgenkind. Er hätte das Studium langsam abschließen sollen, aber ihm gefiel das Leben in Tarifa zu gut.

»Er ist zwar ein Früchtchen und liebt Frauen«, sagte ich, »aber er ist mir eine echte Stütze hier und hat schon viel auf die Beine gestellt. Ich bin extrem froh, dass ich ihn hier habe.«

»Du weißt, ich unterstütze alles, was du machst, aber ich denke, es wäre wirklich in seinem Interesse, wenn er zurückkäme und sein Studium fertig machen würde.« Da hatte David natürlich recht.

Lourdes sah ich in dieser Zeit jeden Tag auf der Hauptgasse der Altstadt in der Nähe unseres Office. Sie sprach Touristen an und war wild entschlossen, ebenfalls Whalewatching anzubieten. Offenbar hatte sie mein »Nein« auf ihren Fax, in dem sie mich fragte, ob wir das Whalewatching-Projekt nicht zusammen angehen wollten, als Kriegserklärung aufgefasst. Lourdes war klein und drahtig, etwa Mitte vierzig und trug ihre strähnigen, hellbraunen, langen Haare meist zu einem Pferdeschwanz zusammengebunden. Ihr ausgemergeltes Gesicht sah ein bisschen wie das eines Junkies aus, und ihre Augen funkelten feindselig, wenn wir uns begegneten. Hatte sie genügend Touristen zusammen, tauchte sie am Hafen auf und heuerte »meine« Kapitäne Miguel, Antonio oder José Marí für eine Ausfahrt an. Ich sah ihrem Treiben mit vorsichtiger Zurückhaltung zu, denn ich konnte den drei Männern natürlich nicht verbieten, sie mit rauszunehmen, da ich sie ja nicht fest unter Vertrag hatte. So gut lief das Geschäft nun doch noch nicht in diesem ersten Jahr. Ich wehrte mich jedoch, als Lourdes versuchte, ihre Touristen auch bei unseren Ausfahrten auf der »Beluga« oder auf der »Scorpora« unterzubringen. Ich wollte das Whalewatching seriös betreiben und unsere Gäste für Walschutz sensibilisieren. Deshalb machten wir ja die Charlas, bevor wir aufs Wasser gingen. Lourdes hingegen wollte nur Geld verdienen.

Im September hatte ich ein bisschen mehr Zeit und konnte mich endlich um die anderen Sachen kümmern, die mir am Herzen lagen. Ich wollte in den Wintermonaten Veranstaltungsprogramme für Schulen in der Region anbieten, damit auch die spanischen Kinder lernten, dass es vor ihrer Haustür viel Schützenswertes gab. Und ich wollte mich endlich dafür einsetzen, dass in diesem Land keine neuen Delfinarien mehr gebaut wurden. Als Erstes aber kümmerte ich mich um etwas anderes: Nachdem wir Orcas gesehen hatten, gab es einen regelrechten Run aufs Meer. Alle möglichen Menschen wollten die Wale sehen. Nicht nur Lourdes mit ihren Touristengrüppchen, auch private Bootsbesitzer fuhren hinaus. Und alle führten sich auf, wie es ihnen passte. Mir fiel auf, dass es keine Bestimmungen gab, wie man sich den Tieren gegenüber verhalten muss. Zum Beispiel, dass man nicht näher als fünfzig Meter an sie heranfahren soll, dass ein Wal nicht von zwei Booten in die Zange genommen werden darf oder dass man sich ihnen nie von hinten oder vorn nähern darf, sondern nur von der Seite.

Anjan recherchierte im Internet, und wir fanden heraus, dass dieses Problem auch andere Länder beschäftigte. In Australien, Neuseeland, Kanada und den USA gab es jedoch Regeln für das Betreiben von Whalewatching. Es war genau festgelegt, wie nahe man an die Tiere heranfahren darf, und sogar, wie laut der Motor sein darf, damit sie nicht gestört werden. Ich konnte es kaum glauben: Wir in Europa hatten ja Vorschriften für fast alles, dafür aber offensichtlich nicht! Anjan und ich setzten uns sofort hin und übertrugen diese Regeln auf die Situation in der Straße von Gibraltar. Das Papier schickten wir dann an das regionale Umweltdepartement in Cádiz mit der Bitte, zu prüfen, ob man solche Regeln nicht auch in Spanien einführen könne. Erst geschah lange Zeit gar nichts.

Ein unverschämtes Interview

Die Volontärinnen waren abgereist, ihre drei Monate waren um. Aber Anjan hatte bereits für Nachfolger gesorgt. Ende August kamen Renaud und José an, zwei Ozeanologie-Studenten aus Cádiz. Renaud war Franzose, was mir natürlich sehr gelegen kam, denn mein Französisch war viel besser als mein noch immer recht dürftiges Spanisch. Ich wunderte mich, dass Anjan nicht wieder Frauen angestellt hatte. Vermutlich war ihm aufgefallen, dass es vor Ort genügend hübsche Surfgirls gab. Renaud jedenfalls war anders als die anderen. Sehr ernsthaft, ehrgeizig und systematisch ging er daran, die Fotos, die Anjan den Sommer über geschossen hatte, zu beschriften. Wir hatten in der Zwischenzeit schon verschiedene Walfamilien erfasst, und wenn wir ihnen begegneten, erkannten wir die einzelnen Mitglieder anhand ihrer besonderen Merkmale wieder.

Renaud fand meine Veranstaltungsprogramme für die Schulen spannend und arbeitete mit Anjan zusammen weitere Vorträge aus. Wir wollten ja, dass auch die Kinder in der Gegend wissen, welche Wal- und Delfinarten es hier gibt und was sie tun müssen, wenn sie am Strand ein Tier in Not finden. Die spanische Tierschutzstation Crema in Málaga, die uns mit Isidro geholfen hatte, war ebenfalls interessiert, an diesen Veranstaltungen mitzuwirken. Durch Renauds Verbindung mit der Uni in Cádiz konnten wir zwanzig Studenten und Studentinnen gewinnen, die über den Winter in den Schulen zwischen Algeciras und Cádiz Vorträge halten würden. Für die Schulen war das Angebot gratis. Wir übernahmen die Spesen für die Studenten, beantragten aber bei der Umweltschutzbehörde finanzielle Unterstützung. Erstaunlicherweise stieg sie sofort darauf ein und übernahm einen Teil unserer Ausgaben.

Als ich David Senn am Telefon davon erzählte, meinte er: »Katharina, das finde ich eine super Idee. Wieso machen wir das nicht auch in der Schweiz? Ich wäre bereit, im Januar und Februar jeden Montag irgendwo in der Schweiz ebenfalls einen Vortrag zu halten. Wenn du das organisierst, kannst du über mich verfügen.«

»Was für ein Geschenk, David! Klar versuche ich das! Ich melde mich.«

Ich rief Claudine an. »Stell dir vor, David Senn wäre bereit, in der Schweiz Vorträge zu halten. Er ist eine Koryphäe auf dem Gebiet der Wale. Kannst du nochmals unsere Frauentruppe mobilisieren? Wenn wir jeden Montag einen Vortragssaal in einer anderen Gemeinde finden würden, wäre das eine großartige Sache.«

Wie immer war auf Claudine Verlass. Innerhalb kurzer Zeit hatten meine Frauen acht Gemeindesäle und Hörsäle an Universitäten in Luzern, Zürich, Bern, Basel und Zug gebucht.

Nun konnte ich mich um die Delfinarien kümmern. Ein großes war gerade in Valencia in Bau, eines in Benalmádena in der Nähe von Torremolinos und eines auf Teneriffa. Wieder setzte ich mich mit Anjan hin und entwarf eine Petition gegen den Bau neuer Delfinarien. Ich schloss mich mit einer Organisation zusammen, die Meeressäuger schützt, und als wir die Petition kurze Zeit später in Umlauf brachten, war das Echo gewaltig. Andere Tierschutzorganisationen aus aller Welt fragten bei uns an, ob sie den Petitionstext übernehmen könnten. Wir hatten eine Lawine ausgelöst.

Unter anderem kam ich so auch mit Mark Berman vom Earth Island Institute in den USA in Kontakt, der zusammen mit Ric O'Barry gegen Delfinarien kämpfte. Ric O'Barry war der Delfintrainer der bekannten US-Serie »Flipper« gewesen. Nachdem ein Delfin in seinen Armen gestorben war, hatte er seinen Job als Trainer aufgegeben und 1970 die Organisation Dolphin Project gegründet. Seither setzt er sich gegen die Haltung von Delfinen in Gefangenschaft ein. Er kritisiert vor allem auch das Prinzip der Positivbelohnung beim Training und machte publik, dass den Delfinen Nahrung verweigert wurde, damit sie nachher bei den Shows Kunststücke vollführten.

Damals war ich noch neu in der Szene und optimistisch, dass wir mit unserer Petition die Schließung der Delfinarien bewirken könnten. Es war mir zu wenig klar, dass diese Branche nach denselben Gesetzen funktioniert wie jede andere auch, wo Geld zu verdienen ist. Delfinarien sind nach wie vor ein gewinnbringendes Geschäft, das sich die Betreiber nicht einfach so verbieten lassen. Hinzu kommt leider, dass Tierschutzorganisationen nicht immer an einem Strick ziehen, sondern auch gegeneinander um Spendengelder kämpfen. Es war also ziemlich naiv von mir, zu glauben, dass wir es ohne weiteres schaffen könnten, dass Delfinarien verboten werden würden.

Die Saison ging langsam zu Ende. An einem der letzten Tage im September erhielt ich Post von der spanischen Telefongesellschaft Telefónica. Als ich den Brief öffnete, traf mich fast der Schlag. Es war eine Rechnung über, umgerechnet, rund zehntausend Schweizer Franken für Telefonate nach Thailand, England und Amerika. Natürlich mussten wir immer wieder einmal etwas in Übersee abklären, aber niemals mit so langen Telefonaten! Ich zitierte Anjan und Philipp und wusste sofort, bei wem ich weiterbohren musste. Anjan wurde rot, ich schickte Philipp hinaus.

»Was soll das bedeuten?«, fragte ich ziemlich genervt.

»Ich habe nun mal Freunde überall auf der Welt...«

»Aber du musst Tage und Nächte durchtelefoniert haben!«

»Echt, Katharina, ich wusste nicht, dass das so teuer werden würde...« Wenigstens stritt er nicht ab, dass er es gewesen war.

»Anjan, das ist sehr viel Geld, wie willst du das zurückzahlen? Ich finanziere dir doch nicht deine Flirtgeschichten in der ganzen Welt.«

»Keine Ahnung, muss ich mir überlegen.«

»Ich muss mir auch überlegen, was wir da machen. Wir reden morgen weiter.«

Ganz ermattet blieb ich auf meinem Stuhl sitzen, als er gegangen war. Er war so ein positiver, optimistischer Mensch, und die Arbeit mit ihm hatte mir so viel Kraft gegeben. Wie viel hatten wir gemeinsam zustande gebracht! Auch wenn ich es mir überhaupt nicht vorstellen konnte, doch jetzt musste ich mir wohl einen neuen Biologen suchen. Das hatte mir gerade noch gefehlt.

»Ich behalte erst mal deinen Septemberlohn zurück«, sagte ich am nächsten Tag, »und den für den Oktober ebenfalls. Dann ist deine Zeit hier sowieso um, David Senn möchte dich ja wieder in Basel haben. Schade, aber vielleicht ist es tatsächlich besser, du machst erst mal dein Studium in der Schweiz fertig. Wie wir das mit dem restlichen Geld regeln, müssen wir noch überlegen, ich kann dir das nicht schenken.«

Glücklicherweise war das auch ihm klar. Und weil wir ja eigentlich gut miteinander auskamen, hatten wir es auch die restliche Zeit zusammen gut. Der Ärger war schneller verflogen, als ich gedacht hatte; mich bedrückte, dass ich Anjan verlieren würde. Schweizer Biologen, die einen Halbjahresjob in Tarifa suchten, gab es nicht wie Sand am Meer. Zu meiner Freude hatte sich jedoch Renaud gut eingearbeitet. Er bot mir an, nächstes Jahr wiederzukommen, was ich dankend annahm.

Kurz vor meiner Rückreise in die Schweiz rief mich Antonia Martín, meine Anwältin, an. Eine lokale Radiostation hatte bei ihr angefragt, ob ich ein Interview zu unserer Arbeit geben wolle. Antonia fand das eine gute Idee und meine Crew ebenfalls. Ich hatte Bedenken, denn mein Spanisch war immer noch sehr rudimentär. Aber klar, es war eine Chance, unsere Sache bekannt zu machen. Doch es war nicht einfach. Ich hatte mich zwar auf die Fragen vorbereitet, stotterte aber eine halbe Stunde lang ins Mikrofon und wäre am liebsten im Boden versunken – an meinen PR-Auftritten auf Spanisch musste ich definitiv noch arbeiten.

Der Radioauftritt hatte allerdings einen positiven Nebeneffekt: Bei der Vorbereitung lernte ich im Büro von Antonia deren deutsche Sekretärin Katharina Hehenberger kennen. Meine Namensvetterin und ich verstanden uns auf Anhieb und trafen uns von da an häufig auf einen Kaffee. Natürlich erzählte ich »Keiti«, wie wir sie nennen, von meinen Sorgen und dass ich nicht genau wusste, wie ich es den

Winter über mit dem Office halten sollte. Ich hatte damit gerechnet, dass Anjan allenfalls auch den Winter über hier bleiben würde, aber das war nun keine Option mehr; Philipp ging ebenfalls zurück in die Schweiz; Renaud musste nach Cádiz – alle flogen aus …

»Wie wäre es denn, wenn ich das übernehmen würde?«, fragte Keiti plötzlich.

Ich war erstaunt. »Du kannst doch nicht zwei Jobs machen, Keiti, und der kleine Max braucht dich.« Ich wusste ja, dass sie einen kleinen Sohn hatte und deshalb nur Teilzeit bei Antonia arbeitete.

»So groß wäre der Aufwand wohl nicht. Ich müsste vermutlich die Post erledigen und Buchungen entgegennehmen. Das Telefon könnte ich auch umleiten, dann müsste ich nicht einmal im Office sitzen.«

Der Vorschlag war überlegenswert, zudem hatte ich gar keine Alternative. Ich stellte Keiti zu fünfzig Prozent an und kam mit ihr überein, dass sie während meiner Abwesenheit zum Rechten sah. Wieder einmal hatte mir der Himmel zur richtigen Zeit einen Engel geschickt.

Am Tag darauf rief sie mich ganz aufgeregt an: »Katharina, ich habe gerade erfahren, dass Lourdes ebenfalls ein Interview gibt.«

»Was meinst du damit? Ich verstehe nicht. Zu was denn und wem?«

»Der gleichen Radiostation wie du, und ich nehme an, auch zum Thema Wale.«

Wir hörten uns das Interview gemeinsam an. Es war nicht zu fassen. Lourdes erzählte, dass sie mit ihrer Firma Whalewatch die Wale in der Straße von Gibraltar schütze und eine Forschungsstation betreibe. Dass sie einen Meeresbiologen angestellt habe, ein Boot besitze und im Sommer einen Grindwal gerettet habe. Sie gab tatsächlich mein Projekt als ihres aus! Nun wusste ich definitiv, dass ich einen Schatten hatte, der mich kopieren und mir schaden wollte. Keine schönen Aussichten.

Diesmal war ich froh, wieder in meine alte Haut zu schlüpfen, als ich Ende November in Zürich landete. Mein Haus in Stallikon fühlte sich ganz anders an als im Winter vor einem Jahr. Es war plötzlich ein Hort der Geborgenheit nach all der Aufregung, die der Sommer mit sich gebracht hatte, und ich fühlte mich wohl hier. Es tat gut, meine vertraute Umgebung und Freunde um mich zu haben. Ich merkte erst jetzt, wie einsam ich gewesen war in Spanien. Ich hatte niemanden, dem ich ganz vertrauen konnte, wie sich herausgestellt hatte, nicht mal Anjan.

Eigentlich war ich aus meinem Hamsterrad ausgebrochen, um zur Ruhe zu kommen. Nun merkte ich, dass ich mir noch viel mehr aufgeladen hatte und dass die Arbeit, auch wenn sie mich wirklich ausfüllte, sehr nervenaufreibend war. Schmerzlich wurde mir bewusst, dass man für alles, was man tut im Leben, einen Preis zahlt: Mein jüngerer Sohn Andy und seine Frau Gaby hatten im Juni ihr erstes Kind bekommen. Der kleine Sven war mein erster Enkel, und ich hätte gern mehr Anteil genommen am Alltag der jungen Familie, aber ich war ja die meiste Zeit im Ausland. Auch wenn ich gern die fürsorgliche Großmutter gewesen wäre, ließ sich das mit meinen Aktivitäten in Tarifa nicht vereinbaren.

»Es freut mich ehrlich gesagt schon, dass du dein altes Leben wieder schätzt«, sagte Peter, als er mich mit seiner zweiten Frau Esther besuchte, »so schlecht war das nämlich nicht.«

Er hatte ja recht. Ständig suchte ich nach etwas Neuem, Aufregendem und hatte den Kopf voller Ideen. Und jetzt, da ich dieses aufregende Neue endlich gefunden hatte, war ich so erschöpft, dass ich das Alte wieder dankbar annehmen konnte. Aber Peter wäre nicht Peter gewesen, wenn er das böse gemeint hätte. Dafür ist mein Exmann viel zu liebenswürdig und fürsorglich. Und es war ja wirklich ein Glück, dass ich mein altes Leben nicht ganz aufgegeben hatte, so konnte ich mich immer mal wieder darin ausruhen.

Viel Zeit zur Rast blieb allerdings nicht. Vor Weihnachten musste ich nochmals für eine Woche nach Asien. Dort lief die Produktion der Frühjahrskollektion auf Hochtouren, und es gab noch ein paar Änderungen, weil einige Ösen und Reißverschlüsse nicht lieferbar waren. Wenigstens sah ich so in Hongkong meinen älteren Sohn Sam wieder einmal. Neujahr verbrachte ich dann erneut in Spanien bei Rita und Peter und genoss es, einfach nichts zu tun und von meinem Liegestuhl aus den Orangenhain zu bewundern, wo die ersten saftig reifen Früchte an den Bäumen hingen. Danach war ich noch ein paar Tage bei Keiti in Tarifa. Natürlich konnte ich es nicht lassen, ins Office zu gehen. Das Wetter hatte umgeschlagen. Es war kalt und ungemütlich, als ich im Büro saß. Viel war wirklich nicht los, und ich freute mich sehr auf mein warmes Haus in der Schweiz. Wie ärgerlich, dass die Häuser hier keine Heizung hatten!

Da stand plötzlich ein Mann an unserem Schaufenster und drückte sich die Nase platt. »Ich wusste gar nicht, dass es hier Delfine gibt«, sagte er, als er eintrat.

»Nicht nur Delfine«, erwiderte ich, »hier gibt es auch jede Menge Wale und sogar Orcas.«

»Ich tauche schon lange und weiß eigentlich, wo es was zu sehen gibt. Warum hab ich davon noch nichts gehört?«

»Weil wir es selbst erst herausgefunden haben.«

Er war etwa Mitte dreißig und stellte sich als Tom Forster vor. Er wohnte in München und war Arzt. Wir kamen ins Gespräch, und er erzählte mir, dass er schon seit Jahren hobbymäßig unter Wasser filme und sich nun vorgenommen habe, endlich einen richtigen Film zu drehen.

»Vielleicht würde es sich tatsächlich lohnen, im Frühjahr wiederzukommen. Wenn das noch so unbekannt ist, wäre es ein gutes Filmprojekt«, meinte er.

Ich schmunzelte: »Wir bewegen uns hier nicht weg.«

»Ich komme wieder«, grinste er zurück, gab mir seine Karte und zog weiter.

Als ich Anfang Januar in Zürich eintraf, war die Vortragsreihe für David bereits prima organisiert. Meine Turnfreundinnen hatten Flyer erstellt und in den Lokalzeitungen für Werbung gesorgt. So hielt David Senn ab Januar 1999 wie abgemacht jeden Montagabend in verschiedenen Gemeinden und Städten einen Vortrag über das Leben der Delfine und der anderen Wale. Die Veranstaltungen waren gut besucht, und ich nutzte die Gelegenheit, unsere Stiftung bekannt zu machen. Einige Zuhörer buchten sofort eine Ferienwoche bei uns. Und was mich besonders freute: Immer mehr Menschen unterstützten auch unsere Petition gegen neue Delfinarien. Bis zum Frühjahr kamen achtzigtausend Unterschriften zusammen. Das hätte ich mir nie träumen lassen.

An einem dieser Abende kam nach der Veranstaltung eine Frau auf mich zu und fragte, ob ich bereit wäre, einem kranken Kind einen Wunsch zu erfüllen. Natürlich war ich das, keine Frage. Sie war die Präsidentin der gemeinnützigen Stiftung Kinderhilfe Sternschnuppe, die schwer kranken Kindern lang gehegte Träume erfüllt.

»Viele Kinder wünschen sich, einmal einen Delfin oder einen Wal zu sehen«, erzählte sie. »Die wenigsten Eltern können es sich aber leisten, nach Florida zu fliegen. Ich wusste gar nicht, dass man in Europa auch Wale sehen kann. Würden Sie ein solches Kind mit nach Tarifa nehmen?«

Ich musste nicht lange überlegen. Wenn ich in den letzten Jahren darüber nachgedacht hatte, was ich Sinnvolles tun könnte, hatte ich immer ein Kinderprojekt vor Augen gehabt. Das mochte mit dem Verlust meines ersten Kindes zusammenhängen. Bevor ich Sam bekam, war ich schon einmal schwanger gewesen, aber meine kleine Tochter Gabriela war kurz nach der Geburt gestorben. Ich bin dankbar, dass ich noch zwei gesunde Jungs bekommen durfte, aber Gabriela begleitet mich seither durch mein Leben, ebenso wie der Gedanke, dass, wenn ich armen oder kranken Kindern half, ich indirekt etwas für sie tat.

Gabriela

Meinen ersten Mann Peter hatte ich 1962 beim Skifahren in den Flumserbergen kennen gelernt. Es war Liebe auf den ersten Blick. Ich war siebzehn und in Zürich in der Mittelschule. Kurze Zeit später reiste Peter nach Tansania, um dort zunächst für drei Jahre als Agronom auf einer Sisalplantage zu arbeiten. Für mich war klar, dass wir zusammengehörten, ich machte jedoch erst meine Matur und hängte noch ein Jahr England an, um die Sprache zu lernen. Den Wunsch, Kindergärtnerin zu werden, hatte ich aufgegeben, denn ich wollte mit Peter in Afrika leben. Als nach drei Jahren sein Vertrag verlängert wurde, heirateten wir, damit ich mit ihm nach Tansania ziehen konnte.

Wir brachen im Januar 1966 auf. Ich war bereits im fünften Monat schwanger. Die Plantage lag ganz im Norden an der Küste im Niemandsland, etwa eine Stunde von der Hafenstadt Tanga entfernt. Ich gewöhnte mich schnell an die neuen Lebensumstände, lernte Kisuaheli und fand alles sehr spannend. Natürlich ging es damals noch sehr kolonialistisch zu und her: Wir hatten Bedienstete und alle Annehmlichkeiten, die man im »Busch« eben haben konnte. Es wurde April, mein Geburtstermin rückte näher, und die Regenzeit begann. Als die Wehen einsetzten, hatte es schon ein paar Tage heftig geregnet. Alle machten sich Sorgen, dass wir wegen eines reißenden Flusses, den wir überqueren mussten, nicht rechtzeitig in Tanga im Spital sein würden, aber ich war damals sehr unbekümmert und blieb deshalb recht zuversichtlich.

Wir schafften es gerade noch rechtzeitig. Als ich sah, dass das Spital nur ein Holzhaus auf Stelzen mit Strohdach war, beschloss ich, mich einfach meinem Schicksal zu ergeben. Eine Hebamme nahm mich in Empfang und schickte Peter sofort weg. Eigentlich wollten wir, dass er bei der Geburt dabei war, aber wir konnten uns damals – jung und unerfahren, wie wir waren – nicht wehren. Alles war sehr ungewohnt für mich. Die Wehen ließen mich nicht still liegen, und ich ging deshalb auf und ab. Doch als ich mich einmal an der Wand abstützte, griff ich knapp neben einen zehn Zentimeter großen Skorpion. Riesenameisen umkrabbelten meine Füße. Ich rannte, so schnell ich konnte, zurück ins Bett.

Die Hebamme sagte mir, ich solle sie wecken, wenn ich sie brauche. Dann schlief sie neben mir auf dem Stuhl ein. Ich war zwanzig Jahre alt, naiv und scheu und getraute mich nicht, sie zu stören, auch nicht, als die Schmerzen schier unerträglich wurden. Das Köpfchen schaute schon heraus, als die Hebamme endlich aufwachte. Dann ging alles sehr schnell, und kaum war das Baby da, trugen sie es weg. Ich war ganz betäubt vom Schmerz. Als sie mir etwas zu essen befahlen, gehorchte ich willenlos, musste aber gleich wieder alles erbrechen. Dann kam der Arzt mit dem Baby zurück und legte es mir kurz in die Arme. Es war ein Mädchen, aber irgendetwas stimmte nicht, das merkte ich. Ich hatte das Kind auch noch nicht schreien gehört. Da es atmete, war ich jedoch erleichtert. Doch bevor ich es richtig betrachten konnte, nahm es mir die Hebamme schon wieder weg und befahl mir zu baden. Auch das ließ ich mit mir geschehen, obwohl ich Angst davor hatte, weil ich nicht wusste, woher das Wasser in der Wanne kam – es hieß ja, dass man in Afrika wegen der großen Bilharziose-Gefahr nicht in Süßwasser baden sollte. Nach einer Ewigkeit erst kam Peter wieder. Gemeinsam kämpften wir darum, das Baby endlich richtig sehen zu dürfen. Vergeblich.

Dann traf der Schweizer Arzt von der Plantage ein. Seine Diagnose war jedoch ein Schock. Unser Baby hatte einen Herzklappenfehler. Er versprach, einen englischen Herzspezialisten zu rufen, der drei Stunden von Tanga entfernt wohnte. Das Problem war, dass es inzwischen Nacht geworden war und sich in diesem Land während der Dunkelheit niemand auf die Straße begab. Er würde also frühestens am nächsten Morgen bei uns eintreffen. Irgendwann schlich ich aus meinem Zimmer und suchte meine kleine Tochter, nahm sie aus der Wiege, setzte mich auf einen Stuhl, hielt sie die ganze Nacht über in meinen Armen und redete mit ihr. Wir waren uns ganz nah. Am Morgen kam ein katholischer Priester. Ich reagierte panisch, denn ich wusste, dass er das Kind nottaufen wollte. Unter Tränen sagte ich ihm, dass mein Mädchen Gabriela heißen solle.

Als dann endlich der englische Herzspezialist ins Zimmer kam, sagte seine Körperhaltung bereits alles: Der Herzfehler war zu schwer, meine Tochter würde sterben. Ich verfiel in eine große Lethargie. Alles fühlte sich dumpf und sinnlos an. Ich fragte immer wieder nach meinem Kind, aber man brachte es mir nicht mehr. Zwei Tage später sagte mir die Hebamme, dass es nun gestorben sei. Alle waren so gefühllos und hartherzig hier. Da saß ich nun und hatte den Milcheinschuss. Ich war so traurig wie nie zuvor in meinem Leben. Meine Tochter durfte ich nicht noch einmal sehen.

In den nächsten Tagen, in denen ich noch im Spital bleiben musste, verriet mir eine gute Seele, dass mein Mädchen auf dem Friedhof neben dem Spital begraben worden war. Unter einer Palme fand ich ein frisches Grab mit einem kleinen Kreuz. Hier also lag meine Tochter. Ich redete lange mit ihr, das hat mir später geholfen, mit all dem, was passiert war, Frieden zu schließen. Wieder zu Hause, hatte Peter schon alle Babysachen weggeräumt, wie ich ihn gebeten hatte.

Beim Verarbeiten des immensen Verlustes, den ich erlitten hatte, half mir ein kleines, herrenloses Kätzchen, das im Spital herumtappte und das ich kurzerhand adoptierte. Zu Hause hatten wir dann schnell ein ganzes Waisenhaus mit Enten, Hunden, Katzen und einem jungen Affen beisammen. Der war ein richtiger Lausejunge. Einmal stahl er ein Kopfkissen und setzte sich damit auf das Dach des Waschhäuschens. Dort riss er ein Loch in das Kissen und schaute schelmisch auf die vielen Kinder hinunter, die sich inzwischen versammelt hatten, und ließ dann Federn auf ihre Köpfe hinabschweben. Ich versuchte, ihn mit Bananen vom Dach zu locken. Aber das machte ihm keinen Eindruck. Genüsslich holte er eine Handvoll Federn nach der anderen aus dem Kissen und spielte Frau Holle, bis es leer war.

Ich glaube, durch den Verlust von Gabriela entdeckte ich meine Liebe zu Tieren. Auch zu denen im Wasser. Noch in Tansania begann ich zu schnorcheln, wann immer ich Zeit fand, und war fasziniert von der bunten Unterwasserwelt. Die Vielfalt an Fischen war unbeschreiblich, und Schildkröten beim Schwimmen zuzusehen, wurde eine meiner Lieblingsbeschäftigungen.

Die Präsidentin der »Sternschnuppe«, die mich auf der Veranstaltung angesprochen hatte, meldete sich kurze Zeit später per Telefon und erzählte mir von Simon, einem elfjährigen Jungen. Er war seit seinem achten Lebensjahr einseitig gelähmt und saß im Rollstuhl – wie die Eltern vermuteten, infolge eines Impfschadens. Simon konnte nicht sprechen, stieß aber gutturale Laute aus, wenn ihm etwas gefiel, was offenbar besonders dann der Fall war, wenn er im Fernsehen Delfine sah. Wir kamen überein, dass die Eltern mich anrufen sollten, sobald sie wussten, wann sie nach Tarifa kommen konnten.

Der Winter verging wie im Flug. Ab Februar war ich wieder öfters in Asien wegen der Herbstkollektion. Daneben musste ich die kommende Saison in Tarifa vorbereiten und neue Biologen suchen. Zudem hatte ich mir in den Kopf gesetzt, ein neues Boot zu kaufen.

Der gestrandete Finnwal

Mitte März ging es wieder los. Keiti hatte den Bürobetrieb den Winter über wunderbar betreut, wir konnten unsere Arbeit sofort wieder aufnehmen. Philipp hatte mich gefragt, ob er nochmals eine Saison dabei sein könne; natürlich nahm ich dieses Angebot dankend an. Erstens mochte ich ihn sehr, und zweitens war ich froh, jemanden zu haben, der sich bereits auskannte.

»Wäre es okay für dich, wenn ich einen Kollegen mitbringe und wir uns den Job teilen?«, fragte er. »Wir surfen beide gern, wenn wir uns abwechseln, können wir beides verbinden, und du hast auch mehr davon.«

Philipp war ein fröhlicher Mensch und sehr zuverlässig, auf diesen Deal ließ ich mich gern ein. Walti, so hieß sein Freund, schien mir ebenso gestrickt zu sein. Er war gelernter Schreiner und wusste, wie man anpackt. Einen solchen Mann konnte ich gut gebrauchen. Auch Anjan hatte mir noch einen letzten Gefallen getan und mir seinen Kollegen Richard vermittelt. Der war kein Meeresbiologe, sondern Arzt. Ein Meeresfachmann wäre mir zwar lieber gewesen, doch das Telefongespräch mit ihm war sehr angenehm, deshalb vereinbarten wir eine Probezeit. Auch Renaud, der Volontär aus Cádiz, machte nochmals einen Sommer mit, und auf Juni hatten sich Volontäre aus der Schweiz und Deutschland angemeldet. Ganz optimal war meine Personalsituation jedoch nicht, noch fehlte mir ein ausgebildeter Meeresbiologe.

Weil ich meinen Mercedes nicht ins Herz schließen konnte, hatte ich ihn bereits letzte Saison wieder abgestoßen und mir nun in der Schweiz ein Occasion-Auto gekauft. Philipp und Walti fuhren mit dem voll bepackten Wagen nach Tarifa, ich leistete mir das Flugzeug. Diesmal wollte ich mich dort unten nicht noch mal auf eine WG einlassen. Für die drei Mitarbeiter hatte ich eine Vierzimmerwohnung gemietet an der Straße, die von der Altstadt Richtung Cádiz führt. Sie schien ihnen zu gefallen, denn sie riefen mich ganz entzückt an. Auch für die Volontäre stellte ich eine große WG-Wohnung für sechs Personen zur Verfügung, und für mich fand ich ein wunderschönes Häuschen am Strand in Bolonia, unweit von Tarifa. Von einem solchen Haus mit Garten hatte ich seit meiner Zeit in Afrika, als wir direkt am Meer wohnten, geträumt. Auch wenn der Tod von Gabriela einen dunklen Schatten auf diesen Lebensabschnitt wirft, so war die Zeit in Tansania doch auch wunderschön gewesen. Ich hatte das Leben am Meer geliebt.

Mein Häuschen in Bolonia schien ideal zu sein. Es war nur ein paar Schritte vom Strand entfernt, und ich stellte mir vor, wie ich jeden Morgen in der Früh im Meer schwimmen würde. Leider war die Realität dann eine ganz andere: Als ich das erste Mal schwimmen gehen wollte, lungerten am Strand aggressive herrenlose Hunde herum; ins Wasser zu gelangen, war ein riesiger Stress. Zudem hielt ein unsympathischer Spanier hundert Meter hinter meinem Häuschen mehrere Hunde in einem absolut erbärmlichen Zwinger gefangen. Wie ich bald herausfand, waren die Tiere völlig verwahrlost und bellten die ganze Zeit. Mir drückte es das Herz ab, aber ich sah keinen Weg, wie ich ihnen hätte helfen können. Es blieb mir nur schnellstmögliche Flucht. Desillusioniert mietete ich kurzerhand eine unromantische kleine Zweizimmerwohnung in der Nähe des Office und gestand mir ein, dass ich sowieso die meisten Abende im Büro verbringen würde. Damit war mein Strandtraum ausgeträumt.

Unser Schlauchboot, die »Beluga«, war zwar handlich, aber definitiv zu wenig wellentauglich für die windige See vor Tarifa. Dieses Jahr wollte ich mich nicht ständig von den Windverhältnissen abhalten lassen müssen und möglichst oft raus aufs Meer. Deshalb schaute ich mich nach einem neuen, wellentauglichen und professionellen Boot um.

Kurz nach Ostern rief mich Antonio, einer meiner drei Kapitäne, im Office an. »Katharina, ich hab im Hafen von Chipiona ein Boot gesehen, das zum Verkauf steht. Du solltest es dir mal anschauen, es wäre ideal für deine Zwecke.«

Antonio wusste, was ich brauchte, es würde sich lohnen, dieses Boot anzusehen. Chipiona ist etwa eine Stunde von Tarifa entfernt, und wir vereinbarten, am frühen Nachmittag hinzufahren.

Kurz darauf klingelte es erneut. Es war Renaud. »Es ist wieder ein Wal gestrandet, Katharina. Diesmal ein Finnwal, in Chipiona. Wir sind auf dem Weg dorthin, kommst du auch?«

Welch seltsamer Zufall. Ich rief sofort Antonio an. »Ich fahre jetzt schon nach Chipiona, denn dort ist ein Finnwal gestrandet. Hast du Zeit, gleich mitzukommen? Richard wird uns begleiten.«

Als wir drei ankamen, waren die Leute der Crema schon da. Das Tier lag auf der Seite, es war sicher zwanzig Meter lang und gegen vierzig Tonnen schwer. Finnwale sind die nächsten Verwandten der Blauwale, sie sind riesig. Normalerweise bewegen sie sich nicht in Küstennähe. Ich wusste, dass Finnwale sich an Land mit ihrem Körpergewicht selbst erdrücken, wenn sie nicht sofort wieder ins Wasser befördert werden. Und als ich näher kam, sah ich, dass es bereits zu spät war: Die Crema-Leute hatten es nicht rechtzeitig geschafft, der Finnwal war soeben gestorben. Alle standen bedrückt herum. Ich erkannte den Veterinär Fernando und den Biologen Manolo wieder, die letztes Jahr mitgeholfen hatten, den Grindwal Isidro zu retten.

»Wir hätten mehr Zeit gebraucht, verflucht!« Manolo war richtig niedergeschlagen. »Der Kranwagen hätte schon vor einer Stunde hier sein sollen.«

In diesem Moment fuhr der Kranwagen vor. Zusammen beratschlagten wir, was nun zu tun sei, wir konnten den großen Kadaver ja nicht einfach am Strand liegen lassen. Manolo kam auf die Idee, beim neuen Museum anzurufen, das demnächst in der Nähe eröffnet werden sollte. Finnwale waren vom Aussterben bedroht, vielleicht hatte man dort Interesse daran, ein Finnwal-Skelett auszustellen. Glücklicherweise stieg die Museumsleitung sofort darauf ein. Der Kadaver sollte zum Museum gebracht und erst einmal vergraben werden; wenn er sich zersetzt hatte, konnte das Skelett ausgegraben und ausgestellt werden. Ich war überrascht über das Interesse des Museums, die Sensibilisierung für dieses Thema war offenbar weiter gediehen, als ich angenommen hatte. Während die Männer sich daranmachten, den Kadaver auf den Lastwagen zu laden, beschlossen Antonio und ich, uns schnell das Boot anzusehen. Manolo wollte uns unbedingt begleiten.

Das Schiff war eher unscheinbar, bot aber immerhin für fünfzehn Personen Platz und hatte einen Aufbau, hinter dem man wind- und wassergeschützt sitzen konnte. Richard und Manolo checkten den Motor und rieten mir, das Boot zu kaufen. Es sei, meinten sie, in einem guten Zustand. Schade, dass es nur ein Fünfzehn-Plätzer war, aber ein größeres Boot konnte ich mir einfach nicht leisten. Der Eigentümer und ich wurden schnell handelseinig und vereinbarten, dass wir das neue Boot drei Tage später abholen würden.

Als ich danach mit Manolo plauderte, kam mir plötzlich eine

Idee. »Hättest du nicht Lust, in dieser Saison für mich zu arbeiten?«, fragte ich ihn. »Mir fehlt ein Biologe, der sich richtig gut mit Walen auskennt. Du könntest auch Teilzeit arbeiten.«

Manolo schaute mich erstaunt an. »Was müsste ich denn bei dir tun?«

»Anjan hat begonnen, eine Dokumentation zu erstellen. Die müssten wir vorantreiben. Zudem brauche ich jemanden, der unsere Vorträge, die Charlas, auf Spanisch halten kann und mit spanischen Gruppen aufs Meer fährt. Und da du Englisch sprichst, könntest du auch die englischsprachigen Gruppen begleiten.«

Manolo versprach, das mit seiner Freundin zu diskutieren und mir dann Bescheid zu geben.

»Katharina, du kannst jetzt aber nicht jedes Mal einen Wal sterben lassen, wenn du einen neuen Mitarbeiter brauchst.« Renaud, der zugehört hatte, zwinkerte mir zu.

Verdutzt schaute ich ihn an. Wieder eine seltsame Verkettung von Zufällen: Warum war der Wal genau heute und genau hier gestrandet, wo ich das Boot anschauen wollte? Diese Strandung hatte Manolo auf den Plan gerufen, den Biologen, den ich gerade jetzt so gut brauchen konnte…

Auf dem Rückweg fuhren wir in Tarifa bei der Tauchschule vorbei. Ich musste Miguel unbedingt von dem neuen Boot erzählen.

»Warum kaufst du dir eigentlich nicht auch einen Container?«, fragte Miguel. »Es ist wirklich praktisch, direkt am Hafen ein bisschen Stauraum zu haben.«

Ich überlegte kurz. Ja, warum eigentlich nicht? »Darf ich den hier einfach aufstellen, oder brauche ich dafür eine Bewilligung?«

»Ich hab keine gebraucht, bei dir wird das nicht anders sein. Du musst einfach mit der Hafenbehörde absprechen, wo du ihn hinstellen darfst.«

»Wenn das so ist, könnte ich ja mehrere aufstellen. Dann könnten wir auch den Schulungsraum hierher verlegen. In unserem kleinen Keller ist es nämlich sehr eng und feucht.«

»Ich hab meinen Container in Sevilla gekauft. Wenn du willst, begleite ich dich.«

Zwei Wochen später stand ich wieder am Hafen. Die Container wurden geliefert. Ich hatte gleich drei gekauft. Einen kleinen mit vielen Fenstern als neuen Schulungsraum, einen größeren für die Forschungsarbeit und dazu noch einen Toilettencontainer, den wir aber nie benutzen konnten, da es mit dem Wasseranschluss nicht klappte. Ich ließ alle drei auf der Seite des Hafens aufstellen, die zur Insel führte, wie mit der Hafenbehörde abgesprochen. Nun stand ich davor und war glücklich. Endlich hatten wir helle Räume und viel Platz und mussten nicht mehr zwischen Office und Hafen hin- und herrennen.

Es war noch windig und wolkenverhangen, und wir hatten kaum Touristen, als Tom, der Filmer, wieder vorbeischaute. Diesmal hatte er seinen Kollegen Herwarth Voigtmann mitgebracht, Tauchlehrer und Unterwasserfotograf. Die beiden wollten sondieren, ob es sich lohnen würde, im August während der Orca-Saison mit dem eigenen Boot zu kommen, um den Film zu drehen. Das freute mich. Aber jetzt hatten sie Pech mit dem Wetter. Erst am Tag ihrer Abreise legte sich der Wind. Miguel fuhr uns drei mit dem neuen Boot, das wir »Fundación firmm« – kurz »Firmm« – getauft hatten, frühmorgens hinaus, und bald stießen wir auf Grindwale. Wir nahmen den Gang raus und taten erst einmal gar nichts, damit sich die Wale an unser Boot gewöhnen konnten. Sie wurden schnell zutraulich. Aber als Tom und ich gerade unsere Taucheranzüge anzogen – Tom wollte filmen, ich vom Wasser aus zuschauen –, sauste plötzlich mit hoher Geschwindigkeit ein Boot heran. An Bord ein österreichischer Journalist, den wir bereits im Büro abzuwimmeln versucht hatten, da er ständig herumstänkerte und streng nach Alkohol roch. Ich wollte ihn nicht mit den beiden Filmern mitnehmen, doch offensichtlich hatte er sich ein eigenes Boot gemietet und war uns heimlich gefolgt. Nun winkte er herüber, fotografierte die Grindwale und drehte wieder ab. Irritiert schauten wir uns an; das war einfach nur unsensibel und frech. Die Grindwale waren nicht mehr zu sehen, die Chance, zu filmen, war vorbei.

Traurig saßen wir im Boot. Rundum war es ganz still. Doch dann hörten wir ein Pfeifen. Ich schaute mich nach Seevögeln um, konnte aber keine entdecken.

Miguel schaute über den Bootsrand in die Tiefe. »Hey, schaut mal«, flüsterte er.

Unter unserem Boot war die ganze Grindwal-Familie versammelt, sie hatte Schutz gesucht vor dem Raser. Tom stieg sofort ins Wasser. Ich konnte es gar nicht glauben und blieb erst mal sitzen. Da näherte sich einer der Grindwale dem Boot und hob direkt vor mir den Kopf aus dem Wasser. Er schaute mich an, als wollte er sagen: »Wie lange willst du denn noch warten?« Das war wieder einer dieser magischen Momente – ich ließ mich sofort ins Wasser gleiten. Zum ersten Mal war ich mit Grindwalen im Wasser! Sie drehten sich um sich selbst, guckten uns neugierig an, schwammen weg und wieder her. Und wieder schauten sie mir in die Augen. Und ich spürte wieder diese tiefe Verbindung. Sie vertrauten uns. Und dies, obwohl der rüpelhafte Journalist sie vorhin erschreckt hatte.

Leuchtende Kinderaugen

Meine Crew war komplett: Als Forschungsleiter und Ersatz für Anjan hatte ich Richard, der Biologe Manolo hatte glücklicherweise zugesagt, Philipp und sein Freund Walti waren fürs Office und die PR zuständig, und Keiti übernahm nun auch während der Saison die Administration und die Buchhaltung. Walti hatte als Erstes das Office nochmals neu geweißelt; es wirkte frisch und hell und machte uns gute Laune. Ebenso das neue Boot.

Ende April, während der Schweizer Frühlingsferien, kamen die ersten Gäste für unsere Ferienkurse. Im Juni besuchten uns zwanzig Schüler der Rudolf-Steiner-Schule aus Basel und zweiundzwanzig Studenten einer Sekundarschule aus Barcelona. Sie blieben sogar zwei Wochen.

Auch Simon, der halbseitig gelähmte elfjährige Junge, kam. Wir trafen uns mit ihm, seinen Eltern und seiner Schwester am Hafen. Simon war ganz aufgeregt. Wir hievten den Rollstuhl auf das Boot, fuhren los und sahen schon sehr bald eine große Familie von Grindwalen. Sie schwammen ganz nah ans Boot heran, und zwar genau auf der Seite, wo Simon saß, sodass er sie prima sehen konnte. Es war rührend, zu beobachten, wie sehr er sich freute. Und dann – es war unglaublich – tauchte Isidro auf. Ich erkannte ihn an den zwei kleinen Kerben auf seiner Rückenflosse. Der junge Grindwal hatte seine ganze Familie mitgebracht. Ich bin fest davon überzeugt, dass meine Freunde da draußen genau wissen, wann ich sie brauche. Simon war glücklich.

Am nächsten Tag kam Simons Mutter mit ihm ins Office. Wir

konnten nicht aufs Wasser, da der Wind zu stark war. Simon fand große Freude an unseren Postkarten im Ständer.

»Du kannst ihn gern bei mir lassen, wenn ihr mal zu dritt losziehen möchtet. Ich bin hier im Office und kann ihm Fotos zeigen«, bot ich Simons Mutter an.

Sie nahm dankend an. Simon und ich verbrachten einen gemütlichen Nachmittag zusammen und schauten uns Bilder an. Als wir uns am nächsten Tag wieder am Hafen trafen, um aufs Meer zu fahren, gab uns Simon wortlos, aber sehr deutlich zu verstehen, dass er nicht mitwollte, sondern lieber wieder mit mir ins Office ging. Alle wunderten sich, weil er doch nun die Möglichkeit hatte, ausgiebig lebendige Wale zu beobachten. Aber Simon wollte einfach nicht. Er verbrachte den Rest der Ferien ganz zufrieden bei mir im Office, wo er in Ruhe alle unsere Fotos anschaute. Ich war fasziniert von ihm. Denn im Gegensatz zu anderen Menschen wollte er nicht immer noch mehr, er hatte seine »Dosis« Wal gehabt, und das reichte ihm.

Wir hatten im Frühjahr erstaunlich viele Pott- und Finnwale sowie Orcas gesehen. Das sprach sich immer weiter herum. Die großen Wale sind sehr beliebt bei Touristen, auch wenn es bei ihnen im Grunde genommen weniger zu sehen und zu lachen gibt als bei den süßen kleineren Tümmlern und Grindwalen, die am Boot ihre Kunststücke vollführen. Pott- und Finnwale liegen ja oft einfach im Wasser, bewegen sich kaum und sehen dabei ein bisschen aus wie U-Boote. Mit ein wenig Glück zeigen sie einem beim Abtauchen vielleicht einmal ihre wunderschöne Schwanzflosse. Nur die Orcas bei den Fischerbooten sind anders; sie bieten wirklich immer ein Spektakel. In der Mitte der Saison, Ende Juli, hatten wir jedenfalls bereits etwa tausendfünfhundert Touristen die Meeressäuger vor Tarifa gezeigt, rund hundert Schweizer Kursgäste betreut und unser Kindercamp veranstaltet. Die Begeisterung der Erwachsenen und die leuchtenden Kinderaugen bestätigten mir, dass das, was wir hier taten, sinnvoll war.

Im Städtchen allerdings regte sich Widerstand. Nun, da die Tarifeños sahen, dass mit den Walen vor ihrer Küste Geld zu verdienen war, gab es einige, die das Geschäft nicht irgendeiner dahergelaufenen Schweizerin überlassen wollten. Wer ein größeres Boot besaß, begann ebenfalls, Touristen auszufahren. Weil sie aber gar nicht wussten, wo die Tiere waren, hatten wir nun plötzlich immer ein oder zwei Boote im Schlepptau. Kaum sichteten wir Wale oder Delfine, schossen die anderen Kapitäne in hohem Tempo an uns vorbei und erschreckten die Tiere so, dass sie verschwanden. Der Betrieb auf dem Meer nahm immer mehr zu, und das Treiben wurde immer hektischer.

»Wir müssen das mit den Whalewatching-Regeln vorantreiben, es geht doch nicht, dass die anderen die Tiere fast überfahren und sich an gar nichts halten«, sagte ich zu Renaud. Unsere erste Eingabe, in der wir unter anderem Mindestabstände und Tempolimiten gefordert hatten, war in Cádiz offensichtlich in irgendeiner Schublade verschwunden.

»Ich kenne eine Forschergruppe auf Teneriffa, die kämpfen mit dem gleichen Problem«, meinte Renaud, »ich frag bei denen mal nach.«

Offenbar hatten die auch schon erfolglos versucht, solche Richtlinien durchzusetzen. Weil wir glaubten, zusammen mehr zu bewirken, reichten wir den Regulierungsvorschlag nochmals gemeinsam mit dieser Forschergruppe ein, und zwar direkt in Madrid. Zumindest bekamen wir diesmal eine Bestätigung, dass unser Anliegen zur Bearbeitung angenommen wurde. Es sollte jedoch noch volle fünf Jahre dauern, bis diese Richtlinien als Empfehlungen herausgegeben würden. Die Situation vor Tarifa wurde währenddessen immer unerträglicher. Zu dem ohnehin zunehmenden Frachtverkehr kamen nun auch noch viele Kleinboote dazu, welche die Tiere aufscheuchten und verängstigten.

Im August kamen Tom und Herwarth wieder, um ihren Film zu drehen, und auch David Senn besuchte uns das erste Mal. Ich hatte unseren neuen Biologen Manolo im Frühsommer zu ihm in die Schweiz geschickt, damit er lernte, wie man eine Forschungsdatenbank professionell aufbaut. Nun wollte David nachschauen, ob alles funktionierte, und sich vor allem selbst einmal einen Überblick verschaffen über die Situation der Tiere hier. Am Tag vor seiner Ankunft hatte der Levante wieder einmal kräftig geblasen. Immer wenn der Wind danach die Richtung wechselte, war das Meer ruhig und glatt. Dann erholten sich die Grindwale vom anstrengenden Wellengang und ruhten sich an der Wasseroberfläche aus. David und ich fuhren gegen Abend hinaus, damit uns keine anderen Boote folgten. Die Stimmung auf dem Meer war friedlich, fast mystisch. Dank der guten Sicht konnten wir schon aus weiter Ferne etwa acht Grindwal-Familien beim Ruhen ausmachen.

»Das hätte ich mir nie träumen lassen«, sagte David, als wir bei der ersten Familie ankamen. »Es sind so viele, und dass man so nah an sie heranfahren kann, ist wirklich erstaunlich. Es macht ihnen offenbar nichts aus, dass wir hier sind.«

Wir fuhren langsam von einer Gruppe zur anderen, um sie zu fotografieren, denn nur bei solchen Verhältnissen konnten wir Fotos von ganzen Walfamilien machen. Dann sahen wir plötzlich eine Grindwal-Mutter und einen Vater mit einem Kalb. Das Baby schoss noch sehr unbeholfen aus dem Wasser, schnappte nach Luft und plumpste dann zurück ins Meer. Zu unserer Freude näherte sich die Dreiergruppe auf der Seite, wo David saß, unserem Boot, dann schwammen die Eltern unter das Kleine und hoben es hoch. Es musste kurz zuvor zur Welt gekommen sein, die Streifen, die die

Gebärmutterkontraktionen bei der Geburt hinterlassen hatten, waren noch gut sichtbar. Es berührte uns sehr, dass die Wale uns ihr Baby zeigten und ihre Freude über die gelungene Geburt mit uns teilten. Und es freute mich, dass sie sich immer dann von ihrer besten Seite zeigten, wenn ich jemanden an Bord hatte, der mir wichtig war.

Am nächsten Tag ließ sich David von Manolo und Renaud die Dias und die Dokumentationen zeigen. Es waren schon einige hundert, denn im Frühjahr hatten wir viele schöne Fotos von Pott- und Finnwalen geschossen. Pottwale zu identifizieren, ist gar nicht so einfach, denn man unterscheidet sie aufgrund besonderer Merkmale an der Schwanzflosse, der sogenannten Fluke, und nicht an der Rückenflosse, der Finne. Also ist es entscheidend, den Moment des Abtauchens zu erwischen; nur dann kann man die Schwanzflosse fotografieren. David war beeindruckt vom Umfang unserer Dokumentation. Wir hatten in diesen eineinhalb Jahren sehr viele Tiere gesehen und auch einiges über ihr Verhalten herausbekommen: Gewöhnliche Delfine, Gestreifte Delfine, Große Tümmler und Grindwale leben wirklich ganzjährig hier; Pott- und Finnwale halten sich dagegen nur im Frühjahr und im Herbst in der Straße von Gibraltar auf, und Orcas kommen, wie bereits gesagt, nur zur Thunfischzeit; sie schwimmen im Gegensatz zu allen anderen nie ins Mittelmeer hinein.

David interessierte sich besonders dafür, warum so viele Wale dauerhaft hier leben. Er war noch immer sicher, dass es mit der Nahrung zusammenhängt, denn Futter ist bei Tieren das wesentliche Kriterium für die Auswahl eines Aufenthaltsorts. Und so war Planktonforscher David den Rest der Woche mit seinem feinen Netz im Wasser unterwegs – und machte aufregende Entdeckungen.

»Katharina, es ist unglaublich. Ich finde Planktonarten, die ich bisher noch nie gesehen habe. Der Planktonreichtum hier ist gewaltig, wir müssen herausfinden, warum das so ist.«

Er glich seine Funde mit Fotos aus dicken Büchern ab und stellte fest, dass es Planktonarten waren, die sonst nur in großen Tiefen vorkommen. Oft sah ich ihn nun mit Manolo und Renaud zusammensitzen. Den beiden war bewusst geworden, dass das große Unterwassergebirge vor Tanger in der Meerenge von Gibraltar zwar geografisch erfasst ist, aber nie mit dem Walvorkommen in Verbindung gebracht wird. Dieses Gebirge ist so hoch, dass die Wassertiefe an gewissen Stellen nur zweihundert Meter beträgt. Aufgrund der Meerenge sind alle Tiere gezwungen, über das Gebirge zu schwimmen, wenn sie vom Mittelmeer in den Atlantik wollen oder umgekehrt. Nicht nur bei den Frachtschiffen auf dem Wasser, sondern auch unter Wasser herrscht also auf kleinem Raum großer Verkehr. Dieses Gebirge erklärt auch, warum man hier Finnwale sichtet, die doch eigentlich gern tief tauchen: Sie können gar nicht weiter hinunterschwimmen. Und es erklärt auch, warum es ein so hervorragender Platz für die Thunfischjagd ist. Warum aber so viele Delfine und Grindwale das ganze Jahr über hier leben, wussten wir damit immer noch nicht. David nahm sich vor, die Planktonarten systematisch zu untersuchen. Er überlegte sich, dass es etwas mit den Strömungen zu tun haben musste, dass derart viel Plankton aus tieferen Wasserschichten so weit obenauf schwamm.

Als sich 1999 unsere zweite Saison dem Ende näherte, hatten wir über dreitausend Menschen aufs Meer hinausgefahren. Das waren mehr als doppelt so viele wie im ersten Jahr. Wir hatten unzählige Delfine und Tümmler gesehen, Grind- und Pottwale, Orcas und Finnwale. Ich war mittlerweile überzeugt, dass mich die Tiere kennen und extra zum Boot kommen, wenn ich draußen bin. Mit den Tarifeños wurde es jedoch zunehmend schwierig.

Sabotage und Schikanen

Keiti übernahm wieder den Winterdienst, während ich in der Schweiz mit meinen Helferinnen und Helfern zusammen eine neue Vortragsreihe mit David organisierte. Unsere Botschaft verbreitete sich langsam, aber stetig; nicht nur in der Schweiz, auch in Spanien, wo zwei neue Volontäre, Jenny und Dominique, Vorträge an Schulen hielten. Ich hatte mich inzwischen in meinen zwei Leben gut eingerichtet. Eigentlich wäre die Zeit, für die ich mich bei Sono verpflichtet hatte, nun um gewesen. Aber die Designertermine waren so gut übers Jahr verteilt, dass sie mit meinem Tierschutz-Engagement in Tarifa nicht kollidierten. Deshalb handelte ich mit Peter und Beat aus, die Taschenkollektionen noch ein bisschen länger zu betreuen. Zudem war es mir wohler beim Gedanken, noch ein geregeltes Einkommen zu haben, denn die Gründung der spanischen Stiftung und der Betrieb in Tarifa kosteten viel Geld.

Das Jahr 2000 aber begann schlecht. Keiti rief an. Ein heftiger Sturm in der Silvesternacht hatte das neue Boot beschädigt. »Es hat mehrere Lecks, und an zwei Stellen sind die Anlegehaken abgerissen«, erzählte sie, tröstete mich aber sofort: »Immerhin, das Boot ist nicht gesunken, und ich glaube, man kann es reparieren. Bis April kriegen wir das sicher wieder hin!«

So war es dann auch. Als wir in der Semana Santa, der Woche vor Ostern, in die Saison starteten, sah die »Firmm« aus wie neu, aber natürlich hatte mich das wieder eine Stange Geld gekostet. Die Crew war fast wieder dieselbe. Lediglich Richard als Forschungsleiter hatte ich verabschieden müssen. Als ich mit ihm im Februar über die kommende Saison reden wollte, hatte er mich mehrmals versetzt; später hörte ich, dass er sich in Tarifa überall nach einem anderen Job erkundigt hatte. Mit Reto Wyss, einem Schweizer Biologen, dem der Tierschutz sehr am Herzen liegt, fand ich jedoch einen guten Ersatz. Er ging auch privat schnorcheln, weil ihn das Thema wirklich interessierte, und nahm sogar die Volontärinnen mit, um ihnen das eine oder andere zu zeigen. Der spanische Biologe Manolo machte ebenfalls weiter, und der gelernte Schreiner Walti kümmerte sich jetzt voll um die Werbung und die Administration, da sein Freund Philipp sich ausgeklinkt hatte und in der Schweiz geblieben war. Dafür kam Renaud wieder, der sein Ozeanologie-Studium in der Zwischenzeit abgeschlossen hatte. Er wollte die Forschung vor Tarifa unbedingt weitertreiben.

Da wir im Jahr zuvor so viele Besucher gehabt hatten, sagte mir Miguel zu, dass wir auch diese Saison wieder seine »Scorpora« chartern konnten, wenn wir große Gruppen hatten. Das war großartig, Miguel war wirklich ein Freund geworden in dieser Zeit. Wir waren mit unserem Boot bereits wieder an die Kapazitätsgrenze gelangt, aber ein zweites konnte ich mir nicht leisten. Wir legten los. Noch hatten wir keine Ahnung, welch schwierige Zeit uns erwartete.

An einem Morgen waren wir früh mit einer Schweizer Kursgruppe aufs Meer hinausgefahren. Als wir zurückkamen, stand die Hafenpolizei am Pier. Ich kannte die drei Männer in Uniform und grüßte sie freundlich.

»Wir haben einen Hinweis bekommen, dass Sie zu viele Leute auf Ihrem Boot mitnehmen. Zeigen Sie uns bitte Ihre Papiere«, sagten die Polizisten unfreundlich.

Ich war erstaunt und kramte die Papiere hervor.

»Ihr Boot ist für zwölf Personen zugelassen, Sie sind aber fünfzehn. Das ist verboten!«

Nun war ich irritiert. »Wir dürfen zwölf Passagiere mitnehmen plus drei Besatzungsmitglieder, das sind der Kapitän, der Biologe und ich. So steht das hier auch drin«, erklärte ich und wies auf die entsprechende Stelle.

Sie schauten sich die Papiere nochmals an, diskutierten kurz und gaben sie mir zurück.

»Ist das nun in Ordnung?«, fragte ich.

Sie murmelten etwas und zogen ab. Doch zwei Tage später standen sie wieder am Pier. »Wir haben gehört, dass Sie zu wenig Schwimmwesten an Bord haben.«

Ich konnte mir keinen Reim darauf machen, weshalb sie uns schon wieder kontrollierten. »Sie sehen doch, dass alle Passagiere Schwimmwesten tragen. Wir haben offensichtlich nicht zu wenige.«

Als sie nachzählten, merkten sie, dass dieses Mal insgesamt nur zwölf Personen auf dem Boot waren, und beharrten nun darauf, auch die anderen, nicht gebrauchten Schwimmwesten zu sehen. »Sie müssen fünfzehn Schwimmwesten haben, wo sind die restlichen?«, fragten sie triumphierend.

Ich stieg aus, ging die paar Schritte zum Container und kramte die drei hervor. »Hier sind sie.«

Einer der Hafenpolizisten begutachtete die Schwimmwesten von allen Seiten, zeigte bei einer schließlich auf das Prüfsiegel und sagte: »Diese hier ist zu alt. Damit dürfen Sie nicht mehr raus. Wie sieht es mit den anderen Westen aus?«

Ich konnte es nicht fassen, alle Passagiere mussten aussteigen und ihre Westen ausziehen. Die Polizisten kontrollierten jede einzelne, beanstandeten aber nur die eine, die ich aus dem Container geholt hatte.

»Wenn wir Sie noch einmal mit dieser Weste erwischen, müssen Sie eine Buße bezahlen«, warnte mich der Polizist und wollte schon gehen, als ich nachhakte: »Können Sie mir bitte sagen, weshalb Sie mich plötzlich wegen solcher Kleinigkeiten belästigen? Sie können mir glauben, dass ich mich sehr genau an die Regeln halte, und bisher hatten wir nie ein Problem. Ich wäre froh, wenn sich die anderen Kapitäne da draußen ebenfalls an die Regeln halten und nicht so nahe an die Wale heranfahren würden. Dagegen etwas zu unternehmen, wäre viel wichtiger, als Schwimmwesten zu kontrollieren.«

»Das liegt nicht in unserer Kompetenz«, bemerkte der Polizist spitz, und die drei zogen ab. Doch am nächsten Tag ging es weiter. Als wir rausfahren wollten, standen sie abermals da und verlangten, dass wir ihnen die Kinderschwimmwesten zeigten. Natürlich hatten wir genügend, allein schon wegen der Kindercamps. »Sie brauchen aber auch Babywesten!«, erklärten sie dann.

Ich zeigte ihnen unsere fünf. »Mehr Babys haben wir nie an Bord. Es kommen vor allem Familien mit größeren Kindern, Babys haben ja noch gar nichts davon.« Ich musste mich wirklich beherrschen. »Sagen Sie mir doch endlich, was los ist. Warum kontrollieren Sie uns dauernd? Sie sehen doch, dass alles in Ordnung ist.«

»Wir müssen allen Hinweisen nachgehen, und im Moment bekommen wir häufig Anrufe von Leuten, die sagen, dass Sie gegen Vorschriften verstoßen.«

Ich war perplex. »Wer ruft Sie denn an?«, fragte ich, doch das sagten sie mir natürlich nicht. »Darf ich wenigstens wissen, ob es immer die gleiche Person ist, die uns anschwärzt?« Es dämmerte mir langsam, wer hinter der Aktion stecken könnte. Aber auch damit rückten sie nicht heraus.

Nach der Ausfahrt versammelte ich die ganze Crew im Office und schilderte das Problem. »Es gibt Leute, die uns schaden wollen. Die Hafenpolizei hat uns in dieser Woche schon dreimal kontrolliert. Weiß jemand von euch, was da läuft?« Alle dachten an Lourdes. Sie war in Tarifa gut vernetzt und hatte auch Kontakt zu diversen Fischern und Bootsbesitzern.

»Es wird im Moment ziemlich viel geschwatzt hier im Dorf«, sagte Miguel. »Ich glaube ehrlich gesagt nicht, dass es nur Lourdes ist. Viele stören sich daran, dass dein Projekt so erfolgreich ist, und einige Kapitäne ärgern sich, dass sie nicht selbst auf die Idee gekommen sind. Sie denken wohl, wenn du Probleme kriegst und nicht mehr fahren kannst, springt für sie mehr raus.«

»Aber wir machen das hier doch zum Schutz der Tiere und nicht, um für uns persönlich Profit daraus zu schlagen«, wandte ich ein.

»Katharina, das ist ein bisschen naiv. Die bekommen doch nur mit, dass du von den Touristen Geld kassierst, und dieses Geld hätten sie gern selbst«, erwiderte Miguel. »Sie können dich auch nicht richtig einordnen: Du bist eine Frau, und Frauen machen in Spanien normalerweise die Haus- und Erziehungsarbeit und engagieren keine Männer, die für sie aufs Meer hinausfahren. Außerdem handelt es sich hier um eine Schweizer Stiftung; auch das ist in ihren Augen anrüchig. Mich hat mal einer gefragt, ob du etwas mit Drogenschmuggel zu tun habest. Er hatte gehört, in der Schweiz werde Geld gewaschen, und meinte, du habest etwas damit zu tun.«

Die Gerüchteküche brodelte also.

An diesem Abend war ich deprimiert. Es war alles so wunderbar gelaufen bisher. Wir hatten das Projekt mit so viel Kraft und Elan aufgebaut, und jetzt, wo es einigermaßen lief, machten uns die Tarifeños das Leben schwer. Dabei hatten doch alle etwas davon, wenn mehr Touristen kamen. Aber offensichtlich hatte ich den Argwohn und den Machismo der Spanier unterschätzt. Und auch das Image der Schweiz war hier offenbar ein anderes, als ich geglaubt hatte: Die Menschen verbanden mit dem Land nicht Zuverlässigkeit und Seriosität, sondern Geldwäsche und andere krumme Geschäfte. Aber sie lebten auch an einer der größten Schmugglerrouten nach Europa. Über die Straße von Gibraltar wurden dauernd Menschen und Drogen geschleust, das war ihre Realität.

Als wir am nächsten Morgen vor der ersten Ausfahrt beim Kaffee zusammensaßen, stürmten fünf Männer ins Büro. Jeder postierte sich vor einem von uns, und wir durften uns nicht mehr von der Stelle rühren. Diesmal war es nicht die Hafenpolizei, sondern das Arbeitsamt. »Wir wollen Ihre Verträge sehen. Es heißt, Sie würden hier Leute illegal beschäftigen.«

Mir wurde klar, dass es noch nicht vorbei war. Im Gegenteil: Die Schikanen hatten eben erst begonnen. Aber den ganzen Ernst der Lage begriff ich selbst da noch nicht. Ich war überzeugt, dass man uns nichts anhaben konnte, und suchte die Arbeitsverträge zusammen. Ich hatte die Team-Mitglieder entweder über die Stiftung Firmm Schweiz oder über Firmm España angestellt.

Plötzlich bemerkte ich, dass mich jemand filmte, während ich in den Ordnern blätterte. Es war ein Journalist der lokalen Fernsehstation. »He«, rief ich, »stellen Sie die Kamera ab!«

Aber er zeigte sich gänzlich unbeeindruckt und filmte weiter. Als ich die Verträge beisammenhatte, zeigte sich, dass alles in Ordnung war. Da wollten sie plötzlich meinen Vertrag sehen. Ich war verwirrt. So viel ich wusste, brauchte ich als Präsidentin der Stiftung keinen. Ich war ja auch immer nur wochenweise in Spanien und half ehrenamtlich mit. Außerdem finanzierte ich das alles hier. Einen Moment lang waren die Beamten verunsichert, sie diskutierten.

Dann griff plötzlich einer nach dem Feuerlöscher an der Wand und zeigte ihn seinen Kollegen. Das Gesicht des Chefs hellte sich auf. »Ihr Feuerlöscher ist zu alt. Das Verfalldatum ist abgelaufen. Dafür müssen wir Sie büßen.«

Das durfte doch nicht wahr sein. Sie wollten einfach ein Haar in der Suppe finden, welches, das war ihnen eigentlich egal. Endlich hatten sie mich! Der Feuerlöscher war vor zwei Monaten abgelaufen. Triumphierend verließen die fünf das Office. Die Buße betrug hundertfünfzig Euro, aber das war nicht alles. Ich musste innert zehn

Tagen einen neuen Feuerlöscher kaufen und ihn bei der Gewerbepolizei in Algeciras vorweisen. Knurrend fuhr ich eine Woche später hin. Sicherheitshalber nahm ich nicht nur den neuen Feuerlöscher, sondern auch gleich meine Anwältin mit, die ich zum Glück nicht brauchte. Aber mittlerweile musste ich ja mit allem rechnen.

Ein paar Tage später stand wieder die Hafenpolizei am Pier. Diesmal wollten sie die Lizenz des Kapitäns sehen. »Für das Lenken eines Bootes von dieser Größe genügt die einfache Führerlizenz leider nicht«, behaupteten sie, »das Boot darf nur von einer Person mit der qualifizierten Lizenz für Personentransporte gefahren werden.«

Ich schluckte leer, das war ja ganz neu. »Bisher war die normale Lizenz immer ausreichend gewesen, und es gab nie Probleme. Haben sich denn die Bestimmungen geändert?«

»Das weiß ich nicht. Wir haben nur die Order, alle Lizenzen Ihrer Kapitäne zu prüfen, und diese hier reicht für dieses Boot nicht aus.«

Diese Schikane war nicht nur lästig, nun gings wirklich an die Substanz. Man sagte uns, dass wir nicht mehr rausfahren durften, solange wir keinen Kapitän mit der erforderlichen Lizenz hätten. Wenn das so weiterging, musste ich mein kleines Unternehmen schließen. Ich rief meine Anwältin an, und sie schaltete einen Rechtsanwalt in Madrid ein. Die juristischen Abklärungen ergaben, dass diese neuen Bestimmungen für uns nicht galten und dass wir weiterhin mit den normalen Lizenzen fahren konnten. Leider bekam ich aber trotzdem ein Problem: Weder Miguel noch Antonio, noch José Marí wollten es sich mit der Hafenpolizei verscherzen. Würden sie weiter für mich fahren, bekämen sie über kurz oder lang selbst großen Ärger.

Miguel tat es aufrichtig leid. »Katharina, du weißt, ich bin dein Freund, und ich sags wirklich ungern, aber wenn ich weiter mit deinem Boot fahre, nehmen sie mich auch ins Visier. Ich bin nicht von hier, wenn sie wollen, können sie mich fertigmachen.«

Auch Antonio war ganz zerknirscht. Einzig aus José Marí wurde ich nicht ganz schlau. Er war in der letzten Zeit mir gegenüber sehr distanziert, und ich wusste nicht, warum.

Das mit der Lizenz war nicht alles, es kam noch dicker. Wir machten gerade eine Ausfahrt, als ein kräftiger Wind aufkam, der Levante. An Whalewatching war für die nächsten Tage nicht mehr zu denken. Also fuhren wir zurück, und Antonio befestigte die »Firmm« wie üblich irgendwo im Hafen. Als Manolo das Boot nach zwei Tagen wieder startklar machen wollte, war der Motor hinten schwarz verkohlt. Jemand musste Benzin hineingeleert haben, kurz nachdem wir zurückgekommen waren. Dadurch hatte der Motor Feuer gefangen und dann noch zwei Tage vor sich hin gemottet. Es musste Sabotage gewesen sein, denn normalerweise hätte der starke Wind den Motor nach der Ausfahrt schnell abgekühlt. Manolo rief mich an, und wir trafen uns am Hafen. Die Männer standen betroffen herum, einzig José Marí fehlte.

Ich weinte und war mit den Nerven fertig. »Wer tut so was?«, fragte ich erschüttert. Dass mir jemand extra Schaden zufügte, hatte ich in meinem ganzen Leben noch nie erlebt. Eine solche Bösartigkeit haute mich aus den Schuhen. Offensichtlich wollte man mich einschüchtern ... mit Erfolg. Ich hatte erstmals wieder Angst und musste mir große Mühe geben, nicht in alte Verhaltensmuster zurückzufallen. Keiner sagte ein Wort, und ich war mir nicht sicher, ob sie eine Ahnung hatten, wer dahintersteckte. Aber wer es auch immer war, diesmal war er oder sie zu weit gegangen.

»Was soll ich bloß tun?« Ich war richtig verzweifelt.

Die Männer standen zerknirscht herum. Plötzlich merkte ich, wie die Stimmung umschlug. Miguel nahm mich in den Arm, und die anderen wurden wütend. Ich merkte, sie würden zu mir halten und sich für mich einsetzen. Diese Gemeinheit ging auch ihnen zu weit.

Man fand nie heraus, wer es gewesen war. Ich musste den Motor ersetzen lassen und hatte trotzdem den ganzen Sommer über noch Folgeschäden, die unsere Arbeit sehr erschwerten und verteuerten.

Unsere dritte Saison hatte eben erst begonnen, und ich saß nicht nur ohne Kapitäne, sondern jetzt auch noch ohne Boot da. In meiner Verzweiflung telefonierte ich mit Peter und Sam.

Peter fand, dass es sinnlos sei, weiter gegen Windmühlen zu kämpfen. »Die werden dich erst in Ruhe lassen, wenn du aufgibst.«

Sam war kämpferischer. »Es wird ja wohl noch andere Kapitäne geben in Südspanien! Diesen Triumph würde ich ihnen nicht gönnen. Du hast so viel auf die Beine gestellt, da kannst du doch jetzt nicht einfach aufgeben!«

Aufgeben oder bleiben? Die Entscheidung konnte nur ich fällen. Ich fuhr zu Miguel und mit ihm auf seiner »Scorpora« raus aufs Meer. Bei den Tieren zu sein, tat mir gut. Es war Abend geworden, und das Meer war ganz ruhig. Verschiedene Gruppen von Grindwalen schwammen ums Boot herum. Sie kamen, und es war, als wollten sie mich trösten. Mein Herz ging auf. Da schoss plötzlich ein Weibchen an unserem Boot vorbei und bewegte dabei mit ungewöhnlicher Vehemenz die Fluke auf und ab. Kurz darauf sprudelten Luftblasen an die Oberfläche, und etwas Helles tauchte auf: Direkt vor meinen Augen war ein Grindwal-Baby zur Welt gekommen! Die Mutter schubste es schnell an die Oberfläche, ein zweiter Wal kam ihr zu Hilfe, und die beiden eskortierten das Neugeborene von uns weg. Die ganze Familie verweilte noch einen Moment lang in einiger Distanz zum Boot an der Oberfläche, dann tauchte sie ab. Es war unglaublich. Diesmal hatten sie mir ein besonders großes Geschenk gemacht: Sie hatten mich an einem wichtigen Moment in ihrem Leben teilnehmen lassen. Nun wusste ich, dass ich das alles schon irgendwie hinbekommen würde, ganz einfach, weil ich es hinbekommen wollte…

Da ich neue Kapitäne brauchte, bat ich Manolo und Miguel, sich umzuhören, doch zunächst schienen sich alle gegen mich verschworen zu haben. Erst nach zwei Wochen meldete sich Juan Domingo Garrido, kurz »Kiko«, ein Kapitän mit normaler Personenbeförderungslizenz. Er wohnte allerdings eineinhalb Stunden entfernt in El Puerto de Santa María. Das machte die Sache komplizierter und teurer, denn erstens wollte er seinen Anfahrtsweg vergütet haben, und zweitens musste ich ihn für den ganzen Tag buchen, da wir aufgrund des langen Anfahrtsweges sonst keine Spontanausfahrten mehr hätten anbieten können. Aber was blieb mir anderes übrig? Es war Hochsaison, die Touristen standen Schlange, und ich musste endlich loslegen. Ich stellte Kiko an, den ich allerdings erst einarbeiten musste – die anderen Kapitäne und ich waren ja ein eingespieltes Team gewesen.

Kaum hatte Kiko gelernt, wie man respektvoll an die Tiere heranfuhr, schlug das Wetter um. Von da an hatten wir den ganzen Sommer über viel Wind und Sturm. Wir mussten die Hälfte der Fahrten absagen und pausenlos enttäuschte Menschen vertrösten. Die Einnahmen gingen massiv zurück. Einzig die Tiere hielten uns die Treue: Trotz des schlechten Wetters sahen wir mehr Wale als je zuvor. Grindwale kamen jedes Mal ans Boot, aber auch sehr viele Pott- und Finnwale. Sie alle schienen sich eine Taktik ausgedacht zu haben: Wenn uns ein Boot mit anderen Whalewatchern folgte, warteten sie in sicherer Entfernung und tauchten erst auf, wenn es wieder weg war. Offenbar waren auch sie lieber allein mit uns.

Das schlechte Wetter hatte wenigstens einen Vorteil: Manolo und Renaud konnten sich in Ruhe um die Forschung kümmern. Bei ihren Recherchen hatten sie herausgefunden, dass das Unterwassergebirge vor Tanger wirklich ein ganz spezielles Ökosystem entstehen ließ. Sie wussten bereits, dass im Mittelmeer mehr Wasser verdunstet als im Atlantik und deshalb der Wasserstand im Mittelmeer niedriger ist; dies führt dazu, dass es an der Schnittstelle zwischen Mittelmeer und Atlantik eine Oberflächenströmung Richtung Mittelmeer gibt, die bis in eine Tiefe von hundert Metern hinabreicht. Manolo und Renaud hatten sich die Unterwassertopografie nun aber einmal ganz genau angeschaut und dabei entdeckt, dass das Mittelmeer vor Algeciras, also kurz vor der Meerenge von Gibraltar, nur etwa vierhundert Meter tief ist. Danach fällt der Meeresgrund gegen den Atlantik hin auf tausend Meter Tiefe ab. Dieser unterirdische Wasserfall verursacht unter der bereits bekannten Oberflächenströmung in Richtung Mittelmeer eine starke entgegengesetzte Strömung in Richtung Unterwassergebirge und Atlantik. Was das für Auswirkungen hat, erfuhren wir allerdings erst, als Anfang August David Senn wieder in Tarifa war.

»Natürlich! So kommt das Plankton an die Oberfläche!«, frohlockte er, als Renaud ihm von dem Niveauunterschied unter Wasser erzählte. »Stellt euch vor: Das Wasser fällt bei Algeciras fast tausend Meter in die Tiefe! Wenn es unten auftrifft, wird viel Plankton aufgewirbelt. Dieses nährstoffreiche Wasser fließt am Meeresgrund Richtung Atlantik, prallt auf das unterirdische Gebirge und wird darum an die Oberfläche getrieben. Das Plankton, das in der Tiefe inaktiv war, wird über die Fotosynthese aktiviert, vor allem Krill. Die kleinen, garnelenartigen Krebstierchen werden durch die Sonneneinstrahlung hungrig. Kleines Krill frisst Plankton, kleine Fische fressen Krill, große Fische fressen kleine Fische und so weiter, hier entsteht ständig eine neue Nahrungskette.«

»Ein Schlaraffenland also«, lachte Renaud.

»Ja, und dank der Oberflächenströmung wird dieses Plankton dann wieder ins Mittelmeer geschwemmt. Das ist großartig!« David setzte sich sofort hin, um seinen Vortrag umzuschreiben, den er am nächsten Tag zu unserem zweijährigen Bestehen halten wollte. Diese

Erkenntnis musste man verbreiten, denn diesen Zusammenhang hatte bisher niemand hergestellt.

Für das Jubiläum hatte ich die Kirche beim Castillo Guzmán el Bueno in Tarifa gemietet. Es war der 1. August 2000. Rund zweihundertfünfzig Menschen waren gekommen, und ich war sehr aufgeregt, da viele Tarifeños in den Reihen saßen und ich nicht wusste, wie sie mir gesinnt waren. Neben David hatte ich auch unsere beiden Biologen Manolo und Reto um ein Referat gebeten, und als Gastreferent aus Madrid kam Mario Morcillo, ein spanischer Orca-Experte, der in Barbate an der Atlantikküste forschte. Zur Begrüßung sangen zwanzig Jugendliche unseres Kindercamps ein spanisches Lied.

Alles verlief sehr feierlich und friedlich, bis Manolo mit seinem Diavortrag anfing, Power Point kannten wir damals noch nicht. Plötzlich rief jemand aus der fünften Reihe etwas dazwischen. Es war Lourdes. Doch man konnte nicht recht verstehen, was sie wollte. Als sie immer lauter wurde, wurde klar, worüber sie sich entrüstete: Auf einem von Manolos Bildern war eine Zeichnung zu sehen, die sie selbst auch für ihre Flyer verwendete. Es war die antike Darstellung eines Delfins auf einer Münze. Darauf gab es kein Urheberrecht, doch Lourdes machte unbeirrt Radau. Ich musste wohl oder übel eingreifen. Als ich zu ihr ging und sie bat, ruhig zu sein, ließ sie sich zunächst überzeugen. Als wir dann allerdings einen kurzen Film über unsere Arbeit zeigten, flippte sie erneut aus. Warum, war unklar. Laut schreiend verließ sie die Kirche, gefolgt von ein paar ihrer Anhänger.

Ich war ziemlich fertig und ging nach dem Anlass ins Office zurück, um dort ein bisschen zur Ruhe zu kommen. Hörte das denn nie auf? War es das wirklich wert? Ich vertiefte mich in meine Arbeit, zu tun hatte ich ja genug. Plötzlich klebte eine Gestalt am Fenstergitter. Es war schon dunkel. Wir hatten damals noch keine

Vorhänge, und ich konnte erkennen, dass es Lourdes war. Sie sah mich böse an und begann zu schreien, ich solle herauskommen. Sofort löschte ich das Licht, damit sie mich nicht mehr sehen konnte. Sie schrie weiter und beschimpfte mich aufs Schlimmste. Mir schien, sie war betrunken. Ich hatte Angst, dass sie die Scheibe einschlagen würde, und war froh, dass wir Gitter vor den Fenstern hatten. Eingeschüchtert ging ich ins vordere Zimmer, drehte meinen Stuhl zur Wand, damit ich nichts mehr sehen musste, und hielt mir die Ohren zu. Irgendwann wurde es ruhig. Ich weiß nicht mehr, wie lang es gedauert hat, aber ich zitterte am ganzen Körper und war unfähig, mich zu bewegen. Ich getraute mich auch nicht, das Office zu verlassen, denn ich war überzeugt, dass sie mich irgendwo abpassen würde. Irgendwann schlief ich ein.

Der Terror dauerte die ganze Saison über an. Einmal war der Außenspiegel meines Autos abgerissen, oder es prangte ein großer Kratzer an der Seitentür. Ein andermal waren die Plakatwände vor dem Office zerstört oder die Fenster verschmiert. Einmal legte mir jemand abgeschnittene Hühnerfüße vor die Tür. Ich weiß bis heute nicht, ob es Lourdes allein gewesen war oder ob noch andere an diesen Aktionen teilgenommen hatten. Die Angriffe zermürbten mich. Langsam verließ mich mein Optimismus, der mir bis dahin im Leben immer ein treuer Begleiter gewesen war.

Im Spätsommer kam endlich Sam zu Besuch. Ich hatte mir schon lange gewünscht, meinem Sohn zeigen zu können, was hier unten am Entstehen war. Nach dieser schwierigen Saison tat es mir besonders gut. Natürlich musste ich ihm »meine« Wale zeigen. Wir fuhren so schnell wie möglich aufs Meer, denn noch waren die Orcas draußen bei den Fischerbooten, auch Camacho und die Matriarchin mit ihrer Familie. Sam war ganz hingerissen; er hatte noch nie Orcas gesehen und niemals so viele aufs Mal erwartet. War das ein Gewusel, wie die großen Tiere zwischen den kleinen Fischerbooten auf- und abtauchten, überall spritzte und zischte es. Die Fischerboote wackelten wie Nussschalen auf dem bewegten Wasser.

Auf der Rückfahrt begegneten wir einer Grindwal-Familie, die ich noch nicht kannte. Ein Männchen fiel mir besonders auf; es war ziemlich groß und hatte eine zur Hälfte abgetrennte Finne auf dem Rücken. Die Wunde war schon vernarbt, aber es schockierte mich trotzdem. Es war das erste Mal, dass ich ein Tier mit einer derart massiven Verletzung sah. Vermutlich war der Grindwal in eine Schiffsschraube geraten. Irgendwie sah die Finne von weitem aus wie der Kopf eines Mönches mit übergezogener Kutte, deshalb nannte ich ihn spontan »Mönch«. Er kam so nahe ans Boot, dass ich schöne Fotos machen konnte.

Diesen Sommer hatten wir viele Sichtungen gehabt und vor allem auch von Pott- und Finnwalen wunderbare Fotos geschossen. Mittlerweile besaßen wir eine stattliche Sammlung von ungefähr dreitausend Dias. Die schönsten wollte ich Sam zeigen und ging deshalb zu Renaud und Manolo in unseren Forschungscontainer am Hafen, wo die Identifikationsfotos systematisch archiviert wurden. Gerade waren wieder neue Dias entwickelt worden, die ich aus der Postkiste holte.

»Lass nur, Katharina, wir ordnen die alle schön ein, sonst gibts ein Durcheinander. Ich mach dir Kopien von allen.« Renaud war hinzugekommen und nahm mir die Bilder aus der Hand.

Einen Moment war ich verwirrt, gleichzeitig aber auch froh, dass er offenbar wirklich Ordnung hielt in den Forschungsunterlagen.

Im Oktober, zwei Wochen bevor ich in die Schweiz zurückreisen wollte, kam nochmals ein Tiefschlag. Die Hafenbehörde forderte uns auf, unsere drei Container wegzuräumen, da man den Hafen ausbauen wolle. Sie gaben uns gerade mal acht Tage Zeit zum Um-

Die »Firmm Vision«, meine neuste Errungenschaft, vor dem marrokanischen Felsen Jbel Musa. Das Schiff bietet hundertdreizehn Touristen Platz. Dank Unterwasserfenstern kann man die Meeressäuger in ihrer ganzen Größe sehen.

Nicht nur bei den Frachtschiffen auf dem Wasser, sondern auch unter Wasser herrscht auf kleinem Raum großer Verkehr: Mittlerweile sind es mindestens dreihundert Frachtschiffe, die in der Meerenge von Gibraltar täglich ein- und ausfahren.

Wie halten die sensiblen Meeressäuger den starken Verkehr bloß aus? Es muss doch unendlich lärmig sein unter Wasser zwischen all den Frachtern. Und extrem gefährlich für die Delfine, aber vor allem auch für die großen, schwerfälligen Wale, die nur schlecht ausweichen können.

Die Gestreiften Delfine sprangen vor unserem Boot umher, bis ein großer Frachter kam, den sie offenbar interessanter fanden. Sie schwammen zu ihm hin, und wir schauten zu, wie sie vor seinem Bug um die Wette sprangen.

Was war bloß mit Curro passiert? Ein tiefer Schnitt verlief quer über seinen Rücken, und es sah aus, als ob er gleich auseinanderfiele. Er musste in eine Schiffsschraube geraten sein. (2. Juli 2008)

Erst gegen Ende Saison sah ich Curro wieder. Es schien ihm besser zu gehen. Seine Rückenflosse war jetzt zur Seite gekippt und lag wie ein überflüssiges Stück Fleisch auf seinem Rücken. (10. Oktober 2008)

Ich konnte es nicht glauben: Curro hatte sich erneut verletzt. Diesmal sogar noch schlimmer. Die Wunde eiterte, und rundherum hatte sich ein weißer, entzündeter Abszess gebildet. (8. August 2011)

Als ich Curro im nächsten Frühling wieder begegnete, war die Finne noch immer entzündet. Curro bewegte sich nur noch langsam und schien sehr müde zu sein. Es war das letzte Mal, dass ich ihn sah. (12. Juni 2012)

Die Wale und Delfine in der Straße von Gibraltar

Großer Tümmler
(Tursiops truncatus)

Je nach Population und geografischem Vorkommen zeigt diese Delfinart große Unterschiede in Färbung, Gewicht und Größe (von ca. 2 m bis über 4 m). Die Tiere können ein Alter von ca. 30 Jahren erreichen. Sie tauchen ca. 600 m tief. Bekannt sind die Großen Tümmler aus Delfinarien und Flipper-Filmen.
Vorkommen in Tarifa: ganzjährig

Gestreifter Delfin
(Stenella coeruleoalba)

Diese Tiere bilden mit den Gewöhnlichen Delfinen oft gemischte Schulen, und wie diese widersetzen sie sich in Gefangenschaft jeglicher Dressur. Adulte Tiere werden wie der Gewöhnliche Delfin etwas über 2 m lang und über 100 kg schwer.
Vorkommen in Tarifa: ganzjährig

Gewöhnlicher Delfin
(Delphinus delphis)

Eine der schönsten Delfinarten mit auffälliger Zeichnung und einem sehr akrobatischen Verhalten. Sie gehören zu den schnellsten Cetaceen (Walarten) überhaupt und können bis zu 65 km/h erreichen. Sie tragen in jedem Kiefer 80 bis 120 kleine, kegelförmige Zähne, ideal, um glitschige Beute festzuhalten.
Vorkommen in Tarifa: ganzjährig

Gewöhnlicher Grindwal
(Globicephala melas)

Sein lateinischer Name bedeutet "Schwarzer Kugelkopf". Eine langsam schwimmende Art, die hier keine größeren Wanderungen unternimmt, sondern hauptsächlich ihrer Beute, Kalmaren und Fischen, hinterherzieht. Ein ausgewachsenes Männchen wird bis zu 6 m lang und 3,5 t schwer.
Vorkommen in Tarifa: ganzjährig

Schwertwal
(Orcinus orca)

Der Schwertwal ist das größte Mitglied der Familie der Delfine. Die männlichen Tiere können fast 10 m lang werden und haben eine bis zu 1,8 m hohe Rückenfinne. Er schwimmt bis zu 55 km/h schnell. Trotzdem ist er langsamer als seine Leibspeise, der Thunfisch. Deshalb schnappt er sich in Tarifa immer den Thunfisch von der Angel der Fischer.
Vorkommen in Tarifa: ca. Juli/August

Pottwal
(Physeter macrocephalus)

Er ist der Größte unter den Zahnwalen, ein Bulle kann bis zu 18 m lang und an die 50 t schwer werden. Der Pottwal ist einer der besten Taucher unter den Meeressäugern: Bei Tauchgängen über eine Stunde kann er Tiefen bis 3000 m erreichen. Dort sucht er seine Hauptbeute: den bis über 10 m langen Riesen-Kalmar.
Vorkommen in Tarifa: ganzjährig, aber überwiegend im Frühling

Finnwal
(Balaenoptera physalus)

Der Finnwal ist das zweitgrößte Tier auf der Welt (nach dem Blauwal) und gehört zur Gruppe der Bartenwale. Er kann bis zu 300 km am Tag zurücklegen, wobei er eine Geschwindigkeit bis zu 37 km/h erreicht. Dadurch ist er in der Lage, die Straße von Gibraltar innerhalb einer Stunde zu durchqueren, um zu der Finnwal-Population im Mittelmeer zu gelangen, die ca. 3000 Tiere umfasst.
Vorkommen in Tarifa: ganzjährig

Eine Schule von fast tausend Gestreiften Delfinen: Sehr oft bewegen sie sich bei Sonnenuntergang mit wilden Sprüngen Richtung Atlantik.

Pottwale zu identifizieren, ist gar nicht so einfach, denn man unterscheidet sie aufgrund besonderer Merkmale an der Schwanzflosse, der sogenannten Fluke, und nicht an der Finne, wie die Rückenflosse heißt.

Grindwale kommen oft ans Boot, aber auch viele Pott- und Finnwale sehen wir häufig.

Es berührte uns sehr, dass die Wale uns ihr Baby zeigten und ihre Freude über die gelungene Geburt mit uns teilten.

Wir sahen eine Grindwal-Mutter mit einem Kalb. Die Streifen, die die Gebärmutterkontraktionen bei der Geburt hinterlassen hatten, waren beim Baby noch gut sichtbar, es musste kurz zuvor zur Welt gekommen sein.

Das Baby schoss noch sehr unbeholfen aus dem Wasser, schnappte nach Luft und plumpste dann zurück ins Meer.

Große Tümmler sind neugieriger und mutiger als Gewöhnliche oder Gestreifte Delfine, daher nehmen sie viel eher Kontakt zu uns Menschen auf und machen ihre Luftsprünge ganz nah vor unserem Boot.

Es war seit Jahren mein Traum, einen Orca, eines dieser wunderschönen schwarzen Tiere mit den großen weißen Flecken, zu sehen.

Meist sind Orcas in Familien von zwanzig bis vierundzwanzig Tieren unterwegs und bleiben jahrelang zusammen.

Auch dieses Jahr überraschte mich die Matriarchin wieder mit einem »Enkelchen«, das sie für eines der Orca-Weibchen hütete, während dieses auf Thunfischjagd war.

Während seine Mutter auf der Jagd war, hatte das Orca-Kind Zeit, ans Boot zu kommen, uns neugierig zu betrachten und zu unterhalten.

Die Orcas bei den Fischerbooten hatten überhaupt kein Interesse an uns. Wie es aussah, machten sie sich ein Spiel daraus, den Fischern ihren Fang wegzuschnappen.

Wir waren schon über die Mitte der Meerenge hinausgefahren, als vor uns ein Finnwal aus dem Wasser auftauchte. Sein zweiundzwanzig Meter langer Körper glitt geschmeidig durch die Wellen. Wir waren alle wie elektrisiert.

Alle waren mit dabei, als wir unsere Jungfernfahrt mit der »Beluga« Richtung Atlantik machten: Laura, Philipp, Patricia und Anjan nahmen mich in ihre Mitte (von links).

Jörn Selling, unser Meeresbiologe, ist nicht nur meine rechte Hand, sondern kümmert sich so hingebungsvoll um alle streunenden Katzen hier, dass er der Katzenvater von Tarifa genannt wird.

Patricia Holm trat nach David Senns Pensionierung in seine Fußstapfen und hat neben seiner Professur in Basel auch seinen Sitz im Stiftungsrat von Firmm Schweiz und España übernommen.

Nina hat vieles übernommen, was jahrelang zu meinen Aufgaben gehörte, und ihr Partner Oli hilft mir bei der Organisation des Whalewatchings und macht die ganze Bootsplanung.

Auf der Suche nach einem geeigneten Ort für ein Altersheim für Delfinarien-Delfine fuhren wir aus Tanger hinaus. Schon nach zehn Minuten stellten wir das Auto ab und fanden am Meer eine schöne kleine Bucht.

Vor Tanger gibt es ein großes Unterwassergebirge, das so hoch ist, dass die Wassertiefe an gewissen Stellen nur zweihundert Meter beträgt. Aufgrund der Meerenge sind alle Tiere gezwungen, über das Gebirge zu schwimmen, wenn sie vom Mittelmeer in den Atlantik wollen oder umgekehrt.

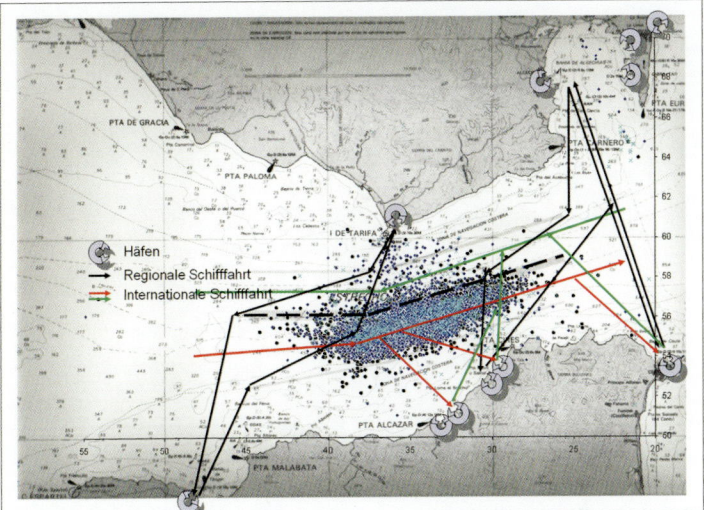

In der Meerenge von Gibraltar fahren die Frachtschiffe auf der grünen Route in den Atlantik und auf der roten ins Mittelmeer. Die Routen der Fähren sind schwarz eingezeichnet, die gestrichelte schwarze Linie markiert die Grenze zwischen den beiden Kontinenten. Die Walsichtungen sind mit blauen Punkten vermerkt.

Wir hatten klare Vorstellungen für das »Dolphin Resort Ras Laflouka« und planten neben dem Altersheim für Delfinarien-Delfine einen Bereich für die Forschung, eine Pflegestation für verletzte Delfine und kleine Bungalows inmitten einer großzügigen Gartenanlage.

Seit ich die kleine Bucht entdeckt hatte, war ich immer wieder mal in Afrika gewesen und hatte mir ausgemalt, wie das »Dolphin Resort Ras Laflouka« einmal aussehen würde. Einmal hat mich Patricia Holm begleitet.

Ahmed, der Schmuggler, stand mit seinem Schwager unten beim Hafen, und Jörg begann, mit den beiden zu reden. Dabei holte er die neusten Pläne hervor, um sie den Männern zu zeigen.

Die marokkanischen Amtsmühlen stellten meine Gelassenheit auf eine harte Probe. Hanae, die Architektin, und Rachid, der Direktor der Fähre Tarifa–Tanger, halfen mir immer wieder, wichtige Türen zu öffnen.

Der Schmuggler Ahmed (rechts) lud Jörg (links) und mich zu einem Couscous-Essen in seine Villa ein. Wir ließen uns nicht zweimal bitten.

Die meiste Zeit verbringe ich auf dem Meer, am liebsten oben auf dem Flydeck, ganz nahe bei den Walen und Delfinen. Dort gehöre ich hin.

ziehen. Ich hatte keine Ahnung, wo ich hinsollte, und geriet in Panik. Es hatte sich mittlerweile einiges angesammelt, die Computer und das ganze Forschungsmaterial beanspruchten ziemlich viel Raum. Doch ich hatte Glück: Nach einer Intervention bei der Stadtverwaltung erlaubte man uns, die Container auf dem Platz zwischen dem kleinen Mittelmeerstrand und dem Atlantikstrand aufzustellen, dort, wo der Weg beginnt, der auf die Insel führt. Damit ließ sich leben. Wir begannen, alles einzupacken, während eine Baufirma in meinem Auftrag vorn am Strand ein Fundament zementierte. Wir konnten die Container ja nicht einfach in den Sand stellen. Innerhalb von zwei Wochen war alles geschafft. Zufrieden, dass wir dieses Problem hatten lösen können, machte ich mich auf den Weg in die Schweiz.

Doch dort traf mich der nächste Schlag. Keiti rief an, ganz außer sich. Jemand hatte gegen die Stadt Tarifa geklagt, weil sie uns diesen schönen neuen Platz in Hafennähe gegeben hatte. Die Verwaltung krebste nun zurück und verlangte von uns, den neuen Standplatz wieder zu räumen. Diesmal gaben sie uns vierzehn Tage Zeit. Mir fiel fast das Handy aus der Hand. Das durfte nicht wahr sein! Es hörte wirklich nicht auf. Ich nahm den nächsten Flieger nach Tarifa.

Traurig und wütend stand ich vor meinen drei Containern. Ein erneuter Gang zur Stadtverwaltung hatte keinen Sinn. Jetzt, mit der Klage am Hals, würden sie mir kein weiteres Mal entgegenkommen. Mit großen Lettern schrieb ich »Se vende«, »Zu verkaufen«, auf drei Zettel und klebte sie an die Container. Im Nu waren sie weg. Ich gab sie dem Erstbesten, zur Hälfte des Einkaufspreises. Da saß ich nun auf der Mauer neben den Containern am Strand. Es war kalt und regnete, und ich fühlte mich wie damals, als Diego mich versetzt hatte. Mit dem Unterschied, dass ich in der Zwischenzeit einiges mehr auf die Beine gestellt hatte und mich das alles ziemlich viel Geld gekostet hatte. Sollte ich nicht doch abbrechen? Ich rief Ara an.

»Es gab so viele Widerstände dieses Jahr, Ara, das sind doch auch Zeichen... Vielleicht sollte ich wirklich aufhören.«

Er fragte nur: »Und was willst du?«

Ich überlegte kurz. »Ich will eigentlich schon weitermachen. Aber ich habe keine Energie mehr.«

»Wenn du es wirklich willst, dann tu es, und lass dich nicht von diesen Neidern daran hindern! Wenn die merken, dass sie dich nicht in die Knie zwingen können, geben sie auf. Denk daran: Sie haben keine Vision. Du bist stärker, weil deine Kraft positiv ist. Aber du musst durchhalten.«

Durchhalten, gut, aber wie? Ich lief im strömenden Regen durch die Straßen von Tarifa und suchte nach einem neuen Kurslokal. Natürlich fand ich keines. Wieder mussten wir das Mobiliar, das Forschungsmaterial, die Dia-Kisten und die Computer zusammenpacken. Das meiste schafften wir in meine Wohnung in Tarifa, die ich mittlerweile das ganze Jahr über gemietet hatte. Den Rest brachten wir ins Office.

Als ich zu Hause den Computer aufstartete, wurde mir schlecht: Auf der Festplatte waren keine Dateien mehr. Das konnte gar nicht sein, Renaud hatte alles fein säuberlich archiviert. Ich startete erneut – aber dem Computer war noch immer nichts zu entlocken. Hektisch versuchte ich, zu rekonstruieren, was passiert sein konnte. War beim Transport etwas kaputt gegangen? Doch es blieb dabei: Der Computer ließ sich problemlos starten, aber die Daten mit allen Informationen über die Tiere waren weg.

Als ich in den Dia-Kisten nachschaute, bot sich dort ein ähnliches Bild. Vergebens suchte ich nach den Identifikationsdias unserer Pottwale mit den schönen Fluken. Keines der guten Dias war mehr da. In meiner Ratlosigkeit rief ich David an, aber der konnte mir natürlich auch nicht weiterhelfen. Ich ging nochmals alles systematisch durch, doch die Pottwal-Dias waren weg, ebenso die wichtigsten Identifikationsdias von den Grindwalen und Tümmlern. »Nicht schon wieder!«, dachte ich mit immer größerer Verzweiflung. Denn diesmal musste jemand vom Team dahinterstecken, sonst hatte ja niemand Zugang zum Archiv. Womöglich Renaud? Aber nein, er wollte zwar nächste Saison nicht mehr kommen, aber er hätte sich ja sicher Abzüge gemacht, wenn ihn die Bilder interessiert hätten. Oder hatte er sie etwa geklaut? Welch eine Horrorvorstellung!

Die Arbeit von zwei Jahren war weg, wir würden ganz von vorn beginnen müssen. Schlimmer konnte es wirklich nicht kommen, dachte ich, als ich ins Flugzeug Richtung Schweiz stieg.

Weitermachen!

Ziemlich lustlos machte ich mich in Zürich an die Arbeit. Ich hatte mir diesen Winter noch etwas Zusätzliches aufgeladen. Unter den letztjährigen Schweizer Feriengästen war die Gattin des Organisators der Ferienmesse in Bern gewesen. Sie überredete mich, meine Wal- und Delfin-Beobachtungsferienkurse Ende Januar dort zu präsentieren. Aber nun wusste ich nicht einmal, ob ich überhaupt weitermachen sollte. Wie konnte ich in diesem Zustand andere Menschen überzeugen? Zudem fehlten mir die Dias. Ich hatte nämlich vorgehabt, von den schönsten ein paar Poster für den Stand anfertigen zu lassen. Gute Wal- und Delfinbilder verfehlen ihre Wirkung nie.

Eigentlich hätte ich mich am liebsten im Bett verkrochen, doch nun stand ich tapfer auf der Messe und versuchte, einen fröhlichen Eindruck zu machen. Ich hatte von den noch vorhandenen Dias ein paar Delfin- und Grindwal-Plakate drucken lassen und wartete nun allein an meinem Stand auf die Eröffnung der Messe. Und dann geschah etwas Erstaunliches: In Kürze war ich umringt von Menschen, die alle wissen wollten, was wir in Tarifa genau machten. Das Interesse war enorm, und drei Stunden später griff ich zu meinem Handy, um meine Freundinnen zu mobilisieren.

»Hier ist die Hölle los, ich schaff das nicht allein«, flehte ich Claudine an. »Die Leute stehen Schlange. Könntest du nicht bitte ein paar unserer Freundinnen aufbieten? Wir müssen zumindest zu zweit sein, und am Wochenende kommen sicher noch viel mehr Besucher.«

Claudine legte sich gleich ins Zeug. Schon am Mittag bekam ich Verstärkung. Und es war, wie ich geahnt hatte. Am Wochenende überrannte uns das Messepublikum. Es kamen viele Familien mit Kindern, die fasziniert vor den Delfinplakaten stehen blieben. Die Eltern zeigten sich interessiert, denn die Möglichkeit, mit ihren Kindern in Spanien Strandferien zu verbringen und dabei noch etwas über das Ökosystem und die Tiere in der Straße von Gibraltar zu erfahren, war für viele eine gute Option. Damals wusste ja noch praktisch niemand, dass man auch in Südeuropa frei lebende Delfine und andere Wale sehen konnte.

Mit diesem großen Echo hatte ich nicht gerechnet. Meine Motivation und die gute Laune kehrten zurück. Was ich anbot, war ganz offensichtlich eine Marktlücke, und über die Kinder konnte ich zudem genau die Menschen für die Situation der Meeressäuger sensibilisieren, die über die Zukunft des Planeten bestimmen würden. So stand ich an meinem Stand und warb für Familien-Ferienkurse – obwohl ich zu dem Zeitpunkt in Tarifa nicht einmal mehr ein Kurslokal besaß.

Als die Messe zu Ende war, erwartete mich eine neue Hiobsbotschaft. Walti hatte um einen Termin gebeten, was nichts Gutes bedeuten konnte. Und so war es dann auch. Einige Kapitäne aus Tarifa, die bisher neben mir auf eigene Faust Touristen mit aufs Meer hinausgefahren hatten, wollten sich offenbar zusammentun und ihn für die nächste Saison anstellen.

»Ich habe lange hin und her überlegt, und die Entscheidung fällt mir wirklich nicht leicht«, sagte er schuldbewusst, »aber sie bieten mir einen besseren Lohn, und ich könnte das ganze Jahr über für sie arbeiten. Zudem wäre ich dann ein bisschen besser verankert in Tarifa und könnte vielleicht sogar noch Schreinerarbeiten annehmen.« Das war für ihn natürlich sehr verführerisch.

Ich fand das ziemlich dreist. »Merkst du denn nicht, dass sie dich nur benutzen, um mir das Leben schwer zu machen?«, rutschte es mir heraus. Selbst wenn man es nicht so negativ sah, eines war klar: Sie wollten ihn, weil sie bei ihm ganz viel Wissen abholen konnten darüber, wie man Whalewatching gut organisiert, und wo, wenn nicht bei mir, hatte er das gelernt...

»Ach weißt du, was ich denen sage und was nicht, das lass mal meine Sorge sein«, gab Walti zurück, aber wohl war ihm nicht in seiner Haut.

Darum sagte ich nur: »Es ist deine Entscheidung, aber du musst schon verstehen, dass ich enttäuscht bin und dass es mich nicht freut. Du gehst zur Konkurrenz, und zwar zu einer, die nun ein Jahr lang versucht hat, mich fertigzumachen. Was erwartest du von mir? Dass ich dich beglückwünsche? Sorry, aber das schaffe ich zum jetzigen Zeitpunkt nicht.«

Warum bloß konnte man sich auf niemanden verlassen? Das Einzige, was ich ihm zugutehalten musste, war, dass er extra nach Zürich gekommen war, um es mir persönlich zu sagen.

»Jetzt erst recht!«, dachte ich. Ich würde eine Lösung finden, auch für dieses Problem. Kurz entschlossen flog ich nach Tarifa. Wieder war es kalt und unfreundlich, als ich am Hafen stand. Diesmal würde ich mich nicht unterkriegen lassen. Ich zog meine Mütze tiefer ins Gesicht, band mir den Schal fest um den Hals und ging erneut auf die Suche nach einem Kurslokal. Und – ich hatte Glück.

An einer Straße, die oberhalb des Hafens Richtung Altstadt führt, entdeckte ich an einem Fenster einen kleinen Zettel mit der Aufschrift »Se alquila« – »Zu vermieten«. Mein Herz hüpfte. Die Lage war ideal. Bislang war dort eine Tauchschule gewesen, aber die hatte offenbar gerade gekündigt. Ich rief die angegebene Nummer an und fand heraus, dass das Gebäude einer Treuhandgesellschaft aus Estepona gehörte. Ohne auch nur eine Sekunde zu überlegen, sagte ich am Telefon zu, und als ich nach Zürich zurückflog, hatte ich bereits den Mietvertrag für ein Jahr in der Tasche. Es war unglaublich: Immer tat sich im richtigen Moment eine Tür auf.

Als mir zwei Wochen später dann auch noch Manolo mitteilte, dass er in Málaga eine feste Stelle als Biologe gefunden habe, reagierte ich relativ gefasst. Es tat mir zwar sehr leid, da ich ihn mochte, aber es war auch eine Chance: Manolo sprach Spanisch und Englisch, wir hatten jedoch vornehmlich Gäste aus der Schweiz und aus Deutschland. Vielleicht fanden wir jetzt ja einen Biologen, der Deutsch konnte. Aber nun ging die Sucherei wieder los. Was hätte ich darum gegeben, endlich eine dauerhafte Personallösung zu haben.

Im März rief mich David an. Er war am Meeresbiologen-Kongress, der diesmal in Rom stattfand. »Katharina, rate mal, was ich gerade vor mir habe.«

»Keine Ahnung, irgendeine neue Planktonart?«

»Nein, drei wunderschöne Pottwal-Poster, und rate mal, welche Namen unten auf den Postern stehen ...«

Mir dämmerte es sofort. »Sag schon ...«

»Renaud de Stephanis, Ozeanologe, Neus Pérez und Manuel Fernández Casado. Diese Poster sind Teil einer Forschungsarbeit über Pott- und Grindwale in der Straße von Gibraltar.«

Also tatsächlich Renaud, aber nicht nur er, sondern auch Manolo! Manuel Fernández war niemand anderer als Manolo. Und Neus Pérez war eine unserer Volontärinnen gewesen. Es war, wie wenn mir jemand ein Messer mitten ins Herz gestoßen hätte. Ich brauchte eine Weile, bis ich meine Gedanken sortieren konnte. Renaud war ein bisschen schnippisch und mürrisch gewesen gegen Ende, aber ich hatte das darauf zurückgeführt, dass seine Zeit bei mir ablief und er deshalb nicht mehr sehr motiviert war. Manolo hatte ich gar nichts angemerkt, und Neus hatte ich offen gesagt gar nicht auf dem Radar gehabt. Die drei hatten den ganzen Sommer über die Köpfe zusammengesteckt. Nun wusste ich, warum. Sie hatten unsere Datenbank dazu benutzt, gemeinsam eine wissenschaftliche Arbeit zu schreiben. Aber warum hatten sie mir nichts gesagt? Das wäre doch kein Problem gewesen. Ich finde es toll, wenn aus unserer Forschung wissenschaftliche Arbeiten entstehen, das ist ja unter anderem der Zweck. Doch sie hätten das offiziell machen und mein Einverständnis einholen können. Die Rechte an den Fotos gehörten der Stiftung. Warum bloß hatten sie mich hintergangen ... und dann auch noch beklaut? Nicht nur die schönen Dias fehlten, sondern auch die Computerdaten. Sie hätten sich ja wirklich Kopien ziehen können. Welchen Vorteil hatten sie, wenn sie im alleinigen Besitz dieser Informationen waren? Ich verstand die Welt nicht mehr. Offenbar gab es in der Forschung, wie überall, neben vielen interessanten Menschen auch etliche, die sich gern mit fremden Federn schmückten.

Diese Kröte musste ich erst einmal verdauen. Zusammen mit David überlegte ich, Strafanzeige wegen Veruntreuung einzureichen. Doch letzten Endes wollte und konnte ich mir ein Verfahren nicht leisten. Der Verlust der Dias reute mich zwar sehr, aber wir würden bestimmt noch mehr Pott- und Grindwale sehen. Diesen Forschungsrückstand – davon war ich fest überzeugt – würden wir wieder aufholen.

Die Konkurrenz rüstet auf

Die Saison 2001 ließ sich besser an als die vorherige. Es war ein bisschen wie ein Neubeginn. Das Boot hatten wir vollkommen überholen lassen. Es war wieder fast wie neu. Zudem hatten wir im Winter in der Schweiz großes Interesse für unser Projekt geweckt und schon diverse Buchungen für unsere Familienferienkurse erhalten. Nach dem Ansturm an der Messe hatte ich im März in verschiedenen Gemeinden noch zusätzlich zu David spezielle Vorträge für Familien mit Kindern gehalten. Wir würden unser Familienangebot ausbauen, das war mein Plan. Nun musste ich schauen, wie ich mit den Tarifeños klarkam und welche Stimmung mir entgegenschlug.

Als ich in der Semana Santa das erste Mal aufs Wasser ging, sah ich, dass mein Entscheid, mich nicht vertreiben zu lassen, richtig gewesen war. Schon bei der ersten Ausfahrt kam eine große Gruppe Grindwale an unser Boot, um uns ein Neugeborenes zu zeigen. Es war kaum eine Woche alt. Es kam mir vor, wie wenn sie uns begrüßen und informieren wollten, was in der Zwischenzeit alles geschehen war bei ihnen. Dankbar nahm ich es als Zeichen an. Auch das Wetter zeigte sich von der besten Seite. Das Meer war ruhig und glatt. Am Nachmittag nahmen wir die ersten Touristen mit aufs Meer und begegneten schon nach zehn Minuten einer Gruppe von sicher gegen hundertfünfzig Delfinen. Sie sprangen vor dem Bug hin und her und verbreiteten mit ihrer Aktivität gute Laune. Ich war glücklich und fühlte mich zu Hause. Kurz darauf schwammen etwa dreißig Grindwale auf uns zu. Es waren mehrere Familien in

Gruppen von drei bis fünf Walen. Plötzlich kamen drei Riesenmachos ganz nah ans Boot, legten ihre Köpfe aneinander und schauten mir lange in die Augen. Dieser Augenkontakt wirkt bei mir jedes Mal wie eine Seelenmassage. Sie schwammen kurz weg, kamen wieder und wiederholten das insgesamt dreimal. Ich war ganz benommen und fragte mich, was sie mir wohl sagen wollten. Die Touristen auf dem Boot waren fasziniert. Es dauerte nicht lange, da kam eine weitere Gruppe von etwa dreißig Tieren. Diesmal scherte ein großer männlicher Grindwal aus und schmiegte sich der Länge nach an die Seitenwand des Bootes. So blieb er liegen, und ich glaube, er hätte sich sogar streicheln lassen. Mir ging das Herz über.

Ein paar Tage später erlebten wir erneut ein Spektakel. Der Himmel war bewölkt und es ging ein leichter Wind, als wir etwa in der Mitte der Straße von Gibraltar die Fontäne eines Pottwals sahen. Obwohl wir sofort an diese Stelle fuhren, tauchte er nicht mehr auf. Dafür waren wir plötzlich umringt von etwa dreihundert Tümmlern. Sie zeigten ihre besten Sprünge, schwammen vor dem Bug her und kamen immer wieder ans Boot, um ein bisschen Spyhopping zu machen. So nennt man es, wenn sie ihre Köpfe gerade und weit aus dem Wasser herausstrecken, wie wenn sie die Umgebung erkunden wollten. Kaum waren sie weg, erschien die Grindwal-Mutter, die mir bei meiner ersten Ausfahrt ihr Neugeborenes gezeigt hatte. Es war ein großes Familientreffen und fühlte sich unbeschreiblich gut an.

An Land hingegen war die Stimmung nicht so friedlich. Kurz vor Ostern – ich kam gerade von einer Ausfahrt zurück – saßen sechs Tarifeños im Office, darunter mein ehemaliger Kapitän José Marí und Rafael von der Verkehrsleitzentrale Tarifa Tráfico, der uns vor zwei Jahren bei der Rettung von Isidro geholfen hatte. Die anderen vier kannte ich vom Sehen; einer arbeitete beim Lotsendienst der Küstenwache, ein anderer unterrichtete Kapitäne in Ausbildung in

Barbate. Ich wusste ja bereits von Walti, dass sie sich zusammenschließen und ein Konkurrenzunternehmen aufbauen wollten. Was aber hatten sie mit mir vor? Wollten sie mich weiterhin piesacken? Bei mir läuteten jedenfalls alle Alarmglocken. Rafael war offenbar ihr Sprecher und kam sofort zur Sache.

»Katharina, wir haben ein neues Boot mit vierzig Plätzen angeschafft. Wenn du willst, kannst du uns diese Saison regelmäßig Touristen mitgeben. Wir haben Walti angestellt und arbeiten ganz legal, und wenn du mitziehst, wirst du dieses Jahr keine Probleme mehr haben.«

Irritiert schaute ich Keiti an. Zuerst machten sie uns das Leben schwer, indem sie uns dauernd mit irgendwelchen fadenscheinigen Anschuldigungen die Behörden auf den Hals hetzten, dann luchsten sie mir Walti ab, und nun wollten sie mich plötzlich in ihr Business miteinbeziehen. Und dann dieses süffisante »Wir arbeiten ganz legal«. Das klang, wie wenn sie mir unterstellten, dass meine Stiftung nicht legal arbeiten würde. So oder so war dieses Angebot nichts anderes als eine schön formulierte Erpressung.

Hatte ich eine Wahl? Ich musste mit ihnen irgendwie auskommen, sonst würden sie mich weiterhin schikanieren. Mein Bootsmotor hatte gebrannt, meine Autotüren waren zerkratzt, man hatte mir Plakate und Wände verschmiert und sogar Hühnerfüße vor die Office-Tür gelegt, meine alten Kapitäne getrauten sich nicht mehr, für mich zu fahren… Das konnte nicht Lourdes allein gewesen sein. Sie alle hatten sich im letzten Jahr gegen mich verschworen, und durch verschiedene Anspielungen wusste ich mittlerweile, dass José Marí etwas mit dem Bootsbrand zu tun gehabt hatte. Ich war erstaunt, dass sie nach so vielen Gemeinheiten nun plötzlich umschwenkten und sich als Geschäftspartner präsentierten. Ich vermutete, dass meine alten Kapitäne Antonio und Miguel hinter den Kulissen auf eine Verständigung hingewirkt hatten. Offensichtlich suchten sie nun nach einem Weg, mich einzubinden. Das war immerhin besser, als wenn sie mich weiter bekämpften. Ich würde mich arrangieren müssen.

Rein sachlich betrachtet, war es keine schlechte Lösung. Wir hatten viel zu wenig Platz auf dem Boot, und ich hatte ihnen aus diesem Grund ja schon im vergangenen Jahr dauernd Touristen zugehalten. Ein weiteres Boot zu kaufen, lag finanziell momentan nicht drin; Firmm España war immer noch in den roten Zahlen.

»Okay, das könnte funktionieren«, antwortete ich deshalb nach einer kurzen Beratung mit Keiti. »Die einzige Bedingung ist, dass wir immer einen unserer Biologen mitschicken können. Das Ziel von Firmm ist, die Menschen auf die Situation der Wale aufmerksam zu machen, und dazu müssen wir ihnen erklären, was dort draußen geschieht. Geht das in Ordnung?« Alle nickten.

»Was das Geld betrifft, machen wir weiter wie bisher«, schlug Rafael vor, »der Preis für Erwachsene beträgt dreißig Euro, Kinder kosten zwanzig und Kleinkinder unter sechs Jahren zehn Euro. Wer das Boot stellt, bekommt zweiundfünfzig Prozent, wer die Passagiere bringt, achtundvierzig. So haben wir alle etwas davon.«

Dagegen konnte ich nichts einwenden. Ich hatte mit meinem Engagement in Tarifa eine Idee gehabt, nun entwickelte sich ein Businesszweig daraus – ein ganz normaler Vorgang. Es war ja klar, dass die Tarifeños auch Geschäfte machen wollten. Statt mich weiter über ihr unfaires Verhalten zu ärgern, musste ich nun meine Einstellung ändern: Für mich war ja einzig und allein wichtig, dass möglichst viele Menschen nach Tarifa kamen, damit sie etwas über Delfine und die anderen Wale erfuhren. Das war mir gelungen. Und da die anderen Kapitäne bei ihren Ausfahrten für unsere Gäste künftig einen unserer Biologen mitnahmen, war auch die Stiftungsidee nicht gefährdet. Wie ich meine Familienferienkurse und Kindercamps organisierte, würde ohnehin weiter allein meine Sache bleiben.

»So machen wirs«, stimmte ich zu. Die Kapitäne zogen zufrieden ab, und Keiti und ich ließen uns in die Sessel fallen. Erst jetzt merkte ich, wie sehr mich diese Diskussion angestrengt hatte und wie groß meine Angst gewesen war, dass sie in einem Desaster enden würde.

Mit dem neuen Boot der Kapitäne gab es in Tarifa für diese Saison vier Boote, die wir für Ausfahrten benutzen konnten. Kiko, mein neuer Kapitän auf der »Firmm«, hatte noch sein eigenes Boot, die »Lucilla«, nach Tarifa gebracht und einen jungen Kapitän dafür angeheuert. Und dann war da noch Yeyo mit seiner »Mar de ballenas«. Ihm hatte ich schon im vergangenen Jahr meine Touristen bringen können, wenn wir auf der »Firmm« keinen Platz mehr hatten.

Auch Lourdes hatte nicht geschlafen und oben in der Hafenstraße eine Garage als Büro angemietet. Sie hatte den Winter durch in verschiedenen Hotels und Reisebüros Werbung gemacht und brachte mehr oder weniger regelmäßig Touristen auf die Boote der anderen – je nachdem, wie sie drauf war. Manchmal arbeitete sie auch wochenlang nicht, weil sie wieder in ihre Alkoholsucht zurückfiel, die sie – wie ich in der Zwischenzeit herausgefunden hatte – immer wieder aus der Bahn warf. Das Whalewatching-Business in Tarifa jedenfalls war etabliert, und der Kuchen schien einigermaßen verteilt zu sein. Meine Hauptaufgabe sah ich von nun an darin, die Qualität der Touristeninformationen zu gewährleisten, und natürlich im Schutz der Tiere. Doch das war vor Ort alles andere als einfach.

Da wir immer noch am besten wussten, wo sich die Tiere aufhielten, hatten wir nun noch mehr Boote im Schlepptau. Und während unsere Reglementierungsvorschläge fürs Whalewatching unbearbeitet in Madrid lagen, verbrachte ich meine Tage damit, den Kapitänen der anderen Boote bei jeder sich bietenden Gelegenheit zu erklären, wie sie an die Wale heranfahren mussten, damit sie sie nicht störten. Leider hielten sie sich selten daran, weshalb die Ausfahrten – je nachdem, wer von der Konkurrenz am Steuer saß – immer wieder wilden Bootsrennen glichen. Wollte ich ganz in Ruhe Zeit mit den Tieren verbringen, fuhr ich frühmorgens raus, wenn die anderen noch schliefen. Manchmal nahm ich dazu meine Feriengäste mit.

Nach den negativen Erfahrungen mit Renaud und Manolo hatte ich mir geschworen, nur noch Schweizer als Biologen anzustellen. Zu ihnen hatte ich einfach das größte Vertrauen. Erst im Juli fand sich mit Mattias Messerli eine dauerhafte Lösung. David Senn hatte derweil für uns ein neues, einfacheres Archivierungssystem für die Identifikationsdaten entwickelt. Gleichzeitig stiegen wir für die Fotoidentifikationen auf digitale Kameras um, was die Arbeit sehr erleichterte. Aber wir mussten die wenigen Daten und Dias, die uns geblieben waren, neu ordnen und die fehlenden wieder erarbeiten. Das war extrem aufwendig und hielt uns den ganzen Sommer durch auf Trab.

Glücklicherweise hatten wir unsere Volontäre, mittlerweile waren es mindestens zwölf pro Saison. Auch wenn sie sich alle paar Wochen die Klinke in die Hand gaben, machten sie hier einen guten Job. Es gab natürlich auch solche, die sich vor allem um ihre Freizeitaktivitäten kümmerten, das ließ sich bei einem Volontärsjob in Tarifa nicht ganz vermeiden, aber da war ich nicht allzu streng, schließlich arbeiteten sie gratis. Als Unterkunft mietete ich ihnen nach wie vor eine Wohnung mit sechs Zimmern, die schlicht ideal war. Auch das Kurslokal, das ich in meiner Verzweiflung im Winter gefunden hatte, war ein Volltreffer. Es war geräumig und hell, bot Platz für fünfundzwanzig Personen, blieb im Sommer schön kühl und lag ganz in der Nähe des Bootsanlegeplatzes. Zudem war es nur je zwei Minuten vom kleinen Mittelmeer- und vom großen Atlantikstrand entfernt. Ideal für alle, die schnorcheln oder surfen wollten. Und im hinteren Raum gab es sogar Tröge zum Waschen des Schnorchelequipments.

Das tote Walbaby

Wir hatten in diesem Jahr schon ab Mitte Juli sehr viele Orcas gesehen. Anfang September fuhren wir nochmals mit einer Touristengruppe hinaus Richtung Atlantik, da sich dort angeblich immer noch zwölf Orcas aufhielten. Das Meer an diesem Morgen war glatt, es war windstill, die Sicht gut. Nicht weit von Tarifa entfernt zeigten sich die ersten Tümmler. Sie schwammen nach Osten, Richtung Mittelmeer. Als sie uns sahen, kamen sie ans Boot, und wir begleiteten sie ein Stück auf ihrem Weg. Bald tauchte zweihundert Meter vor dem Boot eine weitere Gruppe auf; diesmal waren auch Grindwale dabei. Sie verhielten sich allerdings sehr seltsam. Sie lagen ganz dicht nebeneinander und bewegten sich an Ort und Stelle auf und ab. So bildeten sie von weitem einen dunklen Streifen im silbern glitzernden Meer. Plötzlich kam Unruhe in die Gruppe, und wir sahen zwischen den Grindwalen einen Pottwal, der abtauchte und uns seine schöne Fluke zeigte. Sofort tauchten auch die Gruppe Grindwale und die Tümmler ab. Vorsichtig tuckerten wir an die Stelle, wo sie alle verschwunden waren. Es dauerte ein Weilchen, bis sie wieder erschienen.

Und dann tauchten plötzlich vier Pottwale auf, einer nach dem anderen, keine dreißig Meter von unserem Boot entfernt. Zuerst war es ein Getümmel, dann formierten sie sich zu einem Stern, ihre Köpfe gegeneinander gerichtet. Es war atemberaubend. Ich hatte gelesen, dass die Tiere diese Sternformation einnehmen, wenn sie in ihrer Mitte etwas beschützen wollen. Die Pottwale atmeten schwer und wirkten irgendwie ruhelos, ganz anders als sonst, wenn sie nur so dalagen, um sich zu erholen. Nach zehn Minuten kam plötzlich Bewegung in die Formation, und alle vier Pottwale tauchten gleichzeitig ab. In ihrem Sog verschwanden auch alle Grindwale und Tümmler, die sich hinter den vieren zusammengeschart hatten. Das Meer war mit einem Mal wieder spiegelglatt. Etwas benommen von der erstaunlichen Szene fuhren wir zurück nach Tarifa, um die nächste Touristengruppe zu holen. Wir konnten uns nicht erklären, was hier vor sich gegangen war.

Mit der nächsten Gruppe fuhren wir sofort wieder an die gleiche Stelle. Die Grindwale waren noch da, aber ich konnte ihr Verhalten nicht deuten. Sie lagen nur regungslos im Wasser. Ruhten sie, oder warteten sie auf etwas? Sie schienen unter Wasser etwas zu beobachten. Als wir in gebührendem Abstand anhielten, lösten sich sechs erwachsene Tiere aus der Gruppe und kamen laut pfeifend ganz nah an unser Boot. Irgendwas an ihrem Pfeifen alarmierte mich, aber ich konnte es nicht deuten. Sie strichen an der Bootswand entlang, hoben die Köpfe, drehten sich um sich selbst, schwammen mehrmals weg und wieder her. Ich ging auf die andere Seite des Bootes. Dort tauchte plötzlich eine Grindwal-Mutter auf und streckte mir ihren Bauch entgegen, an dem noch ein kleines Stückchen einer blutigen Nabelschnur hing. Dann tauchte sie, auf dem Rücken liegend, ganz langsam ab, sodass man ihre Schwanzflosse und den noch leicht wunden Genitalbereich sehen konnte. Irgendetwas stimmte hier nicht.

Ich ging auf die hintere Plattform, um die Tiere allein und ungestört beobachten zu können. Plötzlich sah ich die Mutter wieder. Sie schwamm auf mich zu und hatte etwas im Maul. Wollte sie mir einen Fisch zeigen? Erst als sie nah genug war, erkannte ich, dass sie ein Grindwal-Baby quer im Maul hielt. Meine Ahnung bewahrheitete sich. Ihr Junges war tot, und sie wollte, dass wir alle es sahen. Dann holten die anderen Tiere sie ab, und geleiteten sie weg vom Boot. Kurz später schwammen die Wale erneut auf uns zu, gefolgt von der unglücklichen Mutter mit dem Totgeborenen. Sie strich mit ihrem mächtigen Leib an der Bootsseite entlang, kam an der rückwärtigen Plattform vorbei, sodass ich das Walbaby nochmals genau sehen konnte. Und wieder pfiffen die Tiere so kläglich, dass es fast nicht zum Aushalten war. Es gab nichts, was wir tun konnten, um ihren Schmerz zu lindern.

Diese Begegnung ging uns allen unter die Haut. Erst auf der Rückfahrt kam mir der Gedanke, dass die vier Pottwale mit ihrer Sternformation die gebärende Mutter beschützen wollten und dass sie danach alle mit ihr trauerten. Es berührte mich zutiefst, dass sie uns in ihre Trauer miteinbezogen hatten.

Eines Tages standen am Hafeneingang, wo bis vor einem Jahr unsere Schulungs- und Forschungsräume waren, zwei neue Container. Die Kapitäne hatten sich zu einer Firma mit dem Namen Turmares zusammengeschlossen und Animateure von den Kanarischen Inseln angeheuert, die nun Touristen abfingen und sie in diese Whalewatching-Verkaufscontainer am Hafen schleppten. Es kostete mich viel Selbstbeherrschung, keinen Wutanfall zu kriegen. Uns hatten sie hier verjagt mit der Begründung, der Hafen werde in Kürze umgebaut. Und nun erlaubte man einer unprofessionellen, rein auf Profit ausgerichteten Firma, hier Container aufzustellen. Erst im September, als es ruhiger wurde und nicht mehr rentierte, verschwanden die Container wieder.

Danach begann tatsächlich der Hafenumbau. Geplant war ein großer Anlegeplatz für eine Fähre, die Tarifa und Tanger verbinden sollte. Dazu brauchte es ein Zollgebäude und Parkplätze, sodass der ganze Hafen umgebaut werden musste. Ich wusste nicht, inwiefern mein neues Kurslokal davon betroffen sein würde, denn es lag an der Hafenstraße. Als ich bei der Treuhandgesellschaft in Estepona anrief, erfuhr ich, dass sie die Liegenschaft verkaufen wollten. Bei mir läuteten sämtliche Alarmglocken. Nicht schon wieder vertrieben werden! Ich musste unbedingt dieses Lokal erwerben! Irgendwie! Allerdings gab es ein Problem: Weder Firmm Schweiz noch Firmm España hatten genügend Geld, um die Liegenschaft kaufen zu können. Ich würde einmal mehr mein privates Geld reinstecken müssen. Aber viel Zeit zum Nachdenken blieb nicht. Wenn ich nicht sofort mein Interesse bekundete, war mein Kurslokal weg.

Ich redete mit Keiti. Eigentlich hatte ich damit geliebäugelt, ein zweites Boot zu kaufen. Aber beides lag nicht drin, das sah Keiti schon richtig. »Als Buchhalterin sag ich dir, ein neues Boot kannst du dir nicht leisten. Zudem gibt es ja eigentlich genügend Schiffe hier, um deine Touristen rauszufahren. Du verdienst so zwar weniger, aber du kannst deine Mission erfüllen. Wenn du aber kein Kurslokal hast, wird es schwierig, die Familienferienkurse voranzutreiben, und wie ich dich verstanden habe, ist das dein neuer Plan.«

Sie hatte recht. Wenn ich es ernst meinte mit der Sensibilisierungs- und Aufklärungsarbeit, musste ich auch was dafür tun. Damit war der Entscheid gefallen.

Nachdem ich mich vergewissert hatte, dass das Gebäude wegen des Hafenumbaus weder enteignet noch sonst irgendwie beeinträchtigt würde, wagte ich den Schritt. Das Haus war lang und schmal gebaut, nicht schön, aber zweckmäßig. Ich rief meine Anwältin Antonia an und kaufte schließlich für achtundneunzigtausend Euro meine erste Liegenschaft in Tarifa. Nun war auch den Tarifeños klar, dass ich weitermachen würde. Die Situation vor Ort schien sich tatsächlich langsam zu beruhigen.

Teil zwei

Der Besuch in Eilat

Es war November 2001. Ich hatte wieder einmal Zeit, mich um unser Engagement gegen den Bau neuer Delfinarien zu kümmern, das wegen all der anderen Aufregungen im Sand verlaufen war. Die achtzigtausend Unterschriften, die wir zwei Jahre zuvor mit großer Euphorie gesammelt hatten, waren in Brüssel bei der EU eingereicht worden. Doch leider ging danach nichts mehr.

Es gab damals dreiunddreißig Delfinarien in Europa mit insgesamt rund dreihundert Meeressäugern in Gefangenschaft. Der Großteil davon befand sich in Westeuropa. Die osteuropäischen Länder kannten derartige Einrichtungen weniger. Zwar hatte die Opposition gegen Delfinarien in den letzten Jahren massiv zugenommen, aber verboten waren sie bisher nur in Großbritannien und Zypern. Allein in Spanien gab es sechs, und an den drei neuen wurde munter weitergebaut. Die EU hatte zwar, gestützt auf das Washingtoner Artenschutzübereinkommen, bereits 1997 eine Verordnung erlassen, die die Einfuhr von Delfinen und anderen Walen zu kommerziellen Zwecken verbot, aber die war nicht nur zu wenig umfassend, sondern wurde auch nicht eingehalten. Immerhin bewirkte sie, dass die Tiere nicht mehr unkontrolliert eingefangen und in derartigen Anlagen eingesperrt werden konnten. Doch solange Menschen bereit sind, für Delfinarien Eintritt zu bezahlen, gibt es einen Markt. Und solange es etwas zu verdienen gibt, lassen sich die Betreiber garantiert nichts Neues einfallen. Es ging also in erster Linie darum, die Besucher darüber zu informieren, welche Tierquälerei sie mit ihrem Eintrittsbillett unterstützten.

In dieser Zeit fragte eine japanische Tierschutzorganisation bei uns an, ob sie unseren damaligen Petitionstext für eine Unterschriftensammlung gegen Delfinarien übernehmen dürfte. Natürlich willigte ich ein. Die Situation in Japan war noch viel desolater als in Europa. Dort ging es nicht nur um die Delfinhaltung in Gefangenschaft, sondern auch um die Jagd. Bis heute töten japanische Fischer jedes Jahr Delfine zu Tausenden, weil diese ihnen angeblich die Fische wegfressen. Die Jagdmethoden sind ganz besonders grausam: Die Tiere werden in großen Massen in Buchten getrieben, wo sie keinerlei Fluchtmöglichkeit haben und brutal abgeschlachtet werden. Die schönsten Delfine lässt man am Leben, um sie an Zoos oder Vergnügungsparks zu verkaufen. Die beliebtesten Jagdobjekte sind Große Tümmler, Gestreifte Delfine, Schlankdelfine, Flaschennasendelfine, Rundkopfdelfine, Schweinswale und Grindwale. Zudem werden in Japan jedes Jahr mehrere hundert große Wale getötet, unter dem Vorwand, man brauche sie für wissenschaftliche Studien.

Erstmals nach zehn Jahren hatte die japanische Regierung nun wieder die Pottwal- und die Brydewal-Jagd erlaubt. Das empfand ich als Skandal. Wir verfassten also gemeinsam mit den japanischen Tierschützern eine zweite Petition gegen den Walfang, die wir auch in der Schweiz zur Unterschrift auflegten. Mitinitianten waren Greenpeace Bern, der Verband Tierschutz-Organisationen Schweiz und Oceancare.

Immer häufiger wurde ich auch von Behindertenorganisationen angefragt, ob wir in Tarifa Delfintherapien anböten. Aus Florida hörte man immer wieder, dass solche Therapien traumatisierten und behinderten Menschen guttun. Es gab zweifellos viele Europäer, die ein solches Angebot in Anspruch genommen hätten, aber ich hatte große Vorbehalte. Die einzige Delfintherapie, die mir bisher als einigermaßen seriös und artgerecht geschildert worden war, gab es im Dolphin Reef in der südisraelischen Stadt Eilat am Roten

Meer. Diese Delfinanlage diente aber vor allem als Pensionsplatz für alte Delfine. Das fand ich interessant. Shows gibt es dort keine, dafür ein großes Meeresgehege, wo einst gefangen gehaltene Delfine, in Frieden leben können. Und so reiste ich Anfang Dezember mit einer Freundin nach Eilat. Der Zeitpunkt war nicht optimal. Die Zweite Intifada war bereits im Gang, und Israel war als unsicheres Reiseland eingestuft worden. Wir ließen uns jedoch nicht abschrecken.

Das Dolphin Reef ist in eine Bucht hineingebaut und liegt sehr hübsch. Am Anfang war ich jedoch schockiert, wie klein der abgegrenzte Bereich für die Tiere ist. Ich, die Delfine im offenen Meer gewohnt war, konnte mir nicht vorstellen, dass die Tiere sich in dieser Anlage wohlfühlten. Zwar hatten sie zwölftausend Quadratmeter für sich, und das Wasser war bis zu vierundzwanzig Meter tief, aber wenn man weiß, dass Delfine am Tag bis zu hundertfünfzig Kilometer zurücklegen und dreihundert Meter tief tauchen können, dann ist das viel zu klein. Allerdings besteht die Beckenbegrenzung zum Meer hin aus Netzen, und darin befindet sich ein zwei Meter großes Tor, sodass mutigere Delfine auch Ausflüge ins offene Meer unternehmen können. Das wagen allerdings nur die jüngeren, männlichen Tiere. Eindruck machten mir auf Anhieb die Delfintrainer. Es gab einen langen Steg, von dem aus sie alle zwei Stunden mit den Delfinen spielten. Es geht dabei nicht um eine Showeinlage, die Tiere bekommen lediglich Aufmerksamkeit und Futter und werden, falls nötig, medizinisch untersucht. Die Trainer hatten eine sehr enge Beziehung zu den Delfinen, das konnte ich deutlich sehen.

Delfintherapien gab es während der Zeit, in der wir dort waren, keine, und bis zum letzten Tag wollte ich nicht mit den Delfinen schwimmen, da es mir irgendwie wie Verrat an den Tieren vorgekommen wäre. Doch ich wollte wissen, wie die Netze unter Wasser befestigt waren, und hatte deshalb eine Tauchsession mit einem Instruktor gebucht. Es war schön, so nahe bei den Tieren zu sein. Berühren war allerdings verboten, man musste die ganze Zeit über die Arme vor der Brust verschränkt halten. Das gefiel mir. Die Einhegung unter Wasser sah solide aus, die Netze waren mit Haken in kurzen Abständen an den Felswänden und am Meeresgrund befestigt, sodass sich keines der Tiere verletzen konnte.

Um eine interessante Erfahrung reicher, flogen wir am nächsten Tag zurück in die Schweiz, und ich bestieg gleich das nächste Flugzeug nach Tarifa. Den Jahreswechsel wollte ich in der Straße von Gibraltar bei den Tieren verbringen und die Feiertage dazu nutzen, mich wieder einmal auf der wunderbaren Finca von Rita und Peter zu erholen und in Ruhe mit den beiden zu plaudern. Während der Saison hatte ich dazu viel zu wenig Zeit. Zuerst musste ich aber noch einen Bericht über die Entwicklungen vor Ort schreiben und unsere wissenschaftlichen Erkenntnisse zusammenfassen, über die ich auch bei unserem jährlichen Firmm-Treffen, das im Februar 2002 in der Schweiz stattfinden würde, berichten wollte. Inzwischen nahmen regelmäßig mehr als zweihundert Leute daran teil. Wir hatten viele Tiere gesehen in diesem Jahr und unsere Identifikationsdatei massiv erweitern können. Rund dreitausend Tiere waren nun wissenschaftlich erfasst. Hundertacht Pottwale hatten sich uns allein im Jahr 2001 gezeigt, das waren fünfmal so viele wie im Jahr zuvor. Vielleicht wollten sie uns ihre schönen Schwanzflossen zeigen, wir hatten jedenfalls wieder wunderschöne neue Fotos von abtauchenden Fluken, was mich besonders glücklich machte. Auch Orcas hatten wir viele gesehen.

Grindwale und Tümmler begleiteten uns sowieso fast bei jeder Ausfahrt. Die Tümmler waren für die Touristen-Familien besonders attraktiv. Die vier Meter langen Tiere spielten gern und sprangen vor dem Bug hin und her, was vor allem den Kindern großen Spaß machte. Nach einer Studie der Meeresbiologin Lori Marino von der Emory University in Atlanta sind Große Tümmler mindestens ebenso intelligent wie Primaten und gehören somit neben uns Menschen zu den intelligentesten Lebewesen. Die Wissenschaftlerin hat herausgefunden, dass das Hirn der Delfine sogar stärker gefaltet ist und damit eine größere Oberfläche hat als das des Menschen. Diese Faltung betrifft vor allem den Neocortex, diejenige Hirnstruktur also, die komplizierte Denkvorgänge und das Selbstbewusstsein steuert. Lori Marino konnte belegen, dass sich Delfine im Spiegel erkennen, dass sie analytisch und planmäßig vorgehen und fähig sind, komplexe Aufgaben zu lösen. Außerdem begegnen sie sich gegenseitig mit Respekt und Zuneigung und kennen Empfindungen wie große Freude ebenso wie tiefes Leid. Und diese Tiere sperren wir in enge Becken.

Die Zahl der Touristen und Feriengäste war im laufenden Jahr massiv gestiegen. Oft mussten wir das große Boot der Turmares-Kapitäne tageweise dazuchartern. Zudem hatten wir etliche Ferienkurse und drei Kindercamps veranstaltet, was nur möglich gewesen war, weil sich neben Claudine auch noch Caroline, eine weitere gute Seele, darum kümmerte. Caroline war im letzten Winter zu einem unserer Vorträge gekommen und hatte spontan angeboten, die ganze Organisation der Camps von der Schweiz aus zu übernehmen. Sie machte Werbung, organisierte Flüge, buchte die Jugendherberge und führte vor den Camps bereits Treffen in der Schweiz durch, damit sich die Kids und Leiter kennen lernen konnten. Daneben erledigte sie auch die ganzen Administrativarbeiten für Firmm Schweiz. Überhaupt fanden sich immer wieder neue, gute Menschen, die unentgeltlich mithalfen und so unser Anliegen unterstützten.

Das Wetter war so mild und schön, dass wir am 30. Dezember nochmals mit einer Touristengruppe in die Meerenge hinausfahren konnten. Dort begrüßte uns eine Gruppe von etwa dreißig Grindwalen. Sie kamen sofort ans Boot, um uns ihre zwei neuen Babys zu zeigen. Die Kleinen waren höchstens zwei Wochen alt. »Zwei Weihnachtsgeschenke«, dachte ich. Später trafen wir sogar auf einen Pottwal. Bis dahin hatten wir im Dezember noch nie einen gesichtet. Er war umringt von Tümmlern. Als wir langsam auf die Gruppe zufuhren, tauchte ein weiterer Pottwal auf, dann noch ein dritter. Fantastisch! Im Hintergrund sahen wir vor den großen Frachtern die kleinen Delfine springen, und zur Krönung der Feier tauchten nochmals die Grindwale auf. Wir hatten hier unsere ganz private Silvesterparty – dieses Erlebnis war mit nichts zu toppen und stimmte mich für das neue Jahr zuversichtlich.

Die Gäste an Bord waren interessiert und wollten wissen, warum die Pottwale Fische fressen. Ich erklärte einmal mehr, dass sie eben nicht zu der Plankton verzehrenden Unterordnung der Bartenwale gehören wie etwa die Finnwale, sondern zu den Fleisch fressenden Zahnwalen wie Delfine und Tümmler. Und dass ein Pottwal-Bulle pro Tag eineinhalb Tonnen Nahrung braucht und sich vor allem von Tiefseekalmaren ernährt. Ich freue mich immer über so viel Interesse, denn mit jedem Menschen, der merkt, dass er hier ein bedrohtes Urtier vor sich hat, wächst die Bereitschaft, etwas für seinen Schutz zu tun. Erst recht wenn ich jeweils noch erzähle, dass immer häufiger Pottwale sterben, weil sie den Plastikmüll schlucken, der im Meer herumtreibt.

Als ich dann am Neujahrsmorgen bei Rita unter den Orangenbäumen lag, hatte ich endlich Zeit, ein bisschen nachzudenken, denn was ich in Eilat gesehen hatte, drehte sich seither in meinem Kopf. Nun, da wir in Tarifa von der Bevölkerung und den Behörden geduldet wurden, war es vielleicht an der Zeit, in Sachen Delfinschutz die Stufe zwei zu zünden. Wenn wir dafür kämpften, dass Delfinarien geschlossen wurden, mussten wir diesen Gedanken auch konsequent zu Ende denken: Dann brauchte es für die europäischen Delfinarien-Delfine eine oder zwei Buchten im Mittelmeerraum, wo sie – ähnlich wie in Eilat – geschützt im Meer schwimmen konnten, und die andalusische Küste bot sich dafür geradezu an. Es war mir klar, dass es ein langer Weg sein würde und bei den Behörden sehr viel Überzeugungsarbeit zu leisten wäre. Doch die finanziellen Mittel würden sich finden lassen, ich wusste inzwischen, dass es genügend Menschen gab, die ihr Geld gern in ein solches Projekt investierten.

Als ich am Tag zuvor mit Keiti darüber gesprochen hatte, war sie skeptisch gewesen, ob man so etwas in Südspanien tatsächlich hinbekommen könnte; sie hatte dann aber Marokko ins Spiel gebracht, das ja gleich gegenüberliegt. Keine schlechte Idee, fand ich, dort war die Küste auch viel weniger verbaut. Delfintherapien anbieten würde ich jedoch nicht. Die Tiere von den Stegen aus zu beobachten, war attraktiv genug. Dass es auch dafür ein Interesse gab, zeigten mir die Anfragen der Kinderhilfe Sternschnuppe. Seit Simon hier gewesen war, besuchten uns jedes Jahr ein paar kranke Kinder, und allen hatte die Nähe zu den Tieren gutgetan.

Ich hatte wirklich Lust, etwas Neues anzureißen. Meine Stiftung war klein und wendig. Zudem verfügten wir inzwischen über einige Erfahrung. Wenn ich es bis hierhin geschafft hatte, warum sollte nicht auch ein Altersheim für Delfine in Marokko möglich sein? Zunächst aber wollte ich in Tarifa ein paar Sachen neu organisieren. Wir mussten noch professioneller und bekannter werden. Wir hatten, was die Meeresforschung betraf, über die letzten Jahre hinweg einen wissenschaftlich wertvollen Grundstock an Dokumentationsmaterial angelegt, und die Stiftung war für viele angehende Biologen, Ozeanografen und Geologen ein gutes Sprungbrett für ihre berufliche Karriere geworden. Wenn es uns gelingen würde, die Volontäre längerfristig in unsere Ideen einzubinden und dafür zu gewinnen, dass sie sich auch später an Universitäten und anderen Forschungsstationen für unser Projekt einsetzten, dann konnte auch unser Beziehungsnetz wachsen. Ich beschloss, für Volontariate eine abgeschlossene Lehre oder ein abgeschlossenes Studium sowie Kenntnisse in drei Sprachen zu verlangen. Zudem mussten wir nun schauen, dass die Medien über uns berichteten, denn mittlerweile hatten wir wirklich etwas zu bieten.

Als ich so dalag und die Orangenbäume betrachtete, fiel mir plötzlich auf, dass ich mir in den letzten vier Jahren nie die Sinnfrage gestellt hatte. Klar hatte ich immer wieder große Zweifel gehabt, ob das, was ich wollte, überhaupt umsetzbar war und ob ich mich gegen die vielen Widerstände würde durchsetzen können. Und klar war ich immer wieder mal verzweifelt gewesen. Aber dass mein Leben unausgefüllt oder sinnlos war, dieser Gedanke war mir nicht ein einziges Mal gekommen. Und diese Erkenntnis fühlte sich großartig an.

Die Schmugglerbucht

Im Februar stand ich anlässlich der Ferienmesse in St. Gallen an meinem Stand. Nach dem letztjährigen Erfolg in Bern hatte ich beschlossen, auch noch hier sowie an der Zürcher Ferienmesse Werbung für den Tierschutz in Tarifa zu machen. Ich hatte drei Volontärinnen engagiert, die mir dabei halfen. Als ich einmal etwas Luft hatte, bemerkte ich einen Mann, der vor einem der Delfinplakate stand und eine St. Galler Bratwurst aß. Ein bisschen übermütig, wie ich sein kann, wenn ich am Tag hundertmal das Gleiche erzähle, ging ich auf ihn zu und fragte: »Soll ich Ihnen ein bisschen von unserer Informations- und Forschungsarbeit erzählen, während Sie Ihre Wurst essen?«

Er schaute mich an, nickte, und ich begann mit meinem kleinen Vortrag. Irgendwann bemerkte ich, dass er aufgehört hatte zu essen und interessiert zuhörte. Als ich fertig war, sagte er: »Was für ein Zufall, dass ich Sie hier treffe. Ich werde nämlich häufig gefragt, wo man in Europa Delfine in Freiheit sehen kann.«

An den Messen äußere ich mich normalerweise nicht zu Delfinarien, denn ich will nicht wie eine Sektiererin wirken. Ich weiß also nicht, welcher Teufel mich ritt, als ich den Mann nicht verabschiedete, sondern loslegte: »Delfine und andere Wale gefangen zu halten, ist ein Verbrechen. Die Tiere dürfen nicht in Delfinarien gehalten werden. Und wir sollten dringend aufhören, solche zu bauen, und uns darum kümmern, dass Delfine aus solchen Anlagen künftig in einem geschützten Raum in Würde leben können.«

Während ich sprach, nickte der Mann wohlwollend, und als ich geendet hatte, bildeten sich sogar sympathische Lachfältchen um seine Augen. »Was schlagen Sie also vor? Was müsste man tun?«, fragte er mich nun und konnte sich dabei ein kleines Grinsen nicht verkneifen.

»Ich würde in Marokko eine schöne Bucht suchen, ein Hotel bauen und die Delfine dort in einem großen Gehege im Meer schwimmen lassen, so wie im Dolphin Reef im israelischen Eilat. Dort gibt es nämlich eine Art Altersheim für Delfinarien-Delfine.«

Ich hatte mich ziemlich ins Feuer geredet, und er sagte: »Es tut mir leid, ich habe vergessen, mich vorzustellen. Mein Name ist Albert Schmid, ich bin der PR-Chef des Conny-Lands. Das interessiert mich. Und ich würde Ihnen gern mal das Conny-Land zeigen. Hätten Sie irgendwann Zeit?«

Mir stockte der Atem. Seit Jahren stand der Freizeitpark im Kanton Thurgau wegen seines Delfinariums in der Kritik. Es war das einzige, das es in der Schweiz noch gab. Der Kinderzoo Rapperswil hatte mit der Delfinhaltung 1998 aufgehört, nachdem es gegen die Einfuhr zweier neuer Delfine aus Jamaika massiven öffentlichen Protest gegeben hatte. Auch der Druck aufs Conny-Land hatte seither stetig zugenommen. Vor einem Jahr war ein Delfinbaby eine Woche nach der Geburt an Sauerstoffmangel gestorben; kurz darauf hatte ein weiterer Delfin eine Totgeburt erlitten. Und ausgerechnet dem Pressechef dieses Conny-Lands hatte ich einen Vortrag über die Unzumutbarkeit von Delfinarien gehalten. Ich hatte wieder einmal ohne Filter geredet und fühlte mich wie damals, als ich Diego gesagt hatte: »Vielleicht mache ich mal was mit Delfinen.« Ziemlich naiv. Aber die Idee mit dem Altersheim in Marokko war gut. Ich musste über mich selbst lachen und dachte mir: »Wenn ausgerechnet dieser Mann vom Conny-Land dich dazu gebracht hat, diese Idee öffentlich zu formulieren, dann ist das vielleicht ein Wink mit dem Zaunpfahl.«

Nun gab auch ich ihm meine Karte, und es verging keine Woche, und der nette Pressechef rief mich an. Er schien mir meine Äußerungen nicht übel genommen zu haben. Wenn ich also etwas dazu beitragen konnte, dass dieses Delfinarium geschlossen würde: Nichts wie los! Mitte März traf ich mich mit ihm und dem Conny-Land-Besitzer Conny Gasser. Ich war erstaunt, als ich sah, dass die ganze Familie bei diesem Treffen anwesend war. »Ich mache das schon sehr lange«, eröffnete Conny Gasser das Gespräch. »Es ist langsam an der Zeit, das Geschäft meinem Sohn zu übergeben. Zudem ist Gerda, meine Frau, schwer krank, und ich möchte noch möglichst viel Zeit mit ihr verbringen.« Ich staunte über diese Offenheit. Conny Gasser gefiel mir gut.

Bei einem Rundgang durch die Anlage sah ich, dass die Lebensbedingungen der Tiere in etwa denen in den anderen Delfinarien entsprachen. Egal, wie man sich auch bemühte: Derartige Anlagen konnten nun mal nicht artgerecht sein. Und das sagte ich der Familie Gasser auch, da ich nun schon die Gelegenheit dazu hatte. Dann erzählte ich, was wir in Tarifa machten, und von meiner Altersheim-Idee. Und Conny Gasser zeigte zu meiner Verwunderung großes Interesse an meiner Vision.

»Sie werden es vielleicht nicht glauben, aber wir diskutieren tatsächlich darüber, die Delfine wegzugeben«, sagte er. »Ich würde mich lieber heute als morgen von ihnen trennen.«

Mein Herz jubelte. »Aus Überzeugung?«, fragte ich.

»Nun, der Druck wächst natürlich, das bekommen wir täglich zu spüren. Und es ist schon unangenehm, wenn man sich immer verteidigen muss. Keine Airline will mehr Delfine transportieren, aus Angst, es könnte ihnen auf dem Transport etwas zustoßen.«

»Das genau ist der Zweck von öffentlichem Druck«, dachte ich, unterließ aber, es laut zu sagen.

»Es gibt aber noch einen anderen Grund. Der Fun-Park mit seinen Attraktionen wird immer wichtiger, die Delfine sind für uns nicht mehr so zentral. Es ist uns aber ein Anliegen, die Tiere an einen Ort zu geben, wo sie es gut haben. Und Ihre Vision klingt sehr spannend. Wir wären vielleicht sogar an einer Beteiligung interessiert, wenn wir in einem Hotel zum Beispiel Schwimmen mit Delfinen anbieten könnten.«

Uff, das würde schwierig werden. Schwimmen mit Delfinen als Touristenattraktion, das war mit meinen Grundsätzen wirklich nicht vereinbar. Aber die Familie Gasser hatte offenbar Geld, um in ein Hotel zu investieren. Das war genau das, was ich brauchte. Vielleicht fand sich ja eine Lösung, deshalb sagte ich: »Das ist ja sehr erfreulich und übertrifft meine Erwartungen. Ich hätte mir nicht träumen lassen, dass Sie bereit sind, sich von den Delfinen zu trennen. Und ich kann Ihnen versichern, dass ich alles unternehmen werde, um eine Bucht für Ihre fünf Delfine zu finden. Nächste Woche fliege ich nach Tarifa, und dann melde mich wieder.«

Auf Wolke sieben schwebend, verabschiedete ich mich. Ich konnte es nicht fassen. Das einzige Schweizer Delfinarium wollte meine Vision unterstützen und mir seine Delfine geben. Was war ich doch für ein Glückspilz! Ich musste lachen. Ein solches Projekt in Marokko wäre wohl eine noch etwas größere Schuhnummer als das, was ich in Tarifa aufgebaut hatte. Aber wenn es mir so zuflog, dann konnte ich gar nicht anders als die Herausforderung annehmen. Ich musste sofort eine Bucht finden.

Rachid, ein Freund von Keiti, organisierte Anfang März 2002 für sie, unseren neuen Volontär Dani und mich einen Ausflug nach Marokko, um eine geeignete Bucht zu suchen. Rachid war eine gute Adresse, denn er war einerseits der zukünftige Direktor der Fähre Tarifa–Tanger, zum andern war er Marokkaner und hatte beste Beziehungen bis in höchste Regierungskreise hinein. Wenn das mit der Bucht etwas werden sollte, würden wir darauf angewiesen sein. Da der Fährehafen noch nicht fertig war, mussten wir in Gibraltar die viel langsamere Verbindung nach Tanger nehmen. Dort erwartete uns Mohammed, den Rachid beauftragt hatte, uns herumzuführen und uns verschiedene Buchten zu zeigen, darunter auch eine, die Verwandten von ihm gehörte.

Ich kam mir vor wie Klein Katharina auf wichtiger Undercover-Mission. Noch nie in meinem Leben hatte ich eine Bucht gesucht und schon gar nicht in Afrika. Wir fuhren in Mohammeds Auto Richtung Osten aus Tanger hinaus. Sobald wir die Stadt hinter uns gelassen hatten, war alles völlig unberührt und ländlich. Mir gefiel die Gegend, die Zeit schien hier stehen geblieben zu sein.

»Könntest du bitte anhalten, Mohammed?«, fragte ich, als wir kaum fünfzehn Minuten unterwegs waren, »ich möchte einen Blick auf das Meer werfen. Es ist hübsch hier.«

Mohammed parkte das Auto, und wir gingen zum Meer hinunter in eine schöne kleine Bucht mit Sandstrand. Alles war unverbaut bis auf den hinteren Teil der Bucht, wo eine stacheldrahtbewehrte Mauer hochgezogen war. Natürlich wollte ich sofort sehen, was dahinterlag. Also spazierten wir hin, und Keiti half mir hoch. Was ich sah, elektrisierte mich. Hinter der Mauer befand sich ein etwa zwanzig Jahre altes großes Haus, davor eine Hafeneinfahrt und mehrere Wasserbecken. Ein gekentertes Boot lag einige hundert Meter weiter draußen im Wasser. Das Ganze sah aus wie in einem James-Bond-Film. Was war das bloß?

Mohammed hatte in der Zwischenzeit den einzigen Nachbarn in der Gegend aufgespürt. Von ihm erfuhr er, dass das Anwesen einem Schmuggler gehörte, der schon bald zehn Jahre im Gefängnis saß. Mit James Bond lag ich also gar nicht so falsch. Ich schaute mir das Gelände genauer an. Die Hafeneinfahrt war breit und verengte sich gegen das Haus hin, und auf einer Seite gab es einen kleinen Strand. Zusammen mit der Mauer sah es aus wie eine Bucht in der Bucht. Geradezu ideal, um Delfine wie in Eilat zu halten. Mit einem ins Meer hinausgebauten Netz würde sich hier eine prima Anlage errichten lassen. Ich war begeistert, und als Mohammed darauf drängte, weiterzufahren, trieb meine Fantasie bereits die schönsten Blüten. Ich wollte vorher unbedingt hinauf auf den Hügel, um das eingezäunte Grundstück von oben zu inspizieren. Keiti, Dani und Mohammed hatten gar keine Wahl. Und so schlichen wir uns von hinten durch das Gebüsch an.

Lastwagen und Traktoren standen hinter dem Haus, Bretter und Fässer lagen herum. Hier war schon länger niemand mehr gewesen. Das Haus sah seltsam aus, ein bisschen wie ein Bunker, es hatte mehrere Terrassen und Garagen und eine Rampenabfahrt ins Meer.

Es war weder schön noch romantisch, aber extrem zweckmäßig für das, was mir vorschwebte. Vor allem der Hafen und die Becken, die sich gut abtrennen ließen, hatten es mir sofort angetan. Dani, unser Volontär, kletterte durch den Zaun und auf eine der Terrassen, von wo er mit seiner Kamera ein Becken filmte, das über einen Unterwasserkanal mit der Hafeneinfahrt verbunden sein musste. Als er mir die Bilder zeigte, kombinierte ich in Sekundenbruchteilen.

»Dieses Becken wäre hervorragend für die Delfin-Fütterung; man könnte sogar von der Terrasse aus zuschauen. Das ist ja unglaublich!«

»Dass es so was gibt! Wie wenn es auf uns gewartet hätte!«, jubilierte Keiti.

Wir fuhren weiter, Mohammed hatte ja noch einen Auftrag zu erfüllen. Die Bucht von Rachids Verwandten war sehr hübsch, aber zu groß und für mein Vorhaben ungeeignet. Bei den anderen zehn Buchten, die wir noch anschauten an diesem Tag, wurde uns allen immer klarer, dass wir den Platz für unser Delfinaltersheim bereits gefunden hatten. Zurück in Tanger, trafen wir Rachid.

»Das glaubst du nicht: Dieses Grundstück wäre einfach ideal«, begann ich zu erzählen, »es liegt etwa fünfzehn Minuten von Tanger entfernt und hat einen eigenen Hafen.«

Weiter kam ich nicht, Rachid unterbrach mich. »Ich glaube, ich weiß, von welchem Grundstück du sprichst. Aber das dürfte schwierig werden.«

»Was ist das Problem?«

»Der Besitzer, denke ich. Er heißt Ahmed Bounakoub und sitzt im Gefängnis, man vermutet wegen Drogenschmuggel. Die Meerenge hier ist ja eine der bekanntesten Schmugglerrouten für Haschisch. Dafür ist seine Anlage gut geeignet. Ich glaube kaum, dass er seine Geschäftsbeziehungen aufgegeben hat. Das Business läuft sicher irgendwie weiter.«

»Das wäre ja auch zu schön gewesen«, dachte ich.

»Aber versuchen kann mans ja«, fuhr Rachid fort, »fragen kostet nichts. Das Gelände auf der anderen Seite des Hafens gehört dem Staat. Und – ich kenne ja den einen oder anderen Minister.«

Nach dem Abendessen im Hotelrestaurant saßen wir noch bis zwei Uhr nachts zusammen und diskutierten. Es würde eine marokkanische Firma brauchen, besser noch eine Stiftung, zum Beispiel Firmm Maroc. Damit hatte ich inzwischen Erfahrung, sie ließe sich mit Rachids Hilfe schnell gründen, wenn wir ihn in den Stiftungsrat aufnehmen würden. Ausländische Investoren waren in Marokko in dieser Zeit sehr willkommen, europäische ganz besonders; der junge König, Mohammed VI., hatte sich die Modernisierung und Öffnung des Landes auf die Fahne geschrieben. Es würde allerdings eine ganze Reihe von Bewilligungen brauchen. Dieser Behördenkram machte mir am meisten Sorgen, doch Rachid meinte, er wisse schon, wie man das in Marokko anstellen müsse. Die Ideen, was man auf diesem Grundstück alles machen könnte, purzelten nur so aus uns heraus. Das Altersheim für Delfine ließe sich sicher mit einer Hotelanlage für Familien finanzieren und das Forschungszentrum – nach dem Vorbild Tarifa – mit Whalewatching. An oberster Stelle musste allerdings weiterhin das Wohlergehen der Tiere stehen. Ganz beglückt fiel ich in dieser Nacht ins Bett.

Beim Frühstück ging die Diskussion weiter. Rachid hatte schon mit der Schmugglerfamilie telefoniert. »Sie würden verkaufen«, verkündete er fröhlich. Ich war sprachlos. So einfach hatte ich mir das nicht vorgestellt. Rachid relativierte allerdings sofort: »Sie wollen vier Millionen Euro. Das finde ich zu viel.«

»Ich wüsste auch gar nicht, wie wir das auftreiben sollten«, sagte ich ehrlich verblüfft.

»Nun, wenn wir für die Hotelanlage einen großen Investor finden, dürfte das nicht so schwierig sein. Das mit dem Preis kannst du mir überlassen, ich versuche, ihn runterzuhandeln.«

Ich war erleichtert, denn das hätte mich überfordert. Mit der Familie eines marokkanischen Schmugglerbosses über Geld zu verhandeln, stellte ich mir schwierig vor.

Das Wetter hatte umgeschlagen, es begann zu stürmen. Wir hatten Glück und erwischten gerade noch die letzte Fähre von Tanger nach Gibraltar. Als mir an der Reling der Wind ins Gesicht peitschte, glaubte ich, dass es auf der Welt keinen glücklicheren Menschen als mich gab. Sofort würde ich einen Termin mit der Familie Gasser vereinbaren, um ihnen unser neues Juwel zu zeigen. Wie gut, dass Dani alles gefilmt hatte.

Hoffen aufs Conny-Land

Ein paar Wochen später bekam ich einen weiteren Termin im Conny-Land. Der Pressesprecher hatte mich angerufen, um mir mitzuteilen, dass wieder die ganze Familie anwesend sein würde. Als ich ankam, herrschte große Aufregung. Offenbar hatte der junge Röbi Gasser auf der Autobahn einen Seehund aus dem Anhänger verloren, weshalb die Gassers Verspätung hatten. Als sie dann endlich da waren, nahm sich Conny Gasser aber viel Zeit für uns. Das sei eine außergewöhnliche und besondere Ehre, erklärte mir der Pressesprecher.

Dani hatte mir eine Landkarte mitgegeben und eine Diashow vorbereitet, so konnte ich den Gassers das Gelände ganz genau zeigen. Die beiden waren sehr angetan von der Bucht und völlig fasziniert von dieser Schmuggleranlage à la James Bond. Als ich ihnen von der zu gründenden Stiftung Firmm Maroc erzählte, stieg Conny Gasser sofort in die Planungsdiskussion ein. »Abgesehen von den

Bewilligungen, die sicher viele Probleme machen werden«, sagte er, »müsste man unbedingt die Wasserqualität und die Wassertemperatur untersuchen. Mir ist das Wohlergehen meiner Tiere sehr wichtig, auch wenn das in den Medien immer anders dargestellt wird. Man weiß ja nicht, was dort alles ins Meer gelassen wird. Die Bucht liegt ja sehr nah bei Tanger, die Strömung treibt sicher das Abwasser Richtung Bucht.« Das konnte gut sein, die Strömung floss ja Richtung Osten.

»Und wie wäre das mit dem Abwasser aus dem Hotelbetrieb? Wohin würden die Fäkalien geleitet?«, wollte Conny Gasser nun wissen.

Auch darauf wusste ich keine Antwort.

»Am besten wäre es natürlich, man könnte noch einen Fun-Park neben der Hotelanlage errichten. So was läuft heutzutage sehr gut. Die Menschen wollen sich amüsieren in den Ferien.«

Hier sprach der Geschäftsmann, während ich schwieg, denn in dieser Frage gingen unsere Interessen definitiv auseinander. Das musste ich ihm zum jetzigen Zeitpunkt jedoch nicht auf die Nase binden.

»Haben Sie denn Beziehungen zu Investoren?«, wollte er weiter wissen. »Haben Sie schon Kostenvoranschläge? Mit wie viel Geld müsste man rechnen? Haben Sie schon Grundbuchauszüge? Oder Baupläne?«

So viele Fragen – und ich hatte noch keine Antworten. Aber Conny Gasser schien begeistert. Sobald ich die Informationen hätte, komme er und schaue sich die Sache genauer an; er könne es kaum erwarten, sagte er immer wieder. Leider hatte er beim Thema Investoren nichts Konkretes über sein eigenes mögliches Engagement gesagt.

Der Ball lag also wieder bei mir. Ich rief sogleich Rachid an. Er musste mir die Pläne besorgen. Das Projekt nahm Fahrt auf, ich staunte, wie schnell plötzlich alles ging. Rachid versprach, bis zum Wochenende alles zu liefern. Mein Ziel war es, die Gassers Anfang Mai nach Tarifa zu bitten, wenn die Feriengäste kamen und die Kurse begannen.

Rachid schaffte bis zum Wochenende nur einen Teil dessen, was er versprochen hatte. Aber was er brachte, war nicht schlecht. Er kam abends spät in Tarifa zu mir ins Office mit einem Stapel riesengroßer, zum Teil handgezeichneter Pläne unter dem Arm.

»Woher hast du denn die?«, fragte ich erstaunt.

Er lachte verschmitzt und legte den Zeigfinger auf den Mund. »Geheimnis. Du hast nur diese Nacht, um sie zu kopieren. Morgen früh müssen sie zurück zu den Gerichtsakten.«

So funktionierte das also in Marokko. Es war wirklich entscheidend, welche Beziehungen man hatte.

»Aber ich habe nur einen kleinen A4-Kopierer…«

»Dir wird schon was einfallen«, sagte er und war schon wieder weg. Er hatte Stress, denn die neue Fährverbindung war vor einer Woche eröffnet worden. Der Hafenumbau würde aber noch eine Weile dauern, nur der Pier für die Fähre war bereits fertig und funktionsfähig.

Ich faltete die Pläne also nach vorn und nach hinten, drehte sie wieder und wieder, stundenlang, bis ich alles kopiert und zusammengeklebt hatte.

Als wir Ende April telefonierten und ich Conny Gasser die wichtigsten Informationen durchgab, erklärte er: »Frau Heyer, wenn Sie vorankommen mit Ihrem Projekt, dann verspreche ich Ihnen, dass meine fünf Delfine die ersten sind, die in Ihrer Bucht herumschwimmen.«

Ich hätte ihn umarmen können. Wenn wir die Conny-Land-Delfine bekämen, hätte das eine große Signalwirkung, und das Projekt wäre mit einem Schlag bekannt. »Ihr Vertrauen ehrt mich, und ich nehme Sie beim Wort«, sagte ich, »drücken Sie mir die Daumen, dass es hier so flott weitergeht, wie es begonnen hat.«

Er versprach, in zwei Wochen nach Tarifa zu kommen. Und dann würde ich alles daransetzen, dass ihm die Bucht in Marokko so gut gefiel, dass er selbst investieren würde.

In Marokko überschlugen sich derweil die Ereignisse. Rachid hatte sich nach dem ersten positiven Bescheid intensiv um die Schmugglerfamilie gekümmert. Es hatte mich am Anfang einige Energie gekostet, ihm klarzumachen, dass mit der Hotelanlage auch ein Geschäft zu machen war. Für ihn musste sich immer alles auch finanziell lohnen. Inzwischen hatte ich ihn aber sogar so weit, dass er sogar selbst in die Hotelanlage investieren wollte. Ich wusste allerdings nicht mehr, ob das nun ein Fluch oder ein Segen war, denn eigentlich hätte ich die Hotelanlage selbst betreiben müssen, um das Altersheim zu finanzieren. Aber ich brauchte Rachid und würde ihn beteiligen müssen, wenn er das wollte.

Auch die Schmugglerfamilie hatte früher einmal Pläne für ein Touristenresort gehabt. Mit meinem Projekt wurde dieser Idee neues Leben eingehaucht, und sie konnte sich plötzlich ebenfalls vorstellen, mit uns eine Partnerschaft einzugehen. Was zur Folge hatte, dass sie nicht mehr unbedingt verkaufen wollte. Auch hier galt: Ich brauchte sie. Im Falle einer Partnerschaft würden wir zwar weniger Geld von anderen Investoren benötigen, aber es war vielleicht auch schwieriger, das restliche Geld aufzutreiben. Außerdem würde die Schmugglerfamilie natürlich in irgendeiner Form am Erfolg partizipieren wollen. Das alles wollte also wohlüberlegt sein. Ich musste ein Modell finden, bei dem alle Beteiligten mitverdienen konnten und uns trotzdem genügend Ertrag bleiben würde für das Altersheim. Es fühlte sich ein bisschen an wie die Quadratur des Kreises, aber ich ließ die Dinge einfach mal laufen, in letzter Zeit hatten sie sich ja meist in die richtige Richtung entwickelt.

Eine Woche später saßen Rachid, Keiti, Kiko und ich abends im Office zusammen, um die Pläne zu studieren. Kiko hatte ich dazugebeten, weil er vielleicht für den Bau der Unterwasseranlagen samt den Netzen, für den Ausbau der Hafeneinfahrt und den Unterhalt zuständig sein könnte. Rachid brachte viele neue Fotos mit, denn er hatte sich das Gelände unterdessen selbst genauer angesehen. Der Unterwasserkanal war viel breiter, als ich gedacht hatte, neue Winkel und Ecken kamen zum Vorschein, und im Maschinenpark gab es nebst Traktoren auch Sandabsauggeräte, um die Hafeneinfahrt frei zu halten. Wie praktisch!

»Gestern hat mich ein möglicher Investor angerufen«, sagte Rachid nebenbei.

»Und?«, fragte ich neugierig. Ich wusste damals noch nicht, dass die Investoren kommen und gehen würden wie Ebbe und Flut.

»Ein saudischer Prinz«, antwortete er. Mehr war ihm zu der Person nicht zu entlocken. Er sagte nur noch: »Nun, mal schauen.« Dann kam er auf die Regierung zu sprechen: »Wir sollten nun aktiv auf die entsprechenden Stellen zugehen und versuchen, die wichtigen Entscheidungsträger an Bord zu holen. Ich organisiere dir mal ein Meeting mit der Tourismusbehörde und mit dem Centre d'Investissement, der Investitionsbehörde von Tanger.«

Mittlerweile hatte in Tarifa die Saison begonnen. Die Turmares-Kapitäne hatten aufgerüstet und ihre Flotte nochmals um ein größeres Schiff erweitert, diesmal mit zweihundert Plätzen und einem Glasboden. Auf Waltis Hilfe verzichteten sie dieses Jahr. Nachdem sie ihm alle meine Geschäftsgeheimnisse entlockt hatten, brauchten sie ihn nun nicht mehr.

»Es war ein Fehler, Katharina, und es tut mir leid«, sagte er, als er bei mir im Büro stand. »Wenn ich zurückkönnte, würde ich es anders machen. Trotz des höheren Lohnes, den sie mir bezahlt haben.«

Ich schaute ihn versöhnlich an. »Wer hat schon Freude, wenn ein guter Mitarbeiter zur Konkurrenz wechselt?«, sagte ich und dann: »Aber du warst mir gegenüber von Anfang an offen und ehrlich, deshalb bin ich dir nicht mehr böse. Zudem haben wirs auch ohne dich geschafft.« Diesen Seitenhieb konnte ich mir nicht verkneifen. »Und was machst du jetzt?«, wollte ich wissen.

»Ich habe Freunde in Marbella. Sie sagen, dass man dort gute Schreiner gebrauchen könne«, antwortete er, »mal schauen, ob das stimmt.«

Walti war also gekommen, um sich zu verabschieden. Einen Moment lang war ich mir nicht sicher gewesen, ob er gehofft hatte, ich würde ihn wieder einstellen, was für mich keine Option gewesen wäre. Die Personalsituation war für dieses Jahr bereits geklärt.

Als ich eines Morgens Anfang Mai im Büro saß, rief Rachid an. »Ich bin schon bei dreieinhalb Millionen Euro«, verkündete er, »aber ich bekomme den Preis bestimmt noch weiter runter. Zudem überlegen sie ja immer noch, ob sie nicht selbst in das Projekt einsteigen sollen. Ich glaube, wir müssen ihnen einfach ein bisschen Zeit lassen. Der Termin mit der Tourismus- und der Investitionsbehörde ist bereits festgelegt. Komm doch bitte in zehn Tagen nach Tanger.«

Das ließ ich mir nicht zweimal sagen. »Da werden die Gassers aber Freude haben, wenn ich ihnen sage, dass der Preis fällt.«

»Wenn ich du wäre, würde ich nicht zu sehr auf die Gassers setzen«, sagte Keiti, die neben mir stand, »ich traue ihnen nicht. Bisher kam nichts außer schönen Worten.«

Kiko, der gerade zur Tür hereingekommen war, doppelte nach: »Es wäre sowieso am besten, wenn wir das Hotel allein betreiben könnten. Wenn du bedenkst, wie viele Kursteilnehmer wir nur schon in Tarifa jedes Jahr in Hotels unterbringen… Stell dir vor, die würden ihr Geld alle in unserer eigenen Hotelanlage in Marokko ausgeben. Zu den Tieren können wir ja von Tarifa und von Marokko aus fahren.«

Die beiden hatten recht. Wir mussten eine unabhängige Finanzierungsmöglichkeit finden, die es uns erlaubte, unser eigenes Hotel zu betreiben.

Tarifa etablierte sich derweil definitiv als Whalewatching-Ort. Die Touristen rannten uns die Türen ein. Dass die Turmares-Kapitäne mit dem neuen Schiff wesentlich mehr Passagiere transportieren konnten, schadete uns nicht. Im Gegenteil. Offenbar fanden viele Touristen unsere Ausfahrten sympathischer. Zudem zogen wir alle nicht Spanisch sprechenden Touristen an, denn dank unseren Biologen und Volontären konnten wir die Touren mittlerweile in sechs Sprachen anbieten.

Da die neue Fähre ihren Betrieb inzwischen aufgenommen hatte, konnten wir mit der »Firmm« nicht mehr an der alten Hafenmauer anlegen, sondern mussten immer ein freies Plätzchen suchen. Das war bislang die einzige negative Auswirkung des Hafenumbaus. Wenn das große Zollgebäude für die Abfertigung der Passagiere erst fertig gebaut war, würde die Zahl der Touristen mit Sicherheit noch weiter zunehmen. Ich war froh, dass ich das Kurslokal gekauft hatte, aus dem uns niemand mehr vertreiben konnte.

Die Wetterbedingungen für die Ausfahrten waren das ganze Frühjahr über gut. David Senn hatte uns zudem geraten, die Sichtungsorte der Tiere genau zu notieren und dabei auf Ebbe und Flut zu achten. Daraus ließ sich nun klar ersehen, dass sich die Grindwale bei Ebbe eher Richtung Mittelmeer aufhielten, bei Flut dagegen Richtung Atlantik und vor der marokkanischen Küste. Seit wir nun nach diesem Gezeitenkalender fuhren, fanden wir die Tiere noch schneller. Vielleicht sahen wir deshalb mehr Grindwale als je zuvor.

In jenem Jahr lernte ich auch »Zickzack« kennen. Bei meiner ersten Begegnung mit ihr war ich entsetzt. Eine Grindwal-Mutter mit noch blutender, verletzter Finne. Die Rückenflosse war nur noch ein Stummel mit zwei Zacken. Darum kam mir spontan der Name Zickzack in den Sinn. Sie war sehr scheu und tauchte immer wieder für längere Zeit ab. Ganz dicht bei ihr schwamm mit noch unkoordinierten Bewegungen ein neugeborenes, hellgraues Kalb, das höchstens zwei Tage alt war. Die beiden wurden begleitet von einem ausgewachsenen Grindwal, dem wir den Namen »Neue Finne« gaben, weil er eine auffallend große und schöne Finne hatte.

In den folgenden Wochen sah ich das Trio häufig, allerdings immer nur aus großer Distanz. Sie hatten offensichtlich Angst oder zumindest großen Respekt vor dem Bootsmotor. Ich vermutete deshalb, dass Zickzack angefahren worden war oder in den Angelhaken eines Sportfischers geraten war. Das Problem für die Wale waren nicht mal so sehr die großen Frachter, wie ich anfänglich gedacht hatte, sondern die schnellen Sportfischer-Jachten. Deren Kapitäne waren häufig so damit beschäftigt, die Blondinen in den knappen Bikinis an Bord zu beeindrucken, dass sie nicht darauf achteten, was im Wasser um sie herum passierte. Manche Sportfischer fuhren allerdings auch absichtlich mitten durch die Grindwal-Familien in der irrigen Annahme, dass es da, wo sie sich aufhielten, besonders viele Fische gab. Sie wussten nicht, dass Grindwale nur in der Nacht fressen, wenn die Kalmare aus der Tiefe an die Oberfläche kommen.

Im Laufe des Sommers heilte Zickzacks Wunde. Aber erst viel später kam sie so nah ans Boot, dass wir sie fotografieren konnten. Immer begleitete sie Neue Finne. Ich war mir sicher, dass die beiden ein Paar waren. Aber leben Wale überhaupt monogam? Trotz meiner vielen Recherchen hatte ich darauf noch immer keine klare Antwort gefunden. Bisher hatte ich nur gelesen, dass Walfamilien meist in einem Matriarchat, also unter der Führung eines weiblichen Tiers, zusammenleben. Eine Familie besteht in der Regel aus mehreren weiblichen Tieren mit ihren Jungen und aus den noch nicht geschlechtsreifen Bullen, die sich später zu sogenannten Junggesellengruppen zusammenschließen. Die geschlechtsreifen Männchen kommen in der Regel nur zur Paarungszeit zurück zu den Familien. Doch bei Zickzack und Neue Finne war das offensichtlich anders, sie schienen ständig als Paar unterwegs zu sein. Ebenso wie Camacho und die Matriarchin, die beiden Orcas. Vielleicht fanden sich noch weitere Konstellationen dieser Art, vielleicht stimmte gar nicht, was die Forscher bisher angenommen hatten.

Als ich für die neue Fähre Tarifa–Tanger ein Ticket kaufen wollte, um in Marokko auf Werbetour für unser Projekt zu gehen, erlebte ich eine unerfreuliche Überraschung. Da es noch kein funktionsfähiges Zollgebäude gab, konnten Schweizer und andere Passagiere aus Ländern, die nicht zum Schengenraum gehörten, die neue Fähre noch nicht benutzen. Und ich hatte mich schon so darauf gefreut, dass ich von nun an in fünfunddreißig Minuten in Tanger sein würde! Also nahm ich die Fähre in Algeciras, die zumindest schneller war als die in Gibraltar; diese Fähren hatten marokkanische Zöllner an Bord, die die Visa-Formalitäten erledigten.

In Tanger holte mich Rachid ab, und zusammen fuhren wir nach Rabat, in die Landeshauptstadt. Zuerst gings zum Departement für Tourismus. Im Gegensatz zu meinen Anfängen in Tarifa hatte ich nun wenigstens eine Ahnung von den Tieren. Meine Präsentation war ein voller Erfolg. Niemand der Anwesenden wusste, dass es vor der marokkanischen Küste nur so wimmelte von Meeressäugern. Zum Glück hatte ich die Fotos dabei, sonst hätten sie mir vermutlich gar nicht geglaubt. Dabei musste es doch auch hier Fischer geben, die von den Orcas wussten, zumal sich die Wale ja meistens näher an der marokkanischen Küste aufhielten. Wie auch immer, alle staunten und waren begeistert von unserer Idee. Mit einer Einladung für einen Vortrag vor dem Rotary Club Tanger verließen wir das Departement für Tourismus.

Von dort gings direkt zum Centre d'Investissement, wo wir nochmals dieselbe Reaktion erlebten. Großes Staunen und große Begeisterung rundum. Mit vielen Merkblättern und dröhnendem Kopf kamen wir wieder hinaus. Die Hauptbotschaft war: Sie wollten Geld sehen. Ich musste baldmöglichst ein Konto eröffnen und etwas überweisen, damit sie uns glaubten, dass wir über finanzielle Mittel verfügten, sonst würde gar nichts in Schwung kommen; dazu musste ich aber erst Firmm Maroc gründen.

In aufgeräumter Stimmung bestieg ich in Tanger wieder die Fähre. Irgendwie musste das doch zu machen sein, alle reagierten so positiv. Auch in Marokko hatte man keine Ahnung, welchen Schatz das Meer vor der eigenen Haustür barg. Das musste sich ändern.

Das Ehepaar Gasser hatte sich auf Mitte Mai angekündigt. Ich legte große Hoffnungen in diesen Besuch. Wenn sie mitzögen, würde das einen enormen Schub geben. Doch sie sagten ihren Besuch kurzfristig wieder ab. Gerda Gasser ging es nicht gut, zudem stand die Eröffnung ihrer längst geplanten neuen, größeren Delfinlagune im Conny-Land bevor, was mich zusätzlich verunsicherte. Es war, wie Keiti gesagt hatte, ich durfte nicht zu fest auf Familie Gasser bauen. Trotzdem entschied ich mich, ihnen einen Besuch abzustatten. Da ich sowieso für die Sono in die Schweiz musste, wollte ich mir die Umsiedlung der Tiere in die neue Anlage ansehen. Als ich eintraf, wurden die Delfinmutter Chicky und ihr acht Monate altes Baby Magic gerade in die Lagune gebracht. Chicky war als Dreijährige von Kuba in die Schweiz gekommen und nun schon seit zwölf Jahren im Conny-Land.

Das ehemalige Seehundbecken, wo die beiden seit der Geburt

von Magic lebten, war schon fast geleert, das Wasser stand nur noch kniehoch. Chicky und der Kleine waren in heller Aufruhr, da der Tierarzt gleich auch den monatlichen Check-up machte. Die Blutabnahme und die Entnahme der Stuhlprobe aus dem After mussten für die zwei Tiere ein großer Stress gewesen sein, vor allem für den Kleinen, der das offensichtlich zum ersten Mal erlebte und sich wie wild wehrte. Danach wurden die beiden auf Tragbahren verfrachtet und mit einem Kleinkran zur neuen Lagune transportiert. Dabei quietschten und schnatterten sie heftig. Als man sie aus der Bahre gleiten ließ, konnte ich spüren, wie wohltuend das Wasser für sie war. Eng aneinandergeschmiegt zogen sie ihre Runden in der Lagune, die verglichen mit ihrem alten Becken zwar riesig, aber immer noch ein Gefängnis war. Ich musste all diese Delfine schnellstmöglich befreien.

»Wie organisiert man eigentlich einen Flugtransport von Delfinen?«, fragte ich Connys Sohn Röbi, der die Umsiedlung geleitet hatte. Das würde ja irgendwann auch auf mich zukommen.

»Kein Problem, sie werden mit einer dicken Schicht Vaseline eingeschmiert, dann in eine mit Wasser gefüllte Tragbahre gelegt und mithilfe einer Berieselungsanlage feucht gehalten.«

Na ja,»kein Problem« war das vermutlich nicht, zumindest nicht für die Delfine. Nachdem ich gesehen hatte, wie viel Aufregung schon der kleine Transport über ein paar Meter verursacht hatte, graute mir vor dem großen zu uns. Aber ich konnte mir nun wenigstens vorstellen, wie das ablief. Es würde eine minutiöse Vorbereitung brauchen, um alles so effizient und schnell wie möglich ablaufen zu lassen, und vor allem viele kräftige Leute.

»Na, gehen wir anständig mit den Tieren um?« Plötzlich stand Conny Gasser neben mir.

Aber was sollte ich darauf schon antworten? »So gut, wie man eben mit gefangenen Tieren umgehen kann«, sagte ich und hatte dabei wohl das Gesicht verzogen, jedenfalls lachte er: »Also lassen Sie uns Ihr Projekt vorantreiben. Ich komme, so schnell es geht, nach Marokko, um mir Ihre Bucht anzuschauen, und ich würde auch gern im Stiftungsrat mitmachen.«

Sushi für die Japaner

Zurück in Tarifa, liefen die Aktivitäten auf Hochtouren. Mattias, mein Schweizer Biologe, kümmerte sich mit großer Hingabe um die Vorträge in unserem Kurszentrum. Vor allem die Sensibilisierung der Fischer vor Ort war ihm ein großes Anliegen. Extra für sie hatte er Ende Juli nochmals den spanischen Orca-Forscher Mario Morcillo für einen Vortrag aufgeboten. Mario erzählte den Fischern von dem Unterwassergebirge vor Tanger und erklärte, weshalb die Orcas genau dort auf die Thunfische warteten. Er sprach über das nährstoffreiche Wasser und das viele Plankton und darüber, dass hier direkt vor ihren Augen eine Nahrungskette entstand, die es unbedingt zu schützen galt. Er erzählte ihnen, dass die Orcas sehr soziale Tiere sind, in großen Gruppen leben und diesen meist ihr Leben lang treu bleiben. Er beschrieb auch, wie schlau sie bei der Jagd vorgehen. In der Antarktis beispielsweise stemmen sie Eisschollen auf einer Seite in die Höhe, damit die sich darauf befindlichen Pinguine auf der anderen Seite ins Meer rutschen. Einem andern, wartenden Orca direkt ins offene Maul.

Mattias war es wichtig, dass Mario auch auf die Situation der Roten Thunfische zu sprechen kam, die tatsächlich dramatisch war. Die Fischgründe in der Straße von Gibraltar sind für die Japaner besonders interessant, weil es hier so viele Rote Thunfische gibt. Viele der ortsansässigen Fischer arbeiten darum für japanische Fischereiunternehmen und stellen im Frühling, wenn die trächtigen Fische in Küstennähe ins Mittelmeer ziehen, um zu laichen, ihre berüchtigten Stellnetze auf. Sieben solcher Netze, die mit labyrinthartigen Netzkammern versehen sind, aus denen sich die Tiere nicht mehr befreien können, werden dann zwischen Tarifa und Cádiz vom Strand aus ins Meer hinausgespannt und am Grund des Meeres mit Ankern befestigt, wodurch ein sogenannter Fischzaun entsteht.

Almadraba, wie diese Fangmethode genannt wird, kennt man am südlichen Ende von Spanien schon seit Jahrhunderten. Aber seit die Japaner den Fang aufkaufen, bleibt für die spanischen Fischer praktisch nichts mehr übrig. Auf den japanischen Trawlern, die vor der Küste warten und eigentlich riesige Fischfabriken sind, werden die Thunfische sofort ausgenommen, in Sushi-Stücke filetiert und konsumfertig eingefroren. Besonders brutal und zynisch ist der Fakt, dass in Japan Sushi von trächtigen Thunfischen als besonders delikat gilt und man dafür in Kauf nimmt, dass die natürliche Vermehrung der Spezies verunmöglicht wird. Mario machte den Fischern klar, dass sie in diesem Spiel nur verlieren konnten: Zwar hatten sie durch die Japaner für kurze Zeit ein regelmäßiges Einkommen, aber sobald es keine Fische mehr gab, würde auch das Geld ausbleiben.

Diejenigen Fischer, die von kleinen Booten aus fischten und nicht für die Japaner arbeiteten, musste man nicht überzeugen. Ihnen waren die Japaner sowieso ein Dorn im Auge. Aber auch ihnen musste man begreiflich machen, dass keine trächtigen Roten Thunfische mehr gefangen werden durften. Nach Marios Vortrag gab es eine lebhafte Diskussion. Zum Abschluss zeigten wir ihnen noch den Film von Tom Forster, den dieser vor zwei Jahren gedreht hatte. Darin sah man eindrücklich, was die Orcas unter den Fischerbooten trieben. Die Männer waren erstaunt und fasziniert davon, wie geschickt die Tiere ihnen die Thunfische von den Angelhaken klauten. Mit Sicherheit stiegen die Orcas dadurch in ihrer Achtung; man konnte ja förmlich sehen, wie intelligent sie waren.

Glücklicherweise organisierten mittlerweile auch andere derartige Informationsveranstaltungen. Zum Beispiel Jenny und Dominique, meine zwei ehemaligen Volontäre. Inzwischen lebte das Paar in Marbella und hielt dort ebenfalls Vorträge. Das Amt für Umweltschutz stellte ihnen sogar den großen Palacio de Congresos zur Verfügung, wo sie Hunderte von Schülern gleichzeitig über das Problem mit dem Thunfischfang und über Delfine und Orcas in Gefangenschaft informieren konnten. Später organisierten sie auch eine Großveranstaltung mit dreitausendsechshundert Schulkindern, um sie für die Problematik des neuen Delfinariums in Benalmádena zu sensibilisieren und sie möglichst von einem Besuch abzuhalten. Es war fantastisch, wie sie es schafften, so viele Kinder zu erreichen.

Ab Anfang Juli hatten wir für das Whalewatching vierzig zusätzliche Plätze zur Verfügung, da sich unser Kapitän Kiko ein neues Boot, die »Mitch«, gekauft hatte. So konnten wir den Tagestouristenstrom problemlos bewältigen. Dieses Jahr würden wir vermutlich wieder Rekordzahlen verbuchen, aber leider hatten wir auch immer die Turmares-Kapitäne im Nacken, sobald wir hinausfuhren. Zum ersten Mal wollte auch das Schweizer Fernsehen einen kurzen Beitrag über uns drehen. Ich war ein bisschen nervös. Eigentlich hätte ich Ulf Marquardt und seiner Filmcrew gern die Orcas vor der marokkanischen Küste gezeigt, aber genau zu diesem Zeitpunkt war es dafür zu stürmisch. Deshalb fuhren wir mit Ulf »nur« zu den Grindwalen.

Als wir die erste Gruppe fanden, sahen wir schon von weitem ein großes Turmares-Boot auf uns zurasen. Bevor es ankam, entdeckten wir einen Pottwal, der sicher achtzehn Meter lang war. Wir fuhren vorsichtig an ihn heran, als das Turmares-Boot plötzlich einen großen Schlenker machte und von hinten auf den Pottwal lospreschte. Derart in die Zange genommen, schwamm das gehetzte Tier direkt auf uns zu und tauchte kurz vor dem Boot ab. Fünfhundert Meter weiter kam der Pottwal wieder hoch. Das Turmares-Boot schoss erneut zu ihm hin. Wir hielten unsere Position und ärgerten uns einmal mehr über diese Hetzjagd. Ganz langsam fuhren wir zurück zu den Grindwalen, sahen aber, wie das Turmares-Boot in vollem Tempo den Pottwal vor sich her und direkt auf uns zu trieb. Kurz vor unserem Schiff tauchte er ab. Wir waren empört über so viel Rücksichtslosigkeit. Als wir in Richtung der Grindwale weiterfuhren, merkten wir, dass das Turmares-Boot nun auch sie in die Zange nehmen wollte, und blieben stehen. Die Grindwale tauchten ab – und kamen kurz darauf auf der Seite unseres Bootes wieder zum Vorschein, wo man sie vom Turmares-Boot aus nicht sehen konnte. Sie versteckten sich bei uns. Wie schlau! Wieder einmal zeigten sie, dass sie gefährliche Boote von rücksichtsvolleren unterscheiden konnten. Ganz sicher machten sie das auch in Bezug auf uns Menschen.

In jenem Sommer fuhr ich immer wieder mal für einen Tag nach Marokko, um mein Delfinaltersheim bei den verschiedenen Regierungsämtern vorzustellen. Das machte ich meist, wenn die Boote in Tarifa wegen des starken Windes nicht ausfahren konnten. Jetzt, gegen Ende der Saison, kam wieder Bewegung in das Projekt. Rachid kam mit den Behördenabklärungen gut voran, ich selbst hatte inzwischen einen marokkanischen Anwalt gefunden, mit dem ich demnächst die Gründung von Firmm Maroc in die Wege leiten würde. Kurz vor dem Termin wurde ich wegen eines gestrandeten Delfins um Hilfe gerufen. Er war nur knapp zwei Meter lang, also noch ein junges Tier. Kinder hatten ihn gefunden und versucht, ihn mit Badetüchern nass zu halten. Wir wuchteten den kleinen Delfin hoch, und ich watete mitsamt den Kleidern ins Meer. Aber meine Hilfe kam zu spät. Kaum hatte ich ihn im Wasser, entwichen ihm noch ein paar letzte Luftblasen, und dann starb er in meinen Armen. Es machte mich so traurig, dass ich ihm nicht hatte helfen können.

Als ich kurz darauf für die Stiftungsgründung mit der Fähre zu meinem Anwalt nach Tanger fuhr, erhielt ich einen Anruf von Kiko. »Ich habe eben über Funk gehört, dass ein Pottwal angefahren worden ist. Komische Stimmung hier draußen, ich sehe keine Tiere weit und breit«.

»Dann fahr doch mal zu der Stelle und schau, was los ist«, bat ich ihn.

Kurze Zeit später meldete er sich wieder. »Es ist so traurig, Katharina, der Pottwal liegt im Wasser auf der Seite und hat ziemlich viel Blut verloren, das Meer ist ganz rot. Aber du glaubst nicht, was sich hier abspielt. Mindestens fünfzig Grindwale liegen ganz dicht um ihn herum. Es schaut aus, wie wenn sie ihn vor den Haien schützen wollen.« Vermutlich hatte Kiko recht: Das Blut zog Haie an, und die würden den Pottwal bei lebendigem Leib auffressen. »Katharina, sie sind wirklich alle hier! Alle Grindwale in der Straße von Gibraltar haben sich um den sterbenden Pottwal versammelt. Sie schwimmen aufgeregt umher, fiepen laut, heben ihre Köpfe und schlagen mit den Schwanzflossen aufs Wasser. Wie ein Teppich liegen ihre schwarzen Leiber um den Pottwal herum, damit er in Ruhe sterben kann.«

Die Beschreibung von Kiko ging mir ans Herz und bewies einmal mehr: Die Tiere haben eine hohe soziale Kompetenz, und ihr Kommunikationssystem funktioniert ausgezeichnet. Das zeigte ihr Verhalten ganz deutlich. Normalerweise schwimmen die Grindwale am Morgen in den Atlantik hinaus. Sie waren also entgegen ihrer Gewohnheit mit ihren Familien zurückgekommen, um dem sterbenden Pottwal das letzte Geleit zu geben. Vielleicht hatten die Tiere uns sogar einiges voraus. Das wäre kein Wunder, denn Pottwale haben von allen Tieren der Erde das größte Gehirn. Es wiegt neun Kilogramm, und darin kann ja nicht nur Fressen und Paaren gespeichert sein, vermutlich haben sie viel mehr oder zumindest noch andere Fähigkeiten als wir. Auch die Tatsache, dass sich Wale schon vor fünfzig Millionen Jahren zu entwickeln begannen, weist darauf hin. Wir Menschen kamen ja erst mindestens vierzig Millionen Jahre später überhaupt so langsam in die Gänge.

Jedenfalls fühlte ich mich wieder mal so richtig klein, unbedeutend und machtlos, als ich auf der Fähre an der Reling stand. Wenn wir unser Delfinresort schon gehabt hätten, dann hätten wir zumindest versuchen können, den Pottwal zu retten. Am Mittag meldete sich Kiko nochmals. Das Tier war gestorben. Ein Rettungsboot der Küstenwache hatte den leblosen Körper ins offene Mittelmeer gezogen und ihn dort den Strömungen und den Wellen überlassen.

In Tanger angekommen, ging ich mit Rachid zu unserem Anwalt, um die Stiftungsstatuten zu besprechen. Interessanterweise fragte er mich als Erstes, ob wir auch verletzte und gestrandete Tiere im Resort aufnehmen wollten. Bisher hatten wir immer nur von einem Altersheim für Delfinarien-Delfine gesprochen. Aber natürlich konnten wir auch als Notfallstation für verletzte Tiere fungieren. Ich hatte ja eben auf dem Schiff davon geträumt, wie schön es gewesen wäre, wenn wir den verletzten Wal in unsere Bucht hätten bringen können. Und so nahmen wir die Notfallstation auch gleich mit in die Statuten auf. Ich hatte den Hafen und die Wasserbecken vor Augen, es war sicher kein großes Problem, auch noch eine Station für verletzte Tiere einzurichten. In den Stiftungsrat nahm ich David Senn und Rachid. Conny Gasser war mir zu unsicher, er hatte es ja noch nicht einmal geschafft, sich die Bucht anzusehen.

Mein Vortrag beim Rotary Club kurz vorher hatte mir nochmals viele nützliche Kontakte gebracht, auch in Regierungskreisen. Und überall, wo ich in der Folge mit meiner Präsentation zum Referat antrat, reagierte man begeistert. Alle boten mir ihre Hilfe an, und alle sagten, dass sie sich für mein Anliegen einsetzen würden. Ich bekam den Eindruck, der Behördendschungel würde ein Spaziergang werden, wenn wir erst mal die Sache mit der Schmugglerfamilie geklärt hatten und einen Investor präsentieren konnten. Wie man sich doch täuschen kann.

Nun, da wir Firmm Maroc gegründet hatten, konnten wir aktiv werden. Ich fühlte mich frei wie ein Wal im Meer. Alle hatten auf mich eingeredet, einen Businessplan zu erstellen. So was sei zwingend, wenn man Investoren finden wolle. Für mich waren solche Arbeiten etwa gleich spannend wie Steuererklärungen ausfüllen. Ich hatte eine abgrundtiefe Abneigung dagegen. Ich wollte Sachen anreißen und umsetzen. Businesspläne waren trockenes Papier und viel warme Luft, davon hielt ich nichts. Aber ich sah natürlich ein, dass das dazugehörte. Darum war ich einfach nur dankbar, als mir Freunde anboten, einen Businessplan für das Marokko-Projekt zu erstellen. Sie vermittelten mir zudem den Kontakt zu Jörg Roos, einem Schweizer Architekten, denn ich würde ja auch Baupläne brauchen, und die kosteten normalerweise viel Geld. Nach der Stiftungsgründung rief ich ihn an. Erstaunlicherweise fing er schon nach meinen ersten Erklärungen Feuer.

»Ich mache jedes Jahr einen Monat lang eine Auszeit in Sizilien, da miete ich mich irgendwo in ein Hotel ein, um zu schreiben. Statt nach Sizilien könnte ich diesmal nach Tanger kommen und die Pläne erarbeiten«, schlug er vor, »das wäre auch für mich mal eine Abwechslung.«

Schon wieder eine Tür, die sich öffnete! So viel Goodwill von unbekannter Seite! Überall gingen im Moment Türen auf, und gute, freundliche Menschen spazierten in mein Leben. Ich war wirklich ein Glückskind. Es war Anfang Dezember gewesen, als ich ihn anrief, genau der richtige Moment: Seine Auszeit war auf Januar geplant, und so traf er schon kurze Zeit später in Tarifa ein. Ich zeigte ihm meine Kopien der Pläne und bat Rachid, Jörg umgehend einen Termin beim Katasteramt zu organisieren, damit er seine Arbeit aufnehmen konnte. Glücklicherweise sprach Jörg Französisch, das vereinfachte seine marokkanische Mission ungemein.

Natürlich musste ich ihm zuallererst »meine« Bucht zeigen. Ich war immer ganz aufgeregt, wenn ich auf das Gelände kam. Alles war unverändert. In den neun Monaten, seit ich sie entdeckt hatte, war ich immer wieder mal hier gewesen und hatte mir ausgemalt, wie das alles einmal aussehen würde. Zwischen Bucht und Straße lag ein Hügel, das gefiel mir besonders gut. So war die Anlage gut zu erreichen und trotzdem ein kleines, geschütztes Idyll. Vom Hügel aus gesehen ganz links stand das Haus mit dem Schmugglerhafen, was alles in allem aber nur etwa einen Fünftel der Bucht einnahm. Der Rest war unbebaut, im Moment lag jedoch überall Abfall herum. Ich stieg mit Jörg auf die Hafenmauer, damit er einen ersten Eindruck von dem Gelände bekam, und erklärte ihm, wie ich mir das mit dem Hotel vorstellte. Mir schwebten kleine Bungalows inmitten einer großzügigen, schönen Gartenanlage vor. Ich wollte unter keinen Umständen einen großen Hotelkasten. Jörg war begeistert. Wo gab es das schon, dass man seinen Visionen als Architekt einfach freien Lauf lassen konnte?

Ich hatte in der Zwischenzeit bei verschiedenen Tierschutzorganisationen in der Schweiz und Deutschland angefragt, und überall bestätigte man mir, dass es einen großen Bedarf für eine geschützte Bucht im Mittelmeer für Delfinarien-Delfine gab. Greenpeace und WWF hatten uns bereits ihre Unterstützung zugesagt, und die Präsidentin der Stiftung Kinderhilfe Sternschnuppe bestätigte mir schriftlich, dass sie einen der Bungalows für einen längeren Zeitraum anmieten würden. »Dolphin Resort Ras Laflouka« wollte ich das Projekt nennen. »Flouka« ist Arabisch und heißt »Schiffchen«, und das Wort »ras« macht es zu einem »großen Schiff«. Das passte, wir wollten ja auch von hier aus mit unseren Schiffchen zu den Tieren fahren, um eine große Sache zu schützen. Die Eröffnung sollte im Frühjahr 2004 sein, in etwas mehr als einem Jahr also. Das war mein Plan. In diesem Moment hatte meine Euphorie zweifellos ihren Zenit erreicht.

Wieder zurück in Tanger, mietete sich Jörg in einem bescheidenen Hotel im Stadtzentrum ein. Zuerst mussten wir nochmals alle Pläne kopieren lassen. Mit denen, die ich in A4-Format kopiert und zusammengeklebt hatte, konnte er nichts anfangen. In Tanger gab es aber nur einen großen Kopierer, und bis wir den gefunden hatten, dauerte es ein paar Tage. Ich erhielt einen weiteren Einblick in die marokkanische Seele und Höflichkeit. Bei der Suche nach dem Kopierer hatten wir sicher zehn Leute gefragt. Jeder war freundlich und gab vor, genau zu wissen, wo er stand. Aber bis auf den letzten hatte keiner eine Ahnung, also irrten wir lange durch die Stadt. Das führte mir wieder einmal vor Augen, dass ich ohne die richtigen Menschen in diesem Land verloren war. Rachid hütete ich deshalb wie meinen Augapfel. Seit die Fähre Tarifa–Tanger in Betrieb war, war er als Direktor in der Achtung der Marokkaner nochmals gestiegen. Für sie war er quasi die Verbindung zum reichen Europa und für mich das Ticket nach Marokko.

Jörg machte es sich mit den neuen Kopien in seinem Hotelzimmer bequem und fing an, Pläne für eine Hotelanlage zu entwerfen. Die Aufgabe, die er sich gestellt hatte, war wirklich nicht einfach. Rachid hatte uns nur die Pläne für die Anlage des Schmugglers geben können. Die Maße des umliegenden Landes mussten wir uns mühsam zusammensuchen. Das bedeutete diverse Gänge ins Katasteramt und informelle marokkanische Hilfe durch Rachid. Zuerst konzentrierte sich Jörg auf das Schmugglerhaus und die Hafenanlage. Das Haus war so riesig, dass man problemlos einen Teil der Hotelanlage, ein paar Zimmer und das Restaurant darin unterbringen konnte. Da mir im Eilat-Resort die Stege gefallen hatten, von denen aus die Betreuer mit den Tieren kommunizieren können, hätte ich natürlich auch gern solche gehabt. Jörg skizzierte und skizzierte, und da ein Monat nicht ausreichte, verlängerte er seine Auszeit einfach um einen weiteren Monat. Er hatte definitiv Feuer gefangen. Ich war froh, als er endlich akzeptierte, dass ich wenigstens einen Teil seiner Ausgaben übernahm.

Ich war unterwegs nach Tanger zu Jörg – diesmal von Tarifa aus, da das Zollgebäude inzwischen eröffnet worden war. Die neuen Fährverbindungen hatten allerdings eine Kehrseite, die mich sehr betrübte. Vierzehnmal pro Tag überquerten die Fähren Algeciras – Tanger und Tarifa – Tanger nun die Straße von Gibraltar, das war eine extreme Zusatzbelastung für die Tiere. Schon lange versuchte ich, Rachid dazu zu bewegen, eine Maximalgeschwindigkeit von vierzehn Knoten zu erwirken. Ich hatte sogar den Besitzer der Fähre-Reederei auf mein Boot eingeladen, um ihm die Wale zu zeigen, damit er einsah, dass man Rücksicht auf die Tiere nehmen musste. Aber es nützte nichts.

»Wissen Sie, Zeit ist Geld«, hatte er mir gesagt, »wir haben extra eine Schnellfähre mit Katamaranen gebaut, Sie können nicht im Ernst von uns verlangen, dass wir nun Spazierfahrten um die Wale herum machen.«

Da ich auf verlorenem Posten kämpfte, begann ich, die Kapitäne der Fährschiffe anzusprechen. Ich musste sie dazu bringen, dass sie vorsichtig fahren, vor allem im Frühjahr, wenn die großen Pottwale hier sind. Die meisten Kapitäne verstanden mein Anliegen und waren achtsam. Dabei kam mir entgegen, dass sie selbst auch ein Interesse hatten, dass ihnen kein Pottwal in die Schiffsschraube geriet. Sie begannen sogar, mich zu informieren, wenn sie Pottwale sahen. Man war mittlerweile richtig nett zu mir in Tarifa.

In Marokko hingegen wurde die Sachlage immer komplizierter. Zum einen gab es Gerüchte über eine vorzeitige Entlassung des inhaftierten Schmugglers, was die Verhandlungen von Familienseite her blockierte. Zweitens hatte Rachid in Erfahrung gebracht, dass offenbar Prinzessin Lalla Fatima Zohra, die Tante des Königs von Marokko, eine Miteilhaberin des Grundstücks war. Nun mochte natürlich niemand mehr in der Sache auch nur irgendetwas entscheiden, weil jeder Angst hatte, sich die Finger zu verbrennen.

Wir ließen uns aber nicht aufhalten. Als Jörg die Skizzen fast fertig hatte, wollten wir sie vor Ort überprüfen. Bei unseren diversen Besuchen hatten wir uns mit dem Wächter des Schmugglerhauses angefreundet. Diesmal zeigte er uns einen Türspalt, durch den man sich hindurchzwängen konnte. Ich kam mir vor wie in einem Abenteuer der »Fünf Freunde« von Enid Blyton, die meine Jungs immer gelesen hatten. Wir standen plötzlich in einer Küche, wo sich ein Bild des Grauens bot. Ungeziefer krabbelte über Knoblauchzehen, Teebeutel und vertrocknete Essensreste, es stank fürchterlich. Wir kämpften uns in den Gang vor und kamen in Büros, wo die totale Verwüstung herrschte. So musste die Polizei das Haus nach ihrer Razzia hinterlassen haben. Dann gelangten wir durch ein großes, ebenfalls verwüstetes Schlafzimmer in ein Bad mit teuersten Armaturen aus Gold. In einem riesigen, typisch marokkanisch eingerichteten Salon staunten wir über die dicke Schicht Teppiche auf dem Boden. Die Vorhänge waren wulstig drapiert, die Kristallleuchter an der Decke von unschätzbarem Wert.

Das ganze Haus war riesengroß. Unter anderem kamen wir in eine riesige Garage mit hohem Gewölbe. Hier gab es sogar Kranen, mit denen Schiffe hochgehoben werden konnten, wie im Film. Tauben flogen herum, und wir stapften knöchelhoch durch vertrockneten Vogelkot. Der Gestank war nicht zum Aushalten, doch wir entdeckten, dass die Schiffe von hier aus durch den Kanal direkt ins Meer gelangen konnten. Nicht einsehbar von außen, waren hier also die Schmugglerschiffe beladen worden. Der Wächter hatte uns erzählt, dass auf großen Lastwagen und in Containern jahrelang ganze Ladungen von Edelsteinen und Schmuck aus Schwarzafrika angekommen waren und dass man sie hier weiterverladen hatte auf Schiffe, die bis nach England fuhren.

Draußen gab es noch ein weiteres Bootshaus mit direktem Zugang zum Meer. Es war versiegelt, aber der Wächter zeigte auf eine Leiter. Die kletterte ich hoch und guckte durch ein Loch in der Backsteinwand ins Innere. Es war gerade groß genug, dass ich die Kamera hineinschieben und abdrücken konnte. Drinnen standen zwei große Schnellboote. Jedes war sicher eine Million Euro wert. Der Wächter wurde unruhig und forderte uns auf, die Besichtigung zu beenden. Ich hätte gern noch stundenlang weitergeschaut. Dass der Schmuggler auch in den Drogenhandel verwickelt sein sollte, davon wusste der Wächter nichts. Illegale Edelsteingeschäfte seien jedoch in großem Stil abgewickelt worden, sagte er.

»Wenigstens hatte der Schmuggler nichts mit einem Schlepperring zu tun«, sagte ich zu Jörg, als wir uns mit den Plänen an den Strand setzten, um das Projekt Punkt für Punkt nochmals durchzugehen. Erst gerade letzthin hatte ich in einem Artikel gelesen, wie viele Menschen aus Afrika versuchten, illegal über die Straße von Gibraltar nach Europa zu gelangen. Die starke Strömung, die Winde sowie der oft heftige Wellengang machen die Überfahrt auf den meist überladenen und untauglichen Booten allerdings zu einem gefährlichen und nicht selten tödlichen Unterfangen.

Es war Ende Februar, und Jörg musste bald in die Schweiz zurück. Rachid stand in regelmäßigem Kontakt mit Assma, der Sekretärin von Ahmed Bounakoub. Ihren Angaben nach war der Schmuggler immer noch bereit, uns sein Anwesen zur Verfügung zu stellen, wenn wir die ganzen Baumaßnahmen übernehmen würden. Also wollte ich ihm konkrete Pläne präsentieren können. Die Chance, dass er bald begnadigt würde, war laut Rachid sehr groß. Nach allem, was wir gehört hatten, war Ahmed Bounakoub in der Bevölkerung recht beliebt. Offenbar hatte er früher regelmäßig Almosen an die Armen verteilt. Die Menschen redeten nur gut über ihn und erzählten mir, dass er einmal im Jahr ins Landesinnere gefahren war, um in den Berberdörfern Geld zu verschenken. Gerüchten zufolge war Ahmed ein Bauernopfer der Regierung gewesen, da diese wegen Korruption und Schmuggel international unter Druck geraten war und Ergebnisse liefern musste. Seither saß Ahmed im Knast. Ich konnte mir gut vorstellen, dass es ihm gelegen kam, wenn auf seinem Grundstück ein Projekt für einen guten Zweck entstand.

Das große Warten

Pünktlich zu Ostern 2003 waren wir wieder startklar. Am Hafen in Tarifa hatte sich inzwischen einiges verändert. Seit das Zollgebäude fertig gebaut war, gab es viel mehr Autos und viel mehr Kontrollen. Auch wir gerieten plötzlich wieder in den Fokus der Behörden, mussten fast täglich neue Papiere vorweisen oder wurden am Ausfahren gehindert. Die neue Bewilligung, die wir nun offenbar brauchten, um überhaupt Whalewatching betreiben zu dürfen, bekamen wir erst eine Stunde vor unserer ersten Ausfahrt und war vorerst nur provisorisch. An die ständigen Schikanen konnte ich mich nur schwer gewöhnen, sie machten mich ziemlich fertig.

Dafür bereiteten uns die Grindwale einen schönen Empfang. Wir steuerten Richtung Westen auf Tanger zu, wo sie sich gemäß dem Stand der Flut aufhalten mussten. Und dort wurden wir auch tatsächlich erwartet. Direkt vor dem Boot tauchte eine Kleinfamilie auf, ein Männchen, ein Weibchen und ein Kalb. Während wir langsam zum Stillstand kamen, schwammen sie auf uns zu und umlagerten das Boot fast eine Stunde lang. Es war ein freudiges Wiedersehen und eine Überraschung, wie zutraulich sie sich uns nach den langen Wintermonaten näherten. Höhepunkt war ein fast acht Meter langes Männchen, das sich der ganzen Länge nach liebevoll ans Boot schmiegte. Sechs weitere Grindwale kamen ganz nah ans Boot geschwommen, während sie pfiffen und sich unterhielten. Welch schönes Willkommensgeschenk!

Ich hatte eine neue Crew. Kiko fuhr nun die »Mitch«, für die »Firmm« hatte ich Amador Lajo Zurbano eingestellt, einen erfahrenen Kapitän, der sich in der Straße von Gibraltar bestens auskannte. Dann gab es noch Diego Diaz Piñero, der auf dem Boot als Marinero, das heißt als Matrose und Kapitänsgehilfe, arbeitete, und Jörn Selling, unseren neuen Meeresbiologen. Jörn war Deutscher, sprach aber, da er in Uruguay aufgewachsen war, Spanisch, zudem verstand er viel von Computern – eine Traumbesetzung für unseren Chefbiologenposten. Ihn hatte ich gleich mit der Organisation der Ferienkurse, der Überwachung der Datenerfassung und natürlich mit den Ausfahrten und den Charlas in Deutsch und Spanisch betraut. Das lief von Anfang an rund. Leider machte Keiti nicht mehr mit. Sie war ins Immobilienbusiness eingestiegen. Ihre Vermutung hatte sich bewahrheitet: Mit der neuen Fährverbindung boomte der Immobilienmarkt in Tarifa, und sie hatte keine Zeit mehr, sich um uns zu kümmern. Aber sie verlinkte mich mit einer Kollegin aus Tarifa, die ihre Arbeit übernahm. Und Keiti blieb mir wenigstens als Freundin erhalten. Das war mir sehr wichtig.

Dass ich schon wieder so viel neues Personal hatte rekrutieren müssen, bereitete mir einige schlaflose Nächte. Warum hörten bloß alle nach ein bis zwei Jahren wieder auf? War ich eine schlechte Chefin? Verlangte ich zu viel? Vermittelte ich zu wenig Wertschätzung? Ich wusste es nicht, aber ich würde besser darauf achten müssen. Mein Sohn Sam hatte mir vor kurzem wieder einmal gesagt, dass ich sehr bestimmt und sehr fordernd sein konnte, wenn ich etwas unbedingt wollte. Meistens hatte ich tatsächlich eine sehr klare Vorstellung davon, wie die Dinge laufen mussten. Im Grunde konnte ich meinen Mitarbeiterinnen und Mitarbeitern gar nicht viel bieten: Der Lohn war bescheiden, und Aufstiegsmöglichkeiten gab es auch keine. Gesicherte Stellen hatten ohnehin nur die Kapitäne, der Biologe und eine Bürokraft, und selbst diese Jobs waren jeweils nur auf eine Saison befristet. Sie mussten sich für den Winter immer noch eine andere Arbeit suchen.

Am 1. Mai sahen wir auf einer Fahrt Richtung Tanger zu unserer Freude Zickzack, das Grindwal-Weibchen mit der eingerissenen Finne, wieder; sie war diesmal ganz munter und zutraulich. Ihre Verletzung war gut ausgeheilt, wies jedoch noch große weiße Vernarbungen auf. Wie die anderen Wale erkannte offensichtlich auch sie den Klang unseres Bootsmotors und kam heran, sodass es zum ersten Mal möglich war, ein Foto aus nächster Nähe zu machen. Sie begleitete uns eine Weile und schien ihre Angst verloren zu haben. Bei ihr war die ganze Großfamilie und natürlich auch ihr Partner Neue Finne. Welches der diversen Teenager ihr Junges vom letzten Jahr war, fand ich aber nicht heraus. Ein paar Tage später sah ich sie wieder, immer mit Neue Finne an ihrer Seite. Ich hatte dieses Paarverhalten nun schon über sechs Jahre bei so vielen Walen beobachtet und war mir mittlerweile sicher: Wale waren partnertreu.

In Marokko ging nicht viel voran. Wir warteten immer noch auf die Entlassung von Ahmed Bounakoub. Auch Familie Gasser hatte es immer noch nicht geschafft, uns zu besuchen. Nach der Eröffnung der neuen Lagune hatten sie mit großem Pomp und in Anwesenheit von Prinzessin Stéphanie von Monaco Magic und das neue, sechs Monate alte Delfinbaby Shadow getauft. Stéphanie von Monaco hatte die Patenschaft für die Delfinkinder aus Freundschaft zur Familie Gasser übernommen. Die Familien kannten sich von den Auftritten des Gasser-eigenen Circus Conelli beim Zirkusfestival von Monaco. Die Taufe war eine gute PR-Aktion, das Conny-Land war wieder einmal positiv in den Schlagzeilen. Vielleicht überlegten sie es sich nun anders und wollten ihre Delfine behalten.

In Tarifa rannten uns die Whalewatching-Touristen förmlich das Office ein. Etliche Medien, vor allem im deutschsprachigen Raum, hatten über uns berichtet. Immer mehr Kamerateams kamen, um die Wale vor Tarifa zu filmen. Wir mussten nun vier- bis fünfmal am Tag ausfahren, um den Ansturm zu bewältigen. Die »Mitch« und die »Firmm« waren den ganzen Sommer durch voll besetzt, und trotzdem mussten wir noch über tausend Touristen an Turmares weitergeben. Mit Beginn des Zweiten Irakkriegs 2003 waren allerdings die Buchungen für die Ferienkurse zurückgegangen. Wir ließen uns nicht irritieren und machten in der gewonnenen freien Zeit einfach ein paar zusätzliche Veranstaltungen für die einheimische Bevölkerung. Auch die Fischer luden wir wieder zu einem Vortrag ein. Zudem boten wir nun das ganze Jahr über Veranstaltungen an Schweizer Schulen an. Sie konnten uns buchen, wann immer sie wollten. Doris Keller, eine Jugendgruppenleiterin des WWF-Greenpeace-Schulungsangebots für Umwelt und Ökologie, hatte im Jahr zuvor das Kindercamp in Tarifa geleitet und war nun unsere Kontaktperson für die Anfragen der Schulen. Zwischen uns hatte sich eine schöne Freundschaft entwickelt.

Wir beteiligten uns auch wieder einmal an einer Unterschriftensammlung. Diesmal war es eine Petition der European Coalition for Silent Oceans gegen den Unterwassereinsatz von Niederfrequenz-Sonartests der US-Marine und der Nato. Diese Unterwasserbeschallung war mir schon lange ein Dorn im Auge. Man weiß genau, dass Delfine und die anderen Wale besonders lärmempfindlich sind und dass diese Unterwasserknalls von über zweihundertfünfzehn Dezibel bei ihnen Hirnblutungen und Gehörschäden verursachen. Verschiedene Strandungen lassen sich auf diese Tests zurückführen. Bei uns in der Schweiz verlangte man ab hundertfünfundzwanzig Dezibel für Menschen einen Gehörschutz, die Wale jedoch waren diesem Lärm hilflos ausgeliefert. Das musste aufhören.

Manchmal, wenn ich spätnachts ausgelaugt in meine Zweizimmerwohnung kam, fragte ich mich schon, ob ich mir nicht zu viel aufgehalst hatte. Klar, das Whalewatching lief gut, der Betrieb hatte sich eingependelt, und alles diente einem guten Zweck. Aber hatte ich das alles nicht schon mal gehabt? Mir kam die Zeit bei der Sono in den Sinn. Dort wollte ich mich nun endlich ganz ausklinken. War ich mit meinem neuen Projekt im gleichen Fahrwasser, schon bevor ich das alte ganz abgeschlossen hatte? War ich in ein neues Hamsterrad geraten? Dann kam mir Marokko in den Sinn, und ich sah meine Bucht vor mir. Glückliche Delfine, eine schöne Hotelanlage. Nein, ich hatte ein Ziel. Das wollte ich erreichen. Auch wenn es im Moment harzig voranging. Solche Phasen hatte es immer wieder gegeben, ich würde es schaffen. Ich hatte Kinder großgezogen, ich hatte Männer gehabt, ich hatte mein Leben gelebt. Ich wollte nicht mit irgendjemandem Händchen haltend auf einer Bank vor einem Häuschen sitzen. Das war einfach nicht mein Ding, auch wenn es zugegebenermaßen manchmal sehr einsam war in Tarifa.

Couscous in Tanger

»Der Schmuggler ist draußen. Der König hat ihn begnadigt!« Ich war gerade wieder in der Schweiz, als Rachid anrief.
»Endlich!«, dachte ich. Es war der 6. Dezember 2003. Was für ein schönes Samichlausgeschenk!
»Es geht ihm allerdings nicht gut«, fuhr Rachid fort, »vor drei Tagen ist sein Sohn tödlich verunfallt. Drogen. Er ist gegen einen Baum gefahren und war sofort tot. Mit achtundzwanzig Jahren. Das große Familienfest zu Ahmeds Entlassung ist abgesagt.«
So ein Drama! Ich kannte diesen Ahmed ja nicht, aber ich stellte mir vor, wie schrecklich das sein musste: Da sitzt er zehn Jahre im Gefängnis und sieht nicht, wie sich die Kinder entwickeln, und kurz vor der Entlassung stirbt der Sohn. Was für ein Schicksalsschlag erst, wenn Ahmed tatsächlich mit Drogen gehandelt hatte.
»Und was bedeutet das für uns?«, fragte ich vorsichtig.
»Keine Ahnung, wie das jetzt läuft, aber wenn er uns sehen will, müssen wir da sein. Seine Sekretärin Assma hat mir versprochen, dass wir bald einen Termin kriegen. Komm also nach Tarifa und bring am besten auch Jörg mit. Er spricht Französisch, ist Architekt und vor allem ein Mann – das macht Eindruck.«
In Tarifa war nicht viel los, als Jörg und ich ankamen. Eine Woche später erhielten wir tatsächlich schon eine Einladung für den 22. Dezember; Assma hatte Wort gehalten. Rachid trafen wir am Hafen von Tanger. Ahmed Bounakoubs Büro war in einem dieser hohen Sechzigerjahre-Gebäude, von denen es im Geschäftsviertel von Tanger viele gibt. Der Eingang bewacht, die Empfangshalle

kahl, die Möbel aus dunklem, massivem Holz. Auch Assma war, wie ich sie mir vorgestellt hatte: klein, mit kinnlangen dunklen Haaren, ein bisschen rundlich, in ein Deuxpièces gekleidet und üppig geschminkt. Sie führte uns in einen noch kahleren, dunklen und – wie in dieser Jahreszeit üblich – sehr kalten Raum. Ahmed war ebenfalls klein und rund und vom Alter her irgendwo zwischen fünfzig und sechzig. Er trug einen knöchellangen Kaftan wie die anderen Männer um ihn herum; ob diese Berater waren oder zur Familie gehörten, war nicht auszumachen. Ich ließ Jörg sprechen und beschränkte mich darauf, nett zu lächeln, bis ich an der Reihe war. Mehr wurde auch gar nicht von mir erwartet. Es ging ja vor allem darum, sich erst einmal gegenseitig zu beschnuppern. Ahmed wirkte abwesend und traurig, wie ein gebrochener Mann. Er sagte kaum etwas. Trotzdem war ich froh, dass er endlich leibhaftig vor mir saß. Ich hatte schon so viel über ihn gehört und so viele Hoffnungen in ihn gesetzt, nun wusste ich wenigstens, dass er keine Fata Morgana war.

Dann war ich an der Reihe. Es war ein Vorteil, dass mein Französisch nach wie vor besser war als mein Spanisch. Ich schilderte ihm meine Vision von dem künftigen Delfinresort in den schönsten Farben und hatte auch Fotos von Eilat und den Delfinen mitgebracht. Die Herren hörten interessiert zu. Bis plötzlich nach fünfundvierzig Minuten die Sitzung für beendet erklärt wurde und alle aufstanden. Es sollte am nächsten Morgen weitergehen. Wir kamen also am Tag darauf wieder und am übernächsten Tag gleich noch mal. Sodass wir auch am 24. Dezember in diesem kahlen und kalten Büro saßen. Jörg hatte alle seine Skizzen gezeigt, und mittlerweile wurde schon über einen Rahmenvertrag zur Gründung einer gemeinsamen Société für die Hotellerie und die Restaurationsbetriebe diskutiert. Ich selbst hielt mich die ganzen drei Tage sehr zurück. Jörg machte das prima. Er war etwas älter als ich und wirkte sehr seriös mit seinen grauen Haaren und der Brille; zudem hatte er sich einen Dreitagebart zugelegt, womit er sehr gut ins marokkanische Setting passte. Auch an diesem Tag wurde die Sitzung nach einer knappen Stunde für beendet erklärt. Ohne konkrete Ergebnisse. Ein bisschen ratlos verließen wir das Büro.

Zurück in Tarifa, irrten wir auf der Suche nach etwas Essbarem durch die leeren Straßen. An diesem Weihnachtsabend hatte einzig ein chinesisches Restaurant geöffnet. Jörg und ich setzten uns hinein und redeten. Er wollte bereits im Januar wiederkommen und sich erneut um die Katasterpläne kümmern. Bevor wir einen Rahmenvertrag abschlossen, mussten wir wissen, ob die Miteigentümerschaft der Prinzessin irgendein Hindernis darstellen würde.

Im Januar nahmen wir auch unsere Gespräche mit der Investitionsbehörde wieder auf. Rachid verhandelte weiter mit Ahmed, zudem versprach er, die nötigen Türen zum Gouverneur und zum Tourismusminister aufzustoßen. Jörg zeichnete und plante, was das Zeug hielt. Wann immer ich konnte, fuhr ich nach Tanger. An einem Sonntag im März fuhren wir wieder einmal hinaus zur Bucht. Diesmal war die Einfahrt zum Haus geöffnet. Ahmed stand mit seinem Schwager unten beim Hafen und wollte offensichtlich gerade gehen. Unsere Rollenteilung war klar. Ich lächelte freundlich, und Jörg begann, mit den beiden zu reden. Dabei holte er die neusten Pläne hervor, um sie den Männern zu zeigen. Wie wir das Projekt vorangetrieben hatten, interessierte sie natürlich sehr.

Ahmed lud uns zu sich nach Hause ein, und wir ließen uns nicht zweimal bitten. Ich bin von Natur aus ein neugieriger Mensch, und nachdem ich sein Schmugglerhaus gesehen hatte, wollte ich unbedingt wissen, wie er wohnte. Seine Villa stand nicht weit entfernt auf einem Hügel, von dem aus man nicht nur den Hafen des Schmugglerhauses, sondern auch die ganze Straße von Gibraltar überblicken konnte. Der Eingang führte in einen Saal, so groß wie eine Turnhalle, der Boden war mit Teppichen ausgelegt, die Wände bedeckt mit schweren Vorhängen. Von dort gelangte man in einen weiteren Raum, nicht minder groß. Dieser stand voll mit roten Ledersesseln und kleinen Tischchen, an denen sicher hundertzwanzig Personen bequem dinieren konnten. Wir wurden in einen großen Erker mit bester Aussicht geführt, wo weitere Ledersessel standen und Salontische mit kitschig geblümten, billigsten Plastiktischtüchern. Mein Designerauge litt Höllenqualen.

Kaum saßen wir, brachten uns zwei Frauen Couscous, mit einem ganzen Poulet obendrauf. Ahmed und sein Schwager griffen das Huhn mit den Händen und rissen Fleischstück um Fleischstück ab, Jörg tat es ihnen gleich. Ich als Vegetarierin konzentrierte mich auf eine Ecke mit Randensalat, und als ich lange genug dorthin geblickt hatte, brachte man mir ein kleines Plastiktellerchen mit einer Dessertgabel. Jörg hielt den Smalltalk in Gang, und ich antwortete nur, wenn ich gefragt wurde. Wir waren sicher nicht die Einzigen, die um das Schmugglerhaus buhlten, aber ich glaubte, mir berechtigte Hoffnungen machen zu können. Nachdem die beiden marokkanischen Herren ausgiebig gerülpst hatten, wurden wir zur Tür begleitet und fuhren vergnügt nach Tanger zurück.

Wenn ich in diesem Land etwas erreichen wollte, musste ich öfters vor Ort sein. Deshalb mietete ich in Tanger eine Wohnung. Auch weil mir Jörg in seinem Hotelzimmer langsam leidtat. Er engagierte sich für so wenig Geld so stark für meine Sache, dass ich ihm anständige Arbeitsbedingungen bieten wollte. Zudem arbeitete seit einiger Zeit Mazhir mit, ein technischer Zeichner, den Jörg hier kennen gelernt hatte. Die beiden brauchten mehr Platz zum Arbeiten. Meine neue Wohnung hatte vier Zimmer. Eins für Jörg, eins für mich, wenn ich dort übernachtete, und eins für Mazhir. Der Salon war das Büro, wo die beiden ihre Pläne zeichneten.

Rachid hatte Jörg und mir eine Reihe von Treffen arrangiert. Zuerst waren ein Delegierter des Premierministers und der Tourismusminister in Rabat an der Reihe. Jörg und ich hatten unsere Arbeitsteilung mittlerweile perfektioniert: Er machte den anfänglichen Smalltalk, dann kam ich mit dem emotionalen Teil mit den Tierfotos und versetzte alle in Erstaunen, denn niemand – wirklich niemand in Marokko – wusste von den Walen und Delfinen vor der Küste. Dann war wieder Jörg an der Reihe mit den konkreten Plänen, und zum Schluss rundete ich alles mit meiner Begeisterung ab.

Marokko wollte damals den Tourismus aktiv ankurbeln. Sie sahen ja in Spanien, wie viel Geld sich damit verdienen ließ; also wurden Tourismusprojekte gefördert. Ich war überzeugt, dass unser Delfinresort sehr gut zu diesen Plänen passte. Wir hatten in Spanien eine so große Nachfrage für das Whalewatching, das würde in Marokko nicht anders sein, wenn wir das hier auch anbieten würden. Zudem wäre es für Marokko ein großer Gewinn, wenn sich das Land, das den Anschluss an Europa suchte, als umweltfreundlich und nachhaltig präsentieren könnte. Mittlerweile war ich jedoch etwas vorsichtiger geworden mit der Interpretation der allgemeinen Begeisterung. Ich merkte allmählich, dass wir ohne Ende Klinken putzen konnten und immer wieder auf ein positives Echo stoßen würden: Die Kunst war, herauszufinden, wer wirklich entscheidungsbefugt war. Freundlich lächelnd verabschiedeten wir uns von den jeweiligen Herren in der Hoffnung, damit wenigstens ein kleines Steinchen ins Rollen gebracht zu haben.

Zwei Tage später mussten wir bei Abdelouafi Laftit vorsprechen, dem Gouverneur, in dessen Zuständigkeitsbereich unsere Bucht lag. In ihm fanden wir den ersten wirklichen Unterstützer unserer Sache, obwohl ich auch für ihn bei Adam und Eva beginnen musste. Aber er nahm sich Zeit. Jörg zeigte ihm die Umbaupläne für den Schmugglerhafen mit dem Bereich für die Tiere, einem Unterrichtsraum mit Kino und der Hotelanlage. Monsieur Laftit war sehr angetan vom Projekt, und ich bekam Gelegenheit, ihm mein eigentliches Problem zu schildern, nämlich dass die Art der Zusammenarbeit mit Ahmed noch immer nicht geklärt war, wir also versuchen mussten, vorerst auf dem Gelände neben seinem Schmugglerhafen weiterzukommen, notfalls auch ohne Ahmed. Wir sagten Monsieur Laftit, dass wir dieses Stück Land, das in Staatshand war, für die Hotelanlage brauchen würden, wenn wir Nägel mit Köpfen machen wollten. Zumal es bis jetzt nur eine Zufahrt gab und diese auf dem Grundstück von Ahmed verlief. Wir würden eine größere brauchen, und die müsste auf alle Fälle über das angrenzende Staatsland führen. Monsieur Laftit versprach, sich zu erkundigen, ob man uns für dieses Land einen Pachtvertrag geben könnte. Das war großartig! Damit könnten wir endlich Investoren suchen.

Im März hatten wir wieder einen Termin bei Ahmed. Man erwartete uns im Schmugglerhaus. Wir ließen uns natürlich nicht anmerken, dass wir schon mal drin gewesen waren. Aber mein Staunen war echt, als ich eintrat. Alles war gereinigt, frisch gestrichen und eingerichtet. Vom Besten selbstverständlich. Nichts ließ mehr vermuten, dass hier vor kurzem noch die totale Verwüstung geherrscht hatte. Wir durften uns in aller Ruhe auf den drei Stockwerken umsehen; nur das Untergeschoss mit dem versteckten Anlegeplatz und der Umladezone zeigten sie uns nicht. Das Parterre würde sich hervorragend als Begegnungszentrum eignen. Von dort führte eine große Tür auf eine Terrasse hinaus, von der aus man eines der Wasserbecken sehen konnte. Rechts vom Haus lag ein weiteres Becken, das als Notfallstation für verletzte Tiere geeignet wäre. In den oberen zwei Stockwerken gab es eine Handvoll Zimmer, die man zu Hotelzimmern umbauen könnte. Und auf dem Dach hätte wunderbar ein Restaurant Platz.

Ahmed war sehr freundlich. Nach der Besichtigung des Hauses legte er uns den Entwurf für eine Société vor. Die Stoßrichtung war immer noch die gleiche wie am Anfang: Er würde uns das Gebäude zur Verfügung stellen, und wir würden die baulichen Maßnahmen übernehmen.

Aber Rachid warnte mich einmal mehr, als wir zurückfuhren. »Ahmed wird von der Regierung überwacht, ich bin nicht sicher, wie weit er noch über den Hafen verfügen kann«, sagte er, »ich würde nicht zu fest auf diese Option setzen. Selbst wenn er wirklich mit uns zusammenspannen möchte: In Marokko ist alles viel willkürlicher. Wenn nur einer in der Regierung einen anderen Plan mit dem Hafen hat, haben wir verloren.«

Ich jedoch war optimistisch wie immer. Es würde schon gut kommen.

Gouverneur Laftit hielt Wort. Im April bekamen wir einen Termin bei Mohamed El Yaakoubi, dem neuen Direktor der Investitionsbehörde in Tanger. Sein Büro war in einem großen Gebäude neben dem Gouverneurspalast untergebracht, also an richtig nobler Adresse. Yaakoubi war aus dem gleichen Holz geschnitzt wie Laftit, auch er war mir sofort sympathisch. Bereits im Mai konnten wir den Projektplan in seinem Amt deponieren, und im Juni bekamen wir einen »accord général«, das hieß: Sie versprachen uns einen Pachtvertrag für das Land und die Wasserfläche in der Bucht unter der Voraussetzung, dass wir das Delfinaltersheim und die Notfallstation bauten und bestimmte Bedingungen erfüllten. In der Zwischenzeit ließen wir Wasserproben machen und die Strömung messen und reichten natürlich laufend genauere Pläne nach.

In dieser Zeit gingen wir in Yaakoubis Amt ein und aus. Er war sehr hilfsbereit und erlaubte uns sogar, den hauseigenen Notar aufzusuchen, um die verschiedensten Papiere beglaubigen zu lassen – bei dem Notariat im Stadtzentrum hätte das vermutlich monatelanges Anstehen bedeutet. Das Prinzip »Eine Hand wäscht die andere« war hier so verbreitet, dass ich mich fragte, was er als Gegenleistung erwartete. Aber Yaakoubi war anders, er war einfach nur freundlich, er war die personifizierte Unbestechlichkeit. Seine Sekretärin nahm nicht einmal die Pralinen an, die ich aus der Schweiz mitgebracht hatte. »Oh, nein«, sagte sie vorwurfsvoll und hob abwehrend die Hand, »das geht nicht.«

Ich war bass erstaunt, denn ich wollte sie gar nicht bestechen. Rachid erklärte mir, dass die Korruption in Marokko zwischenzeitlich so groß gewesen worden war, dass der König die halbe Regierung ausgewechselt habe.

Ärger mit der »Uno«

In Tarifa lief derweil alles wunderbar. Das war auch gut so, denn die Sache in Marokko kostete mich extrem viel Energie. Ich hatte im vorangegangenen Winter beschlossen, nun doch endlich ein eigenes zweites Boot zu kaufen. Wir waren mit Kikos »Mitch« und der »Firmm« definitiv an unserer Kapazitätsgrenze angelangt. Doch trotz der ständig neuen Besucherrekorde hatten wir noch zu wenig Geld für eine solche Anschaffung erwirtschaftet, denn der Betrieb in Tarifa wurde immer größer und verschlang den Erlös aus dem Whalewatching im Nu. Ich verkaufte mein Häuschen in Griechenland, wohin ich ohnehin kaum noch ging – ein neues »Häuschen« auf dem Meer würde mir mehr nützen. Nun würden wir keine fremden Boote mehr chartern müssen, so meine Überlegung, ich konnte mir das Geld sicher bald wieder zurückzahlen, dachte ich.

Das neue Boot, die »Firmm Uno«, verfügte über vierundzwanzig

Plätze und sollte Ende Mai kommen. Die Übergabe verzögerte sich jedoch. Jörn Selling, mein Meeresbiologe, und einer der Kapitäne konnten das Boot erst im Juni in Barcelona abholen.

Sie hatten schon den größten Teil der Seereise zurück nach Tarifa geschafft, als kurz vor Marbella das Unglück geschah: Der Motor explodierte. Jörn rief mich an. »Es gab einen lauten Knall, und jetzt macht das Schiff keinen Wank mehr. Was tun?«

»Hm«, ich musste mich zuerst fassen und konnte kaum klar denken. Das durfte doch nicht wahr sein. Mir kam in den Sinn, dass meine ehemaligen Volontäre Jenny und Dominique ganz in der Nähe wohnten. »Ich versuche, Jenny zu erreichen, ich ruf dich wieder an.«

Jenny kannte einen guten Mechaniker, der auch zu kommen versprach; es würde allerdings eine Weile dauern. So ein Mist. Das Boot war doch ganz neu, und nun musste es schon abgeschleppt werden! Ein paar Stunden später erfuhr ich mehr.

»Der Motor ist im Eimer«, meldete Jörn, »der Mechaniker sagt, er müsse Ersatzteile bestellen und wisse nicht, wie lange das dauere. Er ruft jetzt mal die Werft in Barcelona an. Vielleicht ist das eine Garantiearbeit. Aber es hat keinen Sinn, hier zu warten. Wir kommen zurück nach Tarifa.«

Das Chaos war perfekt, denn wir hatten bereits diverse Buchungen für die nächsten Tage. Natürlich auch fürs neue Boot. Ich musste wieder mal bei Turmares anklopfen und versuchen, die gebuchten Touristen bei ihnen unterzubringen. Dabei hatte ich mich so darauf gefreut, dass das diese Saison nicht mehr nötig sein würde, auch wenn ich mit ihnen mittlerweile gut zurechtkam. Sie hatten in der Zwischenzeit realisiert, dass ich eine verlässliche Geschäftspartnerin war und meinen Anteil regelmäßig bezahlte – ganz im Gegensatz zu Lourdes, mit der sie dauernd nur Scherereien hatten, weil sie ihnen Geld vorenthielt. Während sie sich untereinander stritten, hatte ich meine Ruhe.

Die leidige Geschichte mit der »Uno« hatte auch einen positiven Nebeneffekt: Ich telefonierte wieder häufiger mit Jenny. Sie wusste noch gar nichts von unserem Marokko-Projekt. Es gab also viel zu berichten, und ich konnte ihr auch ein bisschen von meinen Sorgen erzählen.

»Weißt du, Jörg ist großartig. Er nimmt meine Ideen auf und setzt alles sofort in Pläne um. Auch die Stege, die mir in Eilat so gut gefallen haben, hat er eingezeichnet. Nur beim Hafen sind wir manchmal ein bisschen unsicher. Davon hat er halt keine so große Ahnung…«

»Hey, ich kenne einen deutschen Hafenbauer. Soll ich den mal kontaktieren? Vielleicht weiß er Rat.«

Es ging keinen Monat, da hatte sie ihn organisiert, und wir machten zu fünft einen Ausflug zu »meiner« Bucht. Außerhalb von Tanger veränderte sich die Landschaft rasant, auf den Hügeln schossen die schönen Einfamilienhäuser reicher Marokkaner wie Pilze aus dem Boden. Es würde nicht mehr lange dauern, dann war die Küste hier verbaut wie in Europa. Rachid hatte uns angekündigt, und Ahmeds Wächter erwartete uns; er war ja mittlerweile unser Freund. Jörn, Rachid, Jenny, Dominique und ich verbrachten einen wunderbaren Nachmittag mit dem Hafenbauer, und er gab uns ein paar gute Tipps, wie wir den Kanal umbauen konnten. Daraus entstand ein weiterer detaillierter Plan von der Anlage, den er uns später zuschickte. Wieder war ein Problem gelöst. Der Wächter organisierte irgendwann Couscous, und wir feierten unsere erste Mahlzeit auf dem Gelände – in der Hoffnung, dass das der Beginn von etwas Großem war und noch viele Mahlzeiten folgen würden.

Die Reparatur der »Uno« zog sich in die Länge. Die Werft in Barcelona stimmte zwar zu, als Garantiefall einen neuen Motor zu liefern. Trotzdem kostete mich die ganze Reparatur fünfunddreißigtausend Euro. Dazu kamen die Einnahmeausfälle. Doch als wir

Anfang Oktober mit der »Uno« das erste Mal aufs Meer fuhren, erwarteten uns gleich sieben Orcas. Das war absolut außergewöhnlich, denn in dieser Jahreszeit waren sie normalerweise schon lange weg. Vielleicht waren sie nur neugierig auf unser neues Boot... Mit diesem ging der Ärger aber weiter. Irgendwie war der Wurm drin. Ich bemerkte, dass es viel zu tief im Wasser lag. Wir fuhren das Boot mit dem Lastwagen nach Barbate zu unserem Mechaniker, und der stellte fest, dass Wasser eingedrungen war. Ziemlich viel sogar, und es dauerte Wochen, bis das Boot wieder trocken war. Dabei hatten wir nie etwas gerammt, niemand von uns wusste, was das Leck verursacht haben könnte. Es musste ein Konstruktionsfehler sein.

Meine Verluste hatten sich mittlerweile summiert, die Reparatur würde nochmals viel Geld verschlingen. Ich fragte Rachid um Rat. Er verwies mich an einen Anwalt, der oft für die Fährgesellschaften arbeitete und sich in solchen Dingen auskannte. Jaime de Castro García aus Algeciras empfahl mir, von der Herstellerfirma Quer in Barcelona zu verlangen, die neue Reparatur ebenfalls als Garantieleistung zu übernehmen. Sollte es zu keiner Einigung kommen, würde er einen Prozess anstrengen. Doch die Firma wollte die Kosten nicht übernehmen. Ich war hin- und hergerissen: Einerseits wollte ich mich in Spanien mit niemandem anlegen, andererseits wollte und konnte ich die Ausgaben für diese Fehlkonstruktion nicht auch noch selbst berappen.

Der Pachtvertrag

Der nächste Winter kam, und es hatte schon fast Tradition, dass Jörg die ersten zwei Monate des Jahres in Tanger verbrachte. Mittlerweile war mein Projekt aber nicht mehr der einzige Grund. Er hatte sich in eine junge, hübsche Marokkanerin verliebt und redete sogar vom Heiraten. Wenn er kein Rendezvous hatte, waren wir vollauf damit beschäftigt, alle Bedingungen zu erfüllen, die uns die Investitionsbehörde und die anderen Ämter auferlegt hatten: Das Straßenverkehrsamt etwa verlangte, dass für die Zufahrt zur Bucht auf der Hauptstraße eine extra Abbiegespur gebaut werden musste, obwohl es das sonst im ganzen Land nirgends gab. Zudem mussten wir ein Energie- sowie ein Abfall- und Entsorgungskonzept für die Anlage vorlegen. Natürlich wollten wir ein umweltfreundliches Projekt, darum beschäftigten wir uns wochenlang mit Solaranlagen und einer Biokläranlage. Für alles, was die Unterbringung und Pflege der Tiere anbelangte, waren wieder andere Ämter zuständig. Es nahm kein Ende.

Anfang April 2005 rief mich Rachid an, wir hatten endlich einen Termin für die Unterzeichnung der Pachtverträge. »Monsieur Laftit und Monsieur Yaakoubi meinen es wirklich ernst«, sagte er, »das ist ein wichtiger Schritt!«

Ich war ganz aus dem Häuschen. Drei Jahre war es schon her, dass ich die Bucht entdeckt hatte, nun wurde es endlich konkret. Und so trabten Rachid und ich am 20. April bei Monsieur Laftit an. Die Abmachung war immer noch die gleiche: Wenn wir auf dem Gelände ein Delfinaltersheim und eine Notfallstation bauten, erhielten wir einen Pachtvertrag für die zweieinhalb Hektaren große Landparzelle neben dem Schmugglerhaus und einen weiteren für die Nutzung des Meeres vor der Bucht; das würde uns erlauben, dort eine Netzanlage zu errichten. Selten habe ich so gern meine Unterschrift unter ein Dokument gesetzt.

Doch die Verhandlungen mit Ahmed über die Nutzung seiner Anlage kamen nicht vom Fleck. Und dann hatte Gouverneur Laftit auch noch durchblicken lassen, dass Ahmed tatsächlich nicht mehr allein über sein Anwesen bestimmen könne. Rachid hatte recht gehabt. Also entschieden wir uns, unabhängig von Ahmeds Einwilligung auch bei der Regierung ein Gesuch einzureichen, das Schmugglerhaus samt Hafen pachten zu dürfen. Vielleicht hatten wir dann größere Chancen.

Interessierte Investoren gab es etliche. Darunter einen reichen Marokkaner, der das Projekt mit einem Jachthafen kombinieren wollte, einen Direktor des neuen großen Frachthafens von Tanger, der mit einem Hotel vom Aufschwung profitieren wollte, ein vermögender Libanese, der unser Projekt in seine Hotelkette integrieren wollte, ein Banker der britischen Charity Bank, der Kredite an NGOs vergab und die Resortidee interessant fand. Die meisten waren aber wieder abgesprungen, weil es mit den Bewilligungen nicht voranging. Der Einzige, der bislang durchgehalten hatte, war Bernhard Ujcic, ein Deutscher, der mit erneuerbaren Energien an der Börse viel Geld verdient hatte und es in etwas Sinnvolles investieren wollte. Er klärte auch ab, ob er nicht noch eine fünf Minuten entfernt gelegene Bucht dazupachten konnte, um dort ein weiteres Hotelprojekt zu realisieren. Es herrschte Aufbruchstimmung in Marokko, und es wäre so viel möglich gewesen, wenn die Behörden nur Hand geboten hätten. Aber wir hatten nun wenigstens mal unsere zwei Pachtverträge unter Dach und Fach.

In Tarifa ging in dieser Saison allerdings alles ein bisschen drunter und drüber. Wir waren im verflixten siebten Jahr, und das spürten wir. Weil die Garantiearbeiten an der »Uno« immer noch nicht abgeschlossen waren, konnten wir bis im Juli nur mit der »Mitch« und der alten »Firmm« fahren. Das erschwerte natürlich alles. In der Schiffswerkstatt in Barbate erschien ein Experte nach dem anderen. Der Bootsbauer Quer war wild entschlossen, die Reparatur nicht zu bezahlen, und wappnete sich für einen Prozess. Zudem hatte ich Krach mit Amador, meinem Kapitän. Er hatte schon früher ab und zu eins über den Durst getrunken, aber nun erschien er regelmäßig zu spät zu den Ausfahrten und roch schon am Morgen nach Alkohol.

Ich war gerade wieder mal in der Schweiz, als mich Jörn, mein Biologe, anrief. »Amador war stockbetrunken, und das um neun Uhr morgens. Ich habe ihn in die Kabine mit den Schwimmwesten gesperrt. Dort hat er seinen Rausch ausgeschlafen. Heute ist ausnahmsweise Diego gefahren, ich hoffe, das ist okay.«

Klar war das okay, ich war froh, dass Jörn die Verantwortung übernahm, wenn ich nicht da war. »Was machen wir mit Amador?«, fragte ich.

»Er ist ein Risiko, ich glaube nicht, dass das gut kommt, wenn wir mit ihm weiterarbeiten.«

Ich wusste, was ich zu tun hatte. Zuerst stattete ich aber den Gassers wieder einmal einen Besuch ab, damit die Verbindung nicht abriss. Das Verhältnis war etwas abgekühlt, von einer Überführung der Delfine war nicht mehr die Rede. Das Conny-Land bot mittlerweile sogar Delfintherapie und Schwimmen mit Delfinen an. Ich rechnete mir keine großen Chancen mehr aus, dass sie die Tiere zu uns nach Marokko bringen würden. Und leider konnte ich unser Projekt auch nicht pushen, solange wir nichts auf sicher hatten. Ich rechnete nun mit der Eröffnung des Resorts Ende 2006. Dann, so sagte ich den Gassers, würde ich nochmals bei ihnen anklopfen.

Ich habe nie mehr angeklopft, das hat zum einen mit der Situation in Marokko zu tun, zum anderen mit meiner Erkenntnis, dass eine Zusammenarbeit wohl tatsächlich nie zustande gekommen wäre. Als ich im Dezember 2007 hörte, dass Conny Gasser neunundsechzigjährig während einer Operation gestorben war, machte mich dies betroffen. Seine Frau Gerda starb nur vier Monate später an ihrem Krebsleiden.

Sowie ich wieder in Tarifa war, entließ ich Amador. Ich konnte mir einen Alkoholiker als Kapitän einfach nicht leisten. Da saß ich nun wieder einmal ohne Kapitän. Zum Glück hatte ich noch Diego. Er machte seine Arbeit sehr engagiert, war für die Sicherheit und Sauberkeit an Bord zuständig und hatte Amador viel abgenommen. Ich unterstützte darum seinen Plan, die notwendige Kapitänslizenz zu erwerben. Der Touristenstrom riss unterdessen nicht ab, wir fuhren sicher siebentausend Passagiere aufs Meer in dieser Saison. Die Ferienkurse jedoch waren nicht mehr so gut gebucht wie die Jahre zuvor, und Anmeldungen für die Kindercamps hatten wir so wenige, dass wir sie von nun an gar nicht mehr veranstalteten. Vermutlich lag das an der Tsunami-Katastrophe, die sich Weihnachten 2004 in Südostasien ereignet hatte. Viele Eltern wollten ihre Kinder nicht mehr in Küstenregionen Ferien machen lassen.

Gegen Ende der Saison erhielt ich eine Vorladung der Behörden in Tanger. Ich wusste nicht so recht, was das zu bedeuten hatte. Doch Rachid fand heraus, dass Laftit und Yaakoubi in eine andere Region versetzt worden waren. Das machte mich nervös. Mit Recht.

In Tanger begrüßte uns der neue Gouverneur Mohamed Hassad, der von nun ab für unser Projekt zuständig war. Im Gegensatz zu anderen Marokkanern hielt er nicht viel von Smalltalk und kam gleich zur Sache. »Es ist nicht empfehlenswert, mit Monsieur Ahmed Bounakoub weiterzuverhandeln. Er hat keine Verfügungsgewalt mehr über das Haus und das Hafengelände.«

Klare Worte, dachten wir, das sah nicht gut aus für Ahmed.

Hassad fuhr fort: »Es wurde entschieden, das Gebäude abzureißen. Der Hafen jedoch bleibt erhalten. Sie dürfen ihn voraussichtlich mitnutzen, eventuell auch verschönern und renovieren, aber baulich verändern dürfen Sie nichts. Es tut mir leid, Ihnen keinen besseren Bescheid geben zu können.«

Ich schluckte leer. Ahmed war also aus dem Rennen, das Haus stand nicht mehr als Hotel zur Verfügung, und am Hafen durfte nichts geändert werden. Wir mussten die gesamte Anlage völlig neu konzipieren!

Hassad fuhr fort: »Zudem möchten wir Ihnen nahelegen, dass Sie Ihr Nutzungskonzept auf dem gepachteten Land nochmals überdenken. Der Strand dort ist ein wichtiges Naherholungsgebiet für die Menschen aus Tanger und wird übers Wochenende rege genutzt. Es ist unmöglich, Ihnen diesen Strand zur alleinigen Benutzung zur Verfügung zu stellen. Ich empfehle Ihnen deshalb, die Hotelanlage weiter weg vom Strand und näher am Hafengelände zu bauen. Nur dann haben Sie eine reelle Chance, Ihr Projekt umzusetzen.«

Wie begossene Pudel standen wir kurze Zeit später auf der Straße. »So ein Mist. Warum müssen Laftit und Yaakoubi ausgerechnet jetzt versetzt werden«, schimpfte ich. »Mit Hassad ist überhaupt nicht gut Kirschen essen.«

Rachid nickte. »Das sehe ich auch so. Ich habe gehört, dass Ahmed nun auch noch Waffenschmuggel vorgeworfen wird. Es klingt, wie wenn er bereits wieder hinter Gittern säße. Ahmed als Geschäftspartner können wir wohl vergessen.«

Ich war total frustriert. Wie viel Zeit und Geld hatten wir in alle die Pläne gesteckt! Nun mussten wir wieder ganz von vorn beginnen.

In Tarifa musste ich mich erst mal vom Schock erholen und ging gleich zu unserem neuen Hafenbüro. Nach dem Hafenumbau hatte ich in der neuen Ladenpassage am Hafen ein zweites Office dazugemietet. Gleich neben Miguel und Ana, die mittlerweile ganz nach Tarifa gezogen waren und sich voll auf ihre Tauchschule konzentrierten.

Wieder mal hatte ich Glück gehabt: Als ich eine neue Assistentin suchte, lief mir Nina Cziczek über den Weg. Die begeisterte Surferin aus Deutschland hatte vorher schon ein paar Jahre bei einer Sprachschule gearbeitet und suchte einen neuen Job. Sie lebte mit ihrem Partner Oli Schäfer schon länger in Tarifa, und weil die beiden den Winter durch sowieso in der Welt herumtingelten auf der Suche nach den besten Wellen, war auch eine saisonale Anstellung kein Problem. Nina war wie ein Sechser im Lotto; sie schmiss den Laden, nahm mir die gesamte Administration ab und hielt mir viel Ärger vom Leib.

Nachdem ich ihr meinen neusten Frust geklagt hatte, fuhr ich, wie immer in solchen Situationen, mit Miguel raus aufs Meer. Diesmal begrüßten mich Zickzack und Neue Finne. Die beiden waren sehr zutraulich und leisteten mir an diesem Nachmittag lange Zeit Gesellschaft. Es war schade, dass wir nicht miteinander kommunizieren konnten. Zwar herrschte ein tiefes Einverständnis zwischen uns, und ich verstand, wenn sie mir etwas zeigen wollten, aber eine richtige Unterhaltung war nun mal nicht möglich.

Gestärkt fuhr ich zurück und rief Jörg, der mit so viel Herzblut die Pläne ausgearbeitet hatte, in der Schweiz an. Seit er verliebt war, konnte man ihn ganz leicht zu einem Ausflug nach Tanger bewegen. Ich schilderte ihm den Besuch bei Hassad. Er stöhnte auf.

»Wann kannst du hier sein?«, fragte ich. »Ich möchte die neue Baueingabe so schnell wie möglich in die Wege leiten.«

Er versprach, sich sofort auf den Weg zu machen. Ich war ihm dankbar, dass er weitermachte, aber vielleicht wäre es besser gewesen, es hätte mich jemand gebremst. Je mehr Widerstände ich hatte, desto entschlossener verfolgte ich mein Ziel. So war ich nun mal. Und so rief ich als Nächstes Jaime, meinen Anwalt, an und bat ihn, die Klage gegen den Bootsbauer Quer einzureichen. Die »Uno« war geflickt und endlich im Einsatz, aber Quer hatte weder die Reparatur noch unsere Ausfälle bezahlt. Wir verlangten hunderttausend Euro Schadenersatz und eine Garantieleistung. Das würde wenigstens einen Teil meiner Ausgaben decken.

Kurze Zeit später saß ich zusammen mit Jörg an der Überarbeitung der Pläne. Wir mussten die gesamte Anlage nun auf dem Landstück neben dem Schmugglerhaus unterbringen, zudem entwickelten wir anstelle des kleinen Stegs, der ursprünglich vom Strand aufs eingezäunte Wasser hinausführen sollte, einen soliden Damm in der Nähe des Hafens, sodass wir die gesamte Anlage für die Delfine und die Notfallstation dort einrichten konnten. Dazu waren wieder unzählige technische Studien nötig, und die Strömung musste erneut gemessen werden. Dann folgten Sitzungen mit Bauunternehmen, marokkanischen Architekten, Topografen, Technikern und Ingenieuren. Kurz nach Jahreswechsel reichten wir die neuen Pläne ein.

Der Durchbruch

Gouverneur Hassad wuchs mir nicht besonders ans Herz. Leider. Nach unserer Baueingabe hörten wir lange nichts von ihm. Dafür hielt ich nun auch in Marokko Vorträge in Schulen und vor anderen interessierten Gruppen. Ich erhoffte mir durch die Sensibilisierung für das Thema eine höhere Akzeptanz unseres Projekts. Zudem hatte der König eine Stiftung für Natur- und Umweltschutz ins Leben gerufen. Es musste mir gelingen, dort einen Fuß reinzubekommen, und ich schaffte es sogar einmal, an eine seiner Benefizveranstaltungen eingeladen zu werden. Aber außer dass ich viele wohlhabende Menschen sah und realisierte, wie gut es der Oberschicht in Marokko ging, schaute dabei nichts heraus.

Im Frühjahr 2006 musste ich für den Prozess gegen Quer in Figueres bei Barcelona vor Gericht aussagen. Zusammen mit Jaime fuhr ich hoch. Mein Anwalt war extrem kompetent und gut vorbereitet. Unsere Haltung war klar. Die »Uno« hatte einen Konstruktionsfehler, sonst wäre nicht nach so kurzer Zeit Wasser eingesickert. Ich hatte mir für die Verhandlung eine Dolmetscherin genommen, denn der Teufel lag im Detail. Ich musste genau verstehen, was gesagt wurde. Als Erste wurde ich in den Zeugenstand gerufen. Danach wurden die Leute von Quer befragt. Ich hatte keine Erfahrung mit Gerichtsprozessen und fand es absolut skandalös, was die für Lügen in die Welt setzten. Wir hätten das Boot schlecht gewartet, sagten sie, und nicht richtig gepflegt. Am liebsten hätte ich dazwischengerufen. Aber immer, wenn ich Jaime anblickte, hielt er seinen Finger vor den Mund. Eine hysterische Mandantin konnte er nicht gebrauchen. Und so rutschte ich nur unruhig auf meinem Stuhl herum und verdrehte die Augen angesichts all dieser dreisten Anschuldigungen. Der Prozess dauerte geschlagene drei Stunden, ich durfte mich nicht mehr zu den Vorwürfen äußern. Das war vielleicht auch besser so. Jaime machte seine Sache gut, er blieb sachlich und hatte Argumente. Ich war sicher, dass wir gewinnen würden.

Zurück in Tarifa, staunte ich, wie viele Touristen schon da waren. Seit wir in den Reiseführern als seriöseste Whalewatching-Organisation der Region aufgeführt waren, hatten wir noch viel mehr Gäste. Wir waren die ganzen Frühlingsferien voll ausgebucht und konnten endlich ohne Pannen mit beiden Booten fahren. Die Turmares-Kapitäne hatten sich in der Zwischenzeit ganz mit Lourdes zerstritten und nach wie vor auch unter sich immer wieder Differenzen. Darum schickten sie ihre überzähligen Touristen lieber auf meine Boote als auf die der anderen.

Es hatte sich inzwischen im gesamten deutschsprachigen Raum herumgesprochen, dass wir Ferienkurse anboten, darum meldeten sich auch zunehmend Leute aus Deutschland und Österreich an. Zudem buchten regelmäßig ein paar Schweizer Gymnasialklassen bei uns ihr Klassenlager. Mir fiel auf, dass viele Kursteilnehmer gern wiederkamen. Langsam entstand eine eingeschworene Gemeinschaft. Auch beim Personal gab es nicht mehr so viel Wechsel.

Der Levante hielt sich diese Saison in Grenzen. Wir konnten oft raus aufs Meer. Anfang Juni merkte ich aber, dass die Grindwale sich rarmachten. Das gab es ab und zu im Juni, aber es machte mich trotzdem immer nervös, weil wir dann über ein paar Tage hinweg nicht viele Tiere sehen würden. Ich hatte ein schlechtes Gewissen, wenn die Touristen und Kursteilnehmer voller Vorfreude ins Boot stiegen und ich schon wusste, dass wir ihnen nicht das bieten konnten, was sie erwarteten. Doch dieses Jahr war es anders. Statt der Grindwale tauchten Pottwale auf! Auf einer Ausfahrt sahen wir neun aufs Mal. Das war selbst für mich ein neuer Rekord. Dieses Jahr verweilten sie länger als sonst in der Straße von Gibraltar, normalerweise waren Pottwale ja nur auf der Durchreise. Fast jede Ausfahrt war ein Treffer, die Touristen kamen voll auf ihre Kosten. Mir fiel ein Pottwal auf, dessen Haut besonders viele weiße Flecken aufwies, ich taufte ihn deshalb »Pigmento«. Solche Flecken bekommen die Tiere, wenn sie Kalmare jagen und diese sich mit ihren scharfen Tentakeln wehren. Sahen wir keine Pottwale, dann zeigten sich Finnwale. Einem folgten wir ein Stück weit der marokkanischen Küste entlang Richtung Osten. Unser Dolphin Resort Ras Laflouka läge also nicht nur nahe bei den Orcas, auch die Finnwale zogen ganz in der Nähe vorbei.

Endlich gab es auch Neuigkeiten aus Tanger. Unser neues Baugesuch war bewilligt worden.

Rachid klang jedoch seltsam gedämpft am Telefon. »Die Bewilligung ist an diverse Bedingungen gekoppelt«, sagte er. »Wir müssen nachweisen, dass der Damm und das Netz im Meer stabil gebaut und verankert sind. Dafür verlangen sie weitere Studien.«

»Dann liefern wir die halt«, antwortete ich leichthin.

»Aber sie verlangen immer wieder was Neues, Katharina!«

»Wir haben schon so viel geliefert, darauf kommts jetzt auch nicht mehr an.«

»Schon«, sagte er. »Ich frag mich aber langsam, ob sie uns nicht einfach nur hinhalten. Vielleicht gehört Hassad zur alten Garde, wenn du weißt, was ich meine...« Er musste mir auf die Sprünge helfen. »Vielleicht erwartet er von uns ein Couvert unter dem Tisch.«

An Bestechung hatte ich bisher gar nicht gedacht. »Ich würde mich nicht getrauen, es auf diese Art zu probieren«, sagte ich irritiert, »der König setzt sich so stark gegen Korruption ein. Wenn nun ausgerechnet wir einen Bestechungsversuch machen, dann können wir das Projekt gleich abschreiben.«

Rachid kam nie mehr auf dieses Thema zurück. Wir gaben die neuen Studien über die Standfestigkeit des Dammes und die Beschaffenheit der Netze bei der zuständigen Stelle ein und warteten erneut auf Bescheid.

Ende Juni tauchten endlich die lang erwarteten Orcas mit ihren vielen Jungtieren auf. Camacho und die Matriarchin führten die Familie wie immer an. Auch dieses Jahr überraschte mich die Matriarchin wieder mit einem »Enkelchen«, das sie für eines der Orca-Weibchen hütete, während dieses auf Thunfischjagd war. Es war herrlich, zu beobachten, wie der süße, noch gelblich-orange kleine Orca versuchte, mit ihr und der Familie mitzuhalten. Als sie mir das Junge zeigte, spürte ich, wie stolz sie war.

Jörg war ebenfalls stolz. Er hatte sein privates Ziel erreicht und verbrachte fast den ganzen Sommer in Marokko, um seine Hochzeit zu planen. Das Fest fand im August 2006 in einem Hotel in Tanger statt. Jörg hatte sich die Sache richtig was kosten lassen. Der Vater der Braut war sicher froh darüber, denn die Familie war nicht besonders wohlhabend. Jörgs Verliebtheit war unübersehbar und die Braut jung und schön, wenn auch ein bisschen weniger verliebt. Es war eine eindrückliche, aber lange Feier und fühlte sich ein bisschen an wie ein Langstreckenlauf. Die Braut zog sich fünfmal um, jedes Kleid war schöner als das andere. Wir hingegen warteten zunehmend ungeduldig auf das Essen. Irgendwann genehmigte ich mir unauffällig eine Banane aus der Obstschale. Dass bei solchen Anlässen das Essen immer erst am Schluss des Festes serviert wird, erfuhr ich erst später, als offensichtlich wurde, warum: Kaum war das Essen verzehrt, verdrückte sich die Mehrzahl der Gäste.

Im September wurden wir erneut vor die Regierung zitiert. Der Sekretär von Gouverneur Hassad hatte eine Überraschung für uns. Das Schmugglerhaus würde zwar abgerissen werden, aber den alten Hafen durften wir nun definitiv als Altersheim und Notfallstation nutzen. Ich kniff mich in den Arm. Hatte ich richtig gehört? Rachid nickte mir zu. Daran hatte ich gar nicht mehr geglaubt. Das ganze Hin und Her mit der Baubewilligung für das Hotelgelände und den Damm hatte mich vorsichtig werden lassen. Aber dieser Entscheid zeigte doch nun, dass sie es ernst meinten, oder? Das war der Durchbruch, dachte ich.

Eine spektakuläre Verfolgungsjagd

Ich begann mich um ernsthaft interessierte Investoren zu kümmern. Bernhard Ujcic schien mir zu sehr auf die andere Bucht fixiert zu sein. Er hatte für sein Projekt »Wave One« bereits ein Baugesuch eingegeben; im Idealfall konnten wir beides zusammen realisieren. Für meine Bucht brauchte ich aber jemanden, der unsere Pläne genau so unterstützte, wie wir sie erarbeitet hatten. Über Bekannte in Algeciras kam ich in Kontakt mit einer US-amerikanisch-kanadischen Investorengruppe. Diese hatte bei Tanger gerade eine Golfanlage gebaut und besaß zudem gute Kontakte zu diversen Hotelketten. Weil sie mit den marokkanischen Behörden bereits Erfahrung hatten, wollten sie die Verhandlungen mit den Ämtern selber führen. Das war mir mehr als recht. Es kostete mich jedoch ziemlich viel Zeit, sie überall vorzustellen. Zudem verlangten sie eine Ergänzung unserer Pläne. Der Hafen sollte in ein modernes Marine-Center amerikanischen Stils umgebaut werden. Die Idee, ältere Delfine aus den Delfinarien Europas hier zu beherbergen und verletzte Tiere aus der Region medizinisch zu versorgen, blieb aber unangetastet. Neben den Einrichtungen für Forscher, Veterinäre und andere Mitarbeiter waren nun größere Bereiche für Besucher vorgesehen. Für sie sollten neben einem Restaurant und Ausstellungsräumen eine familienfreundliche Ferienanlage mit kleinen Häuschen gebaut werden. In einem Unterwasser-Observatorium würden sie zudem die Delfine beobachten können, ohne diese zu stören. Den Tieren selbst stünden im eingezäunten Bereich inklusive Hafen- und Kanalanlage etwas mehr als fünftausend Quadratmeter zur Verfügung.

In Tarifa lief alles wieder rund. Die Mannschaft war komplett, und wir hatten ein großes Kinofilmprojekt laufen, als die Saison 2007 begann: Daniele Grieco, ein deutscher Naturfilmer, war für drei Monate gekommen, um das Leben der Wale in der Straße von Gibraltar zu dokumentieren. Endlich würde man im Kino hochprofessionelle Unterwasseraufnahmen sehen und besser verstehen können, wie die Tiere hier leben. Auch die Überfischung der Thunfische und das enge Zusammenleben von Mensch und Tier in der Straße von Gibraltar würden thematisiert werden.

Die Tiere zeigten sich von ihrer besten Seite. Wir lagen mit der »Uno« westlich vor der marokkanischen Küste und beobachteten Orcas, die an uns vorbei Richtung Mittelmeer schwammen. Daniele saß mit seiner Filmcrew auf dem Boot, als plötzlich das Wasser in Bewegung geriet. Zuerst dachte ich, es kämen Delfine. Aber dann sah ich ein Rudel Grindwale, die in hohem Tempo auf die Orcas zuschwammen.

»Sie verteidigen ihr Terrain!«, schrie ich Daniele zu.

Tatsächlich trieben die Grindwale die Orcas wieder hinaus in den Atlantik. Dieses Phänomen hatten wir schon ein paarmal beobachtet. Immer öfter schwammen die Orcas ins Mittelmeer hinein, weil der Thunfischbestand auf der atlantischen Seite der Meerenge mittlerweile sehr klein war. Vor einem Jahr hatte die EU endlich auf die Überfischung reagiert und eine Überwachung der Fangquoten angeordnet, da diese nie eingehalten wurden. Aber die Japaner kauften immer noch achtzig Prozent des Almadraba-Fanges auf. Offensichtlich störten sich die Grindwale daran, dass die Orcas in ihre Jagdgründe eindrangen. Mich erstaunte, dass sich die großen Tiere vertreiben ließen, aber sie hatten Junge dabei, was sie wohl etwas vorsichtig machte. Daniele war glücklich. Nach der ersten Schrecksekunde war es ihm gelungen, die Orca-Vertreibung mit der Kamera festzuhalten.

Im Mai waren wir nochmals Richtung Atlantik unterwegs. Plötzlich kamen uns Grindwale entgegen. Als wir wendeten, um sie zu begleiten, sahen wir, dass vor uns im Wasser große Aufregung herrschte. Wir fuhren näher heran und konnten im ersten Moment gar nicht erkennen, was für ein Naturschauspiel sich uns da bot. Es waren drei Pottwale; da aber die Körper der Tiere größtenteils unter Wasser waren, sahen wir nur wallendes Wasser und viel Gischt. Es sah aus, wie wenn drei U-Boote einander wieder und wieder rammten. Endlich realisierten wir, dass sich da gerade zwei Pottwale paarten. Ich hatte schon gelesen, dass sie dafür mindestens zu dritt sein mussten. Die beiden sich paarenden Tiere hatten sonst zu wenig Halt im Wasser – einer musste helfen und das Weibchen stützen. Diese Peepshow war sensationell. Nicht nur für uns: Rundum hatten sich an die achtzig Grindwale und fünfzig Tümmler versammelt. Eine Pottwal-Paarung war offensichtlich auch in der Tierwelt ein Ereignis, das man sich nicht entgehen ließ.

Ein paar Tage später waren wir erneut draußen, und ich konnte Daniele mit Zickzack und Neue Finne bekannt machen. Auch Mönch, der Grindwal mit der halb abgetrennten Finne, war da. Zudem wieder ein Pottwal. Plötzlich preschte ein kleines Boot heran und bedrängte den Pottwal von hinten. Wer war denn dieser Blödmann? Ich glaubte zuerst, ich hätte mich verguckt, doch auf dem anderen Boot saß – ausgerechnet der Biologe Renaud, der in meinen Anfängen als Volontär bei uns gearbeitet hatte. Der musste es doch wirklich besser wissen! Mir stieg die Galle hoch. Ich weiß nicht, was ich mit ihm gemacht hätte, wenn ich festen Boden unter den Füßen gehabt hätte. So aber blieb uns nichts anderes übrig, als die Szene zu fotografieren und ihm zuzuschreien, er solle wegfahren.

Er aber war offensichtlich gekommen, um Gewebeproben zu nehmen. Denn bevor ich etwas unternehmen konnte, schoss er mit einer kleinen Harpune, wie sie die Forscher benutzen, auf den Wal.

Die Hautpartikel, die an der Spitze der Harpune hängen blieben, brauchte er, um die Familienzugehörigkeit der Tiere zu bestimmen. Es ging eine Weile, bis ich mich von diesem rüden Überraschungsangriff erholt hatte.

Von Rachid erfuhr ich immer wieder die neusten Gerüchte in Sachen Delfinaltersheim. Auch wenn wir nun die offizielle Bewilligung der Regierung hatten, das Schmugglergrundstück mit dem Hafen zu nutzen, stritt man sich offenbar in Tanger immer noch darum, wem es denn nun definitiv gehörte: Doch Ahmed? Dem Staat? Der Königsfamilie? Irgendwann gerieten sich auch noch die Land- und die Seebehörde darüber in die Haare. Jedenfalls hatte es Einsprachen gegeben, und nun musste die Justizbehörde die Sache prüfen.

»Oje, wenn du mich fragst, bedeutet das nichts Gutes«, sagte ich und hatte die Nase langsam wirklich voll von diesem ewigen Hin und Her.

»Katharina, so ist Marokko«, antwortete Rachid. »Schmink dir deine schweizerischen Ansprüche endlich ab. Du wirst bis zum Schluss nicht wissen, ob du das mit dem Resort wirklich umsetzen kannst. So ist das Leben hier! Falls du nicht bereit bist, zu scheitern, empfehle ich dir dringend, sofort aufzuhören.«

»Wie soll ich denn die Investoren bei der Stange halten, wenn wir uns nicht einmal auf staatliche Zusicherungen verlassen können?«, murrte ich noch ein bisschen weiter. Aber er hatte natürlich recht. Ich musste umdenken, das Ganze spielerischer angehen.

Die nächsten Tage verbrachte ich viel Zeit draußen bei den Tieren und dachte nach. Meiner Meinung nach waren Probleme und Widerstände dazu da, um überwunden zu werden. Mit meinem Dickschädel und der vielfach erprobten Hartnäckigkeit hatte ich bisher alles geschafft. Doch jetzt musste ich mich neu konditionieren. Das war gar nicht so einfach. Immerhin hatte ich jahrzehntelang so funktioniert. »Nur wer loslässt, hat die Hände frei« – plötzlich kam mir dieser Ausspruch in den Sinn. Loslassen! War es nicht das, was Ara mir die ganze Zeit sagte und ich immer wieder vergaß? Die Dinge geschehen lassen und nicht alles mit Kraft erzwingen wollen. Wenn mir das besser gelang, würde mir vielleicht auch wieder mehr zufließen. Als ich aufblickte, sah ich in das tiefschwarze Auge eines gefleckten Pottwals. Es war Pigmento, der Wal, dem die Kalmarententakel die Haut verletzt hatten; er war aber ganz offensichtlich ein Weibchen. Sie hatte nämlich ihr Junges dabei.

Tödliche Bedrohung

Ein Drama nordöstlich von Tarifa beanspruchte im Spätsommer 2007 unsere ganze Aufmerksamkeit. An der Küste von Almería waren sechzig Grindwale gestrandet und verendet. Wir hörten über Crema davon. Da die Tiere schon tot waren, fuhren wir nicht mehr hin. Leider hatte auch niemand Fotos gemacht, darum wussten wir nicht, ob auch »unsere« Wale darunter waren. Um die Todesursache herauszufinden, wurden die Tiere untersucht. Der Befund schreckte uns auf. Alle sechzig waren am Morbillivirus gestorben. Offenbar hatte es auch einige Delfine erwischt. Die spanische Zeitung »El Mundo« berichtete von Dutzenden Kadavern, die an Land geschwemmt worden waren. Und das Umweltministerium in Madrid rief die Mittelmeerländer auf, ihre Strände ebenfalls abzusuchen. Das Virus war offenbar demjenigen sehr ähnlich, das in den Neunzigerjahren im Mittelmeer eine massive Tierseuche verursacht hatte. Morbilliviren gelten besonders für Meeressäuger als extrem ansteckend und sind verwandt mit der Staupe, der Rinderpest und den Masern. Wir waren alle in heller Aufregung. Bereits 1987/88 hatte das Virus mindestens siebenhundertvierzig Delfine an der Ostküste der USA das Leben gekostet. Keiner wusste, ob das nicht der Anfang einer sich anbahnenden Katastrophe war. Regelmäßig fuhren wir die umliegenden Küstenabschnitte ab, fanden aber glücklicherweise keine weiteren toten Tiere mehr.

Im darauf folgenden Sommer vermissten wir jedoch Zickzack, Neue Finne und Mönch. Normalerweise begrüßten sie uns schon im Frühjahr, aber wir sollten sie nie mehr wiedersehen. Von da an checkten wir noch intensiver, ob die Tiere, die wir erfasst hatten, noch auftauchten. Als »Curro« mit seiner Grindwal-Familie kam, war ich beruhigt. Er und seine Partnerin »Fina« und ein jüngeres Männchen, das wir »Edu« getauft hatten, waren über die Jahre ebenfalls zu ständigen Begleitern geworden. Aber was war bloß mit Curro passiert? Ein tiefer Schnitt verlief quer über seinen Rücken, und es sah aus, als ob er gleich auseinanderfiele. Er musste in eine Schiffsschraube geraten sein. Eduardo, mein neuer Marinero, war dem Weinen nahe, als er das sah. Curro bewegte sich langsam und kraftlos. Die anderen eskortierten ihn. Es sah aus, wie wenn sie ihn beschützten. Auch mir brach es fast das Herz. Ich machte ein paar Fotos, die ich umgehend meiner Veterinärin mailte. Vielleicht wusste sie Rat. Aber es gab nichts, was wir tun konnten. Wenn das Rückenmark nicht verletzt sei, antwortete sie, würde die Wunde von innen heraus heilen.

Der Verkehr in der Meerenge hatte weiter zugenommen, mittlerweile waren es mindestens dreihundert Frachter pro Tag, die durch das Nadelöhr fuhren. Und es würden noch mehr werden, wenn der neue Frachthafen in Tanger erst eröffnet war. Das Verletzungsrisiko für die Tiere hatte sich massiv erhöht. Immer öfters sahen wir klaffende Wunden, die von Schiffsschrauben herrührten. Auch die

Sportfischer wurden immer aggressiver. Sie hantierten inzwischen mit bis zu sieben Angeln gleichzeitig. Deren Leinen waren aus dünnem Draht und so scharf, dass sie einem Wal mit Leichtigkeit die Finne einreißen konnten. Und ich konnte nichts dagegen tun.

Das Einzige, was mir blieb, war, darauf zu achten, dass ich selbst die Tiere nicht unnötig störte. Jörn hatte mich schon ein paarmal darauf hingewiesen, dass wir mit unseren mittlerweile über zehntausend Touristen pro Jahr nicht unbedingt für Entspannung auf dem Wasser sorgten, und vorgeschlagen, ein größeres Boot anzuschaffen, damit wir weniger Ausfahrten machen müssten. Er hatte recht. Wir brauchten ein neues Boot, aber diesmal wollte ich es ganz nach unseren Bedürfnissen bauen lassen. Meine Wunschliste war lang. Es musste eine Kabine haben, damit die Gäste nicht immer nass würden, und sicher wieder Bänke, damit vor allem Kinder sich auch mal hinlegen konnten. Ich wollte ein erhöhtes Deck für die Kapitäne und nochmals eins obendrauf für mich, damit ich die Tiere besser sehen konnte. Und ich wollte unbedingt ein WC, weil unsere Ausfahrten regelmäßig zwei Stunden dauerten und jedes Mal mindestens sechs Personen auf die Toilette mussten. Die »Firmm Spirit«, wie ich sie taufen wollte, würde mich eine halbe Million Euro kosten, die Hälfte davon konnte ich bei der Bank aufnehmen. Den Rest berappte ich wieder selbst und verkaufte eine Wohnung, die ich in der Schweiz noch besaß. Für eine weitere Viertelmillion Euro schaffte ich kurz darauf noch ein zweites Boot an, die »Fly Blue«. Finanziell war das ein Risiko, aber die Rechnung sollte aufgehen, denn wir hatten nun hundertvierzig Plätze. Die »Uno«, mit der ich sowieso immer unglücklich gewesen war, verkaufte ich weiter.

Mittlerweile hatten wir auch Bescheid gekriegt vom Gericht. Sie sprachen uns zwar die Garantieleistung zu, aber für unsere Einkommensausfälle sollten wir nichts erhalten. Für mich war klar, dass wir das Urteil weiterziehen mussten. Die Bootsfirma Quer zog auch weiter, denn sie wollte ja gar nichts bezahlen. Also gingen wir in die zweite Runde; es handelte sich immerhin um hunderttausend Euro, die ich dringend brauchte.

In Marokko tat sich wieder einmal gar nichts, außer dass ein Gerücht das andere jagte. Ich übte mich in Gleichmut. Eigentlich wollten wir in diesem Jahr – es war inzwischen 2009 – mit dem Bau beginnen. Ich musste dann und wann zu einer Sitzung in Tanger antraben. Einmal benutzte ich die Gelegenheit, um mich dort mit Rita und Peter zu treffen. Die beiden hatten ihr B & B in Gaucín verkauft und brachen gerade zu einer Weltreise auf. Sie wollten mit einem Camper ein Jahr lang unterwegs sein und sich danach wieder in der Schweiz niederlassen. Peter war die alleinige Bewirtschaftung des Orangenhains zu aufwendig geworden, und sie hatten einen Käufer gefunden, der ihnen für ihre kleine Oase einen guten Preis angeboten hatte. Ich war Rita vor etwas mehr als zehn Jahren nach Spanien nachgereist, nun verließ sie mich also wieder. Nochmals würde ich meinen Wohnort nicht verschieben, witzelten wir, als wir in Tanger einen gemütlichen Nachmittag verbrachten.

Im Frühsommer darauf erschien Danieles Film »The Last Giants – Wenn das Meer stirbt« in den deutschsprachigen Kinos und löste nochmals eine Touristenwelle aus. Auch belgische, finnische und verschiedene deutsche TV-Sender brachten Reportagen über uns. Sam war in der Zwischenzeit aus Hongkong in die Schweiz zurückgekehrt und kam mich ab und zu in Tarifa besuchen. Nun, da er etwas näher war, hatte ich ihn gebeten, in den Stiftungsrat zu kommen. Ich wollte jemanden von der Familie dabeihaben, und er als Banker verstand am meisten von geschäftlichen Angelegenheiten. Er konnte mir viele Tipps geben.

Als die zwei neuen Boote geliefert wurden, fanden endlich alle Touristen Platz. Diego war der Kapitän. Und ich stand stolz oben auf dem Flydeck, von wo aus sich die Wale viel besser orten ließen. Mein Marinero Eduardo und ich waren inzwischen ein großartig eingespieltes Team: Ich erspürte irgendwie, wo die Tiere sich ungefähr aufhielten, und Eduardo sah sie immer als Erster.

Pigmento, das Pottwalweibchen mit den weißen Flecken, sah ich bis in den Herbst hinein nicht. Wir hatten ohnehin das ganze Jahr durch fast keine Pottwale gesichtet. Vielleicht hing das mit dem neuen Frachthafen in Tanger zusammen, der seinen Betrieb aufgenommen hatte. Fühlten die Tiere sich durch die vielen zusätzlichen Schiffe gestört und kamen deswegen nicht mehr?

Im April 2010 saß ich wieder einmal bei Rachid im Büro. »Ich erzähle nun seit sechs Jahren, dass wir demnächst mit dem Bau beginnen, und nehme mich bald selbst nicht mehr ernst«, sagte ich etwas entnervt. »Warum entscheidet die Justizbehörde so lange nicht?«

Rachid erinnerte mich an meine Vorsätze: »Wir bleiben einfach ruhig und machen weiter. Lass dich nicht irritieren. Wenn es gelingt, ist gut, und wenn nicht, werden wir es irgendwann merken. Aber bis dahin machen wir weiter.« Die marokkanischen Amtsmühlen stellten meine Gelassenheit auf eine harte Probe. »Ich hätte aber einen spanischen Investor und eine neue Architektin«, wechselte Rachid das Thema. »Der Investor besitzt diverse große Hotels in Spanien und würde gern das in der Bucht bauen. Die Architektin heißt Hanae und ist eine alte Bekannte von mir.«

Das hörte sich super an. Jörg war mit seiner jungen Frau in die Schweiz gezogen und verständlicherweise nicht mehr so engagiert. Von der US-amerikanisch-kanadischen Investorengruppe hatten wir auch schon länger nichts mehr gehört. Ich wusste gar nicht, ob sie überhaupt noch an Bord waren.

Mit Hanae und dem Spanier gingen wir in eine neue Runde. Die Architektin gefiel mir auf Anhieb. Sie hatte bereits in Frankreich und in England gearbeitet, kannte also die europäische Arbeitsweise, war um die fünfzig, hatte drei Töchter großgezogen und war mit einem Arzt verheiratet. Zudem hatte sie einen guten Geschmack. Mit dem spanischen Investor bekam die Gestaltung der Bucht nochmals eine andere Ausrichtung. Wir hielten die Nutzung des Schmugglerhafen-Geländes minim, planten dort nur noch die Pflegestation für verletzte Delfine und konzentrierten uns auf ein Altersheim für die Delfinarien-Delfine innerhalb von zwei Dämmen, die ins Meer hinausgebaut würden. Die Hotelanlage konzipierte Hanae auch wieder ein bisschen anders. Diesmal gefiel mir das Projekt ausgesprochen gut. Hatte es vielleicht all die vorherigen Runden benötigt, um endlich zum idealen Plan zu gelangen? Wie auch immer – das Warten ging weiter.

Erst gegen Ende Saison sah ich Curro wieder. Vor einem Jahr, bei einer der ersten Ausfahrten mit der »Spirit«, waren wir ihm zuletzt begegnet, und es schien ihm besser zu gehen. Seine Wunde sah damals zwar immer noch schrecklich aus, aber sie verheilte langsam. Die Rückenflosse war zur Seite gekippt und lag wie ein überflüssiges Stück Fleisch auf seinem Rücken. Er und seine Gefährtin Fina waren Eltern geworden und hatten mir ihr Junges gezeigt.

Jetzt mochte ich es kaum glauben: Curro hatte sich erneut verletzt. Diesmal sah es noch schlimmer aus als beim ersten Mal. Die Finne war nun fast vollständig abgetrennt. Die Wunde eiterte, und rundherum hatte sich ein weißer, entzündeter Abszess gebildet. Ich stand auf dem Boot und dachte gerade, dass man dem Tier die Geschwulst dringend wegoperieren sollte. In diesem Moment kam Edu und schlug sie ihm mit der Schwanzflosse einfach ab. Nun war die Wunde wenigstens sauber. Aber Curro machte mir Sorgen, sicher hatte er starke Schmerzen. Als ich ihm im nächsten Frühling wieder begegnete, war die Finne noch immer grässlich entzündet. Curro bewegte sich nur noch langsam und schien sehr müde zu sein. Er kam auch nicht mehr nahe ans Boot heran. Die anderen Tiere schwammen schützend um ihn herum.

Die Königliche Marine greift ein

An Land gingen die Dinge erfreulicher voran. Wir gewannen das Berufungsverfahren gegen die Bootsfirma, und ich erhielt endlich wenigstens siebzigtausend Euro. Außerdem hatte mich Nina zu Beginn der neuen Saison gefragt, ob ich nicht auch ihren Partner Oli anstellen könne. Oli war Segelmacher und hatte bislang in einem Surfshop gearbeitet. Als sie diesmal von ihrem Wintersurftrip auf Mauritius zurückkamen, war der Shop jedoch geschlossen. Oli war arbeitslos, und von Ninas Halbjahreslohn allein konnten sie nicht leben. Die beiden waren mir ans Herz gewachsen, zudem war Oli ein guter Handwerker und ein super Teamplayer. Nach einem Probemonat war für mich die Sache klar, mit den beiden im Office wurde unser kleines Unternehmen viel familiärer. Die Saison verlief gut, wir verkauften erstmals zwanzigtausend Tickets.

Im September 2012 – endlich – bekamen wir eine Einladung von den marokkanischen Behörden. Das Jobkarussell hatte sich weitergedreht: Unser sympathischer alter Bekannter Mohamed El Yaakoubi, vormals Direktor der Investitionsbehörde, war zum Gouverneur von Tanger befördert worden. Hatten sie sich geeinigt? Bekamen wir nun endlich die Zusage? Wir waren ganz aufgeregt, und Hanae kaufte sich für den großen Auftritt gleich ein neues Deuxpièces. Endlich würden wir loslegen können! Yaakoubi empfing uns sehr herzlich, und Hanae begann sofort ganz euphorisch, die neuen Pläne zu erläutern.

»Redet ihr davon?«, fragte Yaakoubi und zeigte auf die Hafenparzelle.

»Ja klar«, antwortete Hanae und wollte weiterreden.

»Redet ihr von dieser Parzelle?«, unterbrach er sie und zeigte erneut auf den Hafen. Hanae nickte. Mir wurde unwohl. »Die ist vergeben. Hat euch das niemand gesagt?«

Es war totenstill im Raum. Aschfahl im Gesicht, nahm Yaakoubi den Telefonhörer in die Hand und unterhielt sich mit jemandem auf Arabisch. Nun veränderte sich auch Hanaes und Rachids Gesichtsfarbe.

Yaakoubi hängte auf und sagte, was die beiden schon mitbekommen hatten: »Der Hafen ist wirklich vergeben. Es tut mir leid.«

Rachid raunte mir zu: »Sie haben die Parzelle der Königlichen Marine gegeben.«

Das war zu schnell gegangen. Mein Gehirn konnte nicht folgen.

Yaakoubi sagte: »Madame Katharina, ich kann wirklich nichts mehr machen. Der Hafen gehört jetzt der Königlichen Marine. Ihr Projekt sollte aber sowieso näher bei Tanger liegen, wenn ichs mir recht überlege, dann könnte man die Schüler und Studenten besser mit einbinden und auch ein Museum bauen.«

Ich war immer noch sprachlos, aber Rachid reagierte umgehend und kam sofort auf ein stadtnahes Grundstück zu sprechen, das er kannte. Dort, zwischen dem Hotel Mövenpick und dem Hotel Tarik, gab es noch einen unverbauten Strand. Ich hatte das Gefühl, im falschen Film zu sein, und bekam nur Bruchstücke mit, während Rachid und Hanae sich sofort auf die veränderte Situation einließen. »Am besten schauen wir es uns gleich schnell an«, sagten sie.

Ich ging wie in Trance mit und verstand immer noch nichts. Vor dem Hotel Tarik war ein Schutzdamm ins Meer hinausgebaut. Mein Gehirn begann langsam wieder zu funktionieren: Das wäre gar nicht so ungeeignet für die Tiere, schoss es mir durch den Kopf, zudem müsste man kein Hotel bauen, da es schon zwei gab. Ich war wirklich unverbesserlich.

Ich brauchte aber noch ein paar Stunden, bis ich mich wieder gefangen hatte. Zehn Jahre lang hatte ich nun meine Bucht in tausend Versionen vor Augen gehabt, seit 2002 hatte ich Pläne gemacht, verändert, erweitert, in Gedanken umgebaut, neu gebaut, Studie um Studie erstellen lassen. Und nun übergab die Regierung das Hafengelände einfach der Königlichen Marine. Davon war nie die Rede gewesen, nicht einmal gerüchtehalber. Die Hafenanlage würde also ein Militärstützpunkt werden. Das daneben liegende Grundstück war damit wertlos, hier konnte man kein Delfinaltersheim betreiben. Mein schöner Traum vom Dolphin Resort Ras Laflouka war ausgeträumt. Auch wenn es vielleicht an einem anderen Ort weitergehen sollte: Alles, was nun kam, würde nur noch ein müder Abklatsch meiner großen Vision sein.

Am nächsten Tag suchte ich wieder einmal Trost auf dem Wasser bei meinen Tieren. Ich hielt Ausschau nach Curro, doch nur Fina und Edu tauchten am Boot auf. Wie gern hätte ich von ihnen erfahren, wie es Curro ging. Aber ich verstand ja nicht, was sie fiepten. Curro habe ich nie mehr wiedergesehen, er hat seine Verletzungen offenbar nicht überlebt. Im folgenden Jahr übernahm Edu die Führung der Familie.

Die Warnung

Mir das Scheitern des Projekts in der Schmugglerbucht einzugestehen, war schwer. Ich hatte es noch nie gemocht, wenn sich meine Hartnäckigkeit nicht auszahlt, und war es auch gar nicht gewohnt.

Zudem steckt niemand zehn Jahre vergebliches Engagement so einfach weg. Doch als das Jahr 2013 begann, war ich mit mir selbst wieder einigermaßen im Reinen. Ich erholte mich zu Hause in Stallikon von der Ferienmesse in Bern, die ich gerade hinter mich gebracht hatte, als ich eines Morgens aufwachte und mich seltsam fühlte. Zuerst musste ich lachen, weil ich bei meinen Morgenübungen die Deckenlampe doppelt sah. Aber dann ging dieses Unwohlsein einfach nicht weg. Etwas stimmte mit meinen Augen nicht. Irritiert legte ich mich nochmals hin. Als es auch nach zwei Stunden nicht besser war, rief ich meinen Arzt an und schilderte ihm mein Problem. Offenbar redete ich auch langsamer als sonst, jedenfalls reagierte er ziemlich besorgt: Ich musste sofort ins Spital. Dort checkten sie mich von oben bis unten durch. Ich hatte eine Streifung erlitten, eine vorübergehende Durchblutungsstörung im Gehirn. Noch während der Untersuchungen trafen Sam und Andy ein. Ich machte Witze und fand alles gar nicht so schlimm. Doch man behielt mich zur Beobachtung für eine Nacht im Spital und gab mir Blutverdünner. Erst als ich am nächsten Nachmittag entlassen wurde, merkte ich, wie schwach ich war.

Wieder einmal gab es eine Familienkonferenz. Meine Söhne kümmerten sich rührend um mich.

»Du hast einfach Glück gehabt, und darüber sind wir auch froh, aber jetzt solltest du echt ein bisschen kürzertreten«, meinte Andy.

Kürzertreten? Das war mir noch gar nie in den Sinn gekommen. Solange mein Motor funktionierte, war ich aktiv. Ich kannte es gar nicht anders und hatte eigentlich auch nicht vorgehabt, das zu ändern.

»Es gibt noch einen anderen Punkt, über den wir reden müssen«, schaltete sich Sam ein. »Wenn es nicht so glimpflich abgelaufen wäre, dann hätten wir keine Ahnung gehabt, was in Tarifa eigentlich läuft. Ist dir bewusst, dass zu vieles an dir hängt und niemand von uns Bescheid weiß, falls dir etwas passiert?«

Auch das hatte ich mir noch nie überlegt. Die beiden hatten natürlich recht. Das war nicht schlau. Sie meinten, ich solle mich nun erst einmal erholen und dann allmählich darüber nachdenken, was man alles regeln und organisieren müsste, damit der Laden auch ohne mich weiterlief. Daran hatte ich ja selbst das größte Interesse.

Und es gab tatsächlich einiges zu regeln. Sam hatte ich zwar vor drei Jahren schon in den Stiftungsrat geholt, er war also zumindest grob über unsere Tätigkeit informiert. Wie wir genau arbeiteten, wusste er aber natürlich nicht. Darum löcherte er mich nun mit allen möglichen Fragen, und wir gingen Punkt für Punkt alles durch. Die verschiedenen Stiftungen, die Finanzen, das Personal, die Geschäftsunterlagen. »Jetzt räumen wir mal auf«, sagte er.

Sam als Banker ging das leicht von der Hand, und ich war froh darum. Mit seiner Hilfe erstellte ich ein Organigramm, schrieb Arbeitsabläufe auf und skizzierte Jobprofile.

»Willst du eigentlich bis ans Ende deiner Tage in der kleinen Zweizimmerwohnung dort hausen?«, fragte Sam mich eines Abends.

Ich arbeitete nach wie vor bis spätnachts im Office und verdrückte zwischendurch mal einen Salat oder ein Käsesandwich; die Wohnung benutzte ich nur zum Übernachten. Aber eine richtige Wohnung mit Blick aufs Meer – das war eine verführerische Idee. Ich nahm mir vor, im Frühling sofort auf Wohnungssuche zu gehen. Und vielleicht sollte ich wirklich ein bisschen kürzertreten und mehr delegieren. Die Vorstellung begann mir zu gefallen.

So schnell war dies aber noch nicht möglich.

»Ich sehe Kräne auf unserem neuen Land«, sagte Rachid, als er mich im März in Tarifa anrief; ich war vor wenigen Tagen gelandet.

»Was siehst du?«, fragte ich ungläubig.

»Ich sehe Kräne auf dem Land zwischen dem Hotel Mövenpick und dem Hotel Tarik.«

Mir fiel fast der Hörer aus der Hand. Zwar hatte mir das neue Projekt von Beginn an keine rechte Freude gemacht. Aber das war nun doch etwas heftig. Rachid hatte den ganzen Winter hindurch die neue Situation abgeklärt. Monsieur Laftit, der mittlerweile für den neuen Hafen von Tanger verantwortlich war, hatte für den Bau einer Meeresanlage seine volle Unterstützung zugesichert, ebenso wie Monsieur Yaakoubi, der zuständig gewesen wäre für den neuen Pachtvertrag. Sogar die nationale Wasserbehörde hatte Interesse signalisiert. Und als wir an einem kalten Februartag wieder einmal in Tanger in unseren Mänteln in einem dieser ungeheizten Bürogebäude gesessen waren, hatte eine von der Behörde hinzugezogene Biologin gejubelt, das sei genau das, was Tanger bisher gefehlt hätte. »Wir werden alles daransetzen, dass Sie das Projekt realisieren können und auch die alleinigen Whalewatching-Rechte bekommen!«

Ich hatte zu diesem Zeitpunkt schon Tausende von Euros für das Marokko-Abenteuer ausgegeben. Und nun das. Die sagten uns, dass sie es ernst meinten, und gaben dann anderen den Zuschlag! Was war das für ein Land? Ich musste die Baustelle mit eigenen Augen sehen. Als ich in Tanger ankam, waren der Aushub schon gemacht und die unterirdischen Garagen praktisch gebaut. Ein »Konferenzzentrum für Kultur« würde auf diesem Flecken Land entstehen, so stand es auf der großen Tafel vor der Baustelle. Da begriff auch ich endlich: Mein Projekt war definitiv gestorben. Der Bau des Konferenzzentrums hatte bestimmt sechs Monate Vorlaufzeit gebraucht. Die Regierungsbeamten, auch Yaakoubi, hatten also parallel verhandelt, und Hanae musste ebenfalls von diesem Projekt gewusst haben, denn eine ihrer besten Freundinnen arbeitete in Yaakoubis Büro. Ich brauchte lange, bis ich das verdauen konnte. Aber ich handelte sofort, kündigte meine Wohnung und mein Bankkonto in Tanger noch am gleichen Tag und fuhr am Abend zurück nach Tarifa. Seither habe ich keinen Fuß mehr auf marokkanischen Boden gesetzt.

Teil drei

Gegenwind

Unser Delfinresort wäre über kurz oder lang noch aus einem anderen Grund gescheitert: Bereits während der Verhandlungen mit der Regierung hatte ich Kontakt zu verschiedenen Delfinarien in Europa gesucht, um auszuloten, ob wir ihre Delfine überhaupt bekommen würden. Ich ging unter anderem bei der Merlin Entertainments Group in England vorbei, die neben den Sea Life Centres und den Legoland-Parks auch den Heide-Park in Soltau betrieb. Dessen Delfinanlage sollte damals geschlossen werden. Ein erstes Gespräch verlief positiv, da bisher keines der Projekte, die Merlin für die künftige Unterbringung der Delfine in Augenschein genommen hatte, so weit gediehen war wie unseres in Marokko. Die Whale and Dolphin Conservation (WDC) in England, eine der wichtigen europäischen Tierschutzorganisationen, die damals noch Whale and Dolphin Conservation Society (WDCS) hieß, hatte ein Beratungsmandat bei Merlin und war ebenfalls anwesend. Man machte mich bei diesem Gespräch darauf aufmerksam, dass es eventuell Probleme mit »Accobams« geben könnte.

Accobams ist ein internationales Übereinkommen zum Schutz der Wale des Schwarzen Meeres, des Mittelmeeres und der angrenzenden atlantischen Zonen, das 1996 in Monaco verabschiedet und bislang von einundzwanzig Staaten unterzeichnet worden war. Ziel des Abkommens ist der verbesserte Schutz der Wale. Erreichen will man das durch verbesserte nationale Gesetzgebungen in den beteiligten Staaten. Der Walfang soll weltweit gänzlich verboten werden, zudem sollen spezielle Schutzgebiete eingerichtet werden. Accobams will im ganzen Mittelmeer Schutzkorridore einrichten, damit die frei lebenden Wale ungehindert zirkulieren können. Zwischen der Toskana, Sardinien und der Côte d'Azur war ein solches Walschutzgebiet bereits eingerichtet worden. Das war alles sehr in meinem Sinn, aber wenn man den Zweck des Abkommens anschaute, bestand zumindest die Gefahr, dass sie gar keine eingezäunten Gebiete für Delfine im Mittelmeer mehr dulden würden. An das Schicksal von alten Delfinen aus Delfinarien hatte man bei diesem Abkommen gar nicht gedacht. Verunsichert fuhr ich zurück und rief den zuständigen Direktor der marokkanischen Meeresbehörde an. Dieser winkte jedoch ab. Ein Altersheim, so wie wir eines geplant hatten, würde dem Abkommen sicher nicht zuwiderlaufen, meinte er. Damals hatte ich mich beruhigen lassen.

Es gab jedoch noch andere Widerstände. Seit unserer gemeinsamen Unterschriftensammlung gegen Delfinarien war mein Verhältnis zu gewissen Tierschutzorganisationen getrübt, denn ich hatte im Nachhinein erfahren, dass die achtzigtausend Unterschriftenadressen, die Firmm gesammelt hatte, benutzt worden waren, um für Projekte, mit denen wir nichts zu tun hatten, Werbung zu machen. Das fand ich nicht in Ordnung und hatte das damals auch moniert. Seither waren mir diese Organisationen nicht mehr gut gesinnt. Ich wusste bei meinem Besuch in England nicht, dass auch sie eng mit dem WDCS zusammenarbeiten. Dass die Informationen flossen, merkte ich jedoch bald, denn kaum war ich von meinem Meeting mit Merlin zurück, sagte man mir beim marokkanischen Fischereiministerium, dass eine Beschwerde gegen mein Projekt eingegangen sei. Unterzeichnet von zwei Organisationen, die Meeressäuger schützen. Aber ich war damals noch optimistisch und felsenfest überzeugt, dass es ein solches Delfinaltersheim in Europa brauche. Zudem konnte ich mir nicht vorstellen, dass Tierschützer etwas gegen eine solche Einrichtung haben konnten, kämpften wir doch gemeinsam dafür, dass Delfinarien geschlossen würden. Aber ich hatte ja auch gedacht, dass die marokkanischen Behörden hinter mir stünden.

Kurz darauf hörte ich dann aber, dass Marokko für das dreijährige Präsidium von Accobams vorgeschlagen worden war. Und das war dann wohl der entscheidende Grund, warum sie uns ins Leere laufen ließen. Das jährliche Treffen und die Wahl sollten 2013 in Tanger stattfinden, also wenige Monate nachdem wir von Yaakoubi die definitive Absage bekommen hatten. Überall wurde inzwischen ein Importverbot für Delfine diskutiert, und Marokko selbst hatte keine Delfinarien, deshalb wäre es auch schwierig geworden, Tiere aus europäischen Delfinarien nach Tanger zu bringen. Die Meerschutzzonen, ein drohendes Importverbot: An einem Projekt, das auf verschiedenen Ebenen so konfliktträchtig war, hatte die marokkanische Regierung natürlich kein Interesse mehr, umso weniger, als dessen Unterstützung nun den Accobams-Vorsitz hätte gefährden können. Dass unser Projekt der Rettung von Delfinarien-Delfinen gedient hätte, spielte unter diesen Umständen keine Rolle mehr.

Magische Momente

Wenn ich in Tarifa nicht so gut verankert gewesen wäre, hätte ich 2013 vielleicht meine Koffer gepackt. Aber es gab hier so viel Positives und Aufbauendes, dass ich nicht lange überlegen musste, wo mein Platz ist. Allem voran die Tiere: Im August kamen Camacho und die Matriarchin wieder, die Großeltern meiner Orca-Familie. Die beiden Wale kannte ich von allen Walen, denen ich bislang begegnet war, am längsten. Sie kamen mir manchmal vor wie stumme Verwandte. Aber vielleicht war ich ja nur taub. Vielleicht redeten

Camacho und die Matriarchin die ganze Zeit mit mir, und ich verstand sie nicht. Das hätte mich nicht erstaunt.

Mein Wunsch, mich mit den Tieren verständigen zu können, hatte über die Jahre zugenommen. Ich diskutierte ab und zu mit unserem Meeresbiologen Jörn darüber, ob er eine weitergehende Kommunikation mit den Walen für möglich hielt, denn ich wusste, er liebt Tiere genauso wie ich. Weil er sich so hingebungsvoll um alle streunenden Katzen hier kümmert, wird er sogar Katzenvater von Tarifa genannt. Trotzdem ist Jörn in dieser Beziehung ganz Wissenschaftler und glaubt nur, was man auch beweisen kann. Natürlich haben Tiere Bedürfnisse und Emotionen, sagt er, sie drücken sie mit ihrem Verhalten auch aus, aber direkt mit uns kommunizieren können sie nicht. Auch ich bin ein durch und durch rationaler Mensch, trotzdem glaube ich, dass da noch mehr ist zwischen den Walen und uns Menschen. Dass sie mich gerufen haben, dass sie mich kennen und mögen, dass sie mir vertrauen und, eben auch, dass sie mit mir kommunizieren; diese tiefe Verbindung spürte ich schon von Anfang an.

Darum war ich auch sehr neugierig, als Anneke, eine Tierkommunikatorin aus Berlin, begann, regelmäßig meine Ferienkurse zu besuchen. Sie war bereits zum achten Mal bei uns, als wir zusammen Pigmento kennen lernten. Im Winter darauf rief sie mich an. Sie gab damals schon Tierkommunikationskurse und hatte nach ihrer Rückkehr versucht, mit Pigmento per Gedankenübertragung Kontakt aufzunehmen. Es war ihr – so seltsam das für die meisten Menschen scheinen mag – offenbar gelungen. Ich zweifelte interessanterweise keinen Moment an dem, was sie sagte, zumal sie Dinge erzählte, von denen sie gar nichts wissen konnte: Dass Pigmento in Wahrheit ein Weibchen und zudem Mutter ist, konnte sie nicht ahnen. Pigmento hatte sich nämlich erst nach Annekes Abreise mit ihrem Jungen gezeigt. Ich wusste das so genau, weil es ein absolut außerordentliches Ereignis war, da Pottwal-Mütter mit Babys normalerweise nicht in die Meerenge hineinschwimmen und weil wir Fotos gemacht und es in unseren Forschungsunterlagen notiert hatten. Anneke berichtete, dass Pigmento gesagt habe, dass sie Mondrino heiße, weil sie dem Mond so nahe sei. Von da an nannte ich Pigmento Mondrino. Und wenn mich deshalb jemand für verrückt erklären will, ist mir das egal.

Als wir im darauf folgenden Frühjahr aufs Meer rausfuhren, sahen wir Mondrino wieder. Zunächst schwamm sie ein Weilchen neben unserem Boot her. Dann tauchte sie plötzlich ganz steil ab, sodass wir ihre schöne Schwanzflosse sehen konnten. Normalerweise ist das ein Zeichen dafür, dass ein Pottwal für lange Zeit in den Tiefen des Meeres verschwindet. Mondrino erschien jedoch kurz darauf erneut und tauchte ein zweites Mal steil ab, sodass wir noch einmal ihre Schwanzflosse bewundern konnten. Keiner unserer Forscher hatte je gehört oder gesehen, dass ein Pottwal zweimal hintereinander derart steil abtaucht. Wollte Mondrino uns etwas mitteilen oder sich mir zu erkennen geben? Ich wusste es nicht und beneidete Anneke um ihre Gabe. Ob ich die Tiere auch eines Tages besser verstehen würde? Seit mir Anneke die Tierkommunikation nähergebracht hatte, überlegte ich mir das oft, wenn ich an der Reling stand.

Als die Saison zu Ende ging und ich Mondrino sehr lange nicht mehr gesehen hatte, machte ich mir Sorgen. Also bat ich Anneke um Rat. Schon bald hatte ich eine Antwort. Mondrino ließ mir ausrichten, dass sie wieder trächtig sei und deshalb lieber draußen im Atlantik bleibe; in diesem Zustand sei es zu gefährlich für sie in der Straße von Gibraltar. Man mag davon halten, was man will. Für mich klang das logisch, und es beruhigte mich.

Ich sprach in dieser Zeit auch mit Ara über Tierkommunikation, denn das Thema beschäftigte mich immer mehr. Und Ara brachte wieder mal eine für mich völlig unerwartete Sichtweise ein: Er geht davon aus, dass die Energien auf der Welt zusammenhängen und dass wir darum mit der Natur verbunden sind und auch mit Tieren kommunizieren können. Für ihn ist klar, dass es grundsätzlich auch mir gelingen könnte, mich mit ihnen zu unterhalten. Das gelinge jedem, sagt er, vorausgesetzt, man sei nicht blockiert. Die meisten Menschen hätten sich jedoch einen Panzer zugelegt; man werde ja schon von klein auf so konditioniert, und es gehe sehr lange, bis man den wieder los sei.

Ich trug mit Sicherheit einen solchen Panzer, einen ziemlich dicken sogar, und ich bezweifelte, dass es mir je gelingen würde, ihn abzulegen. Ich war in einer Zeit aufgewachsen, wo die Vernunft über allem stand. Und als Unternehmerin hatte ich mein Leben lang in einer gänzlich unsentimentalen Geschäftswelt agiert, wo Fakten und Zahlen zählten. Das Sphärische, Nichtfassbare war nie mein Ding gewesen. Jedenfalls nicht, bevor ich Ara kennen gelernt hatte. Inzwischen war ich diesbezüglich schon viel offener geworden, aber im Großen und Ganzen hielt ich mich noch immer für ein ziemlich verklemmtes System. Deshalb entschloss ich mich auch, keine Tierkommunikationskurse zu besuchen.

Zunehmend kam ich mir allerdings vor wie zwei Katharinas. Da war die entschlossene Geschäftsfrau, die ein Unternehmen führte und Anweisungen gab. Und dann war da noch die feinfühlige Katharina, deren Sensibilität für Feinstoffliches langsam wieder zum Vorschein kam. Ich wollte mich zumindest bemühen, dieser Katharina mehr Raum zu geben.

Nach dem Gespräch mit Ara begann ich, mehr auf die Reaktionen der Kinder zu achten. Als ich ihnen bei einer Ausfahrt einmal die Grindwal-Mutter »Baby Hook« vorstellte, kam ein Mädchen ganz aufgeregt zu mir und sagte, der Wal habe mit ihm gesprochen: »Baby Hook freut sich sehr darüber, dass du uns von ihr erzählst.«

Das rührte mich sehr, und von da an fragte ich die Kinder ganz direkt, was die Tiere ihnen alles erzählten. Ich fand heraus, dass es einige – auch Erwachsene – gab, die feinfühliger waren und mehr wahrnahmen als andere.

Es gibt immer wieder magische Momente auf dem Meer, in denen dieses Feinstoffliche durchschimmert, und ganz besonders freut es mich, wenn es auch andere erleben. Zum Beispiel Jörn: Als ich eines Tages mit der »Spirit« unterwegs war, zeigte sich nach langer Zeit Mondrino wieder einmal. Das heißt, zuerst sahen wir zwei Wasserfontänen, dann zwei junge Pottwale, die sofort abtauchten, als wir näher kamen, und als kurz darauf Mondrino auf das Boot zuschwamm, wurde mir klar, dass das ihre beiden Jungen waren. Voller Freude erzählte ich Jörn von der Begegnung. Er hoffte sehr, dass er die drei bei der Tour am nächsten Morgen ebenfalls zu Gesicht bekommen würde.

Die Bedingungen waren gut, es wehte der Poniente, als Jörn auf die marokkanische Seite hinüberfuhr. Es herrschte ein reger Schiffsverkehr, und er erzählte mir anschließend, dass er sich von den riesigen Frachtern richtig umzingelt gefühlt habe. Bald hatte er in der Ferne eine größere Anzahl Tümmler ausgemacht. Er folgte ihnen, konnte jedoch nicht näher heran, da ihm ein großer Frachter entgegenkam. Die Tümmler flitzten vor diesem hin und her und surften auf den großen Bugwellen. Kaum war der Frachter vorbeigefahren, sah Jörn die Fontänen von zwei kleinen Pottwalen. Er fuhr hin, damit die Touristen sehen konnten, wie sie mit den Tümmlern spielten. Da tauchte neben der »Spirit« plötzlich Mondrino auf. Leider hatten das auch zwei Konkurrenzboote beobachtet und umgehend Kurs auf die »Spirit« genommen. Mondrino entfernte sich blitzschnell vom Schiff und schwamm direkt auf die Konkurrenzboote zu, verweilte ein bisschen und tauchte dann ab – um kurz darauf und von ihnen unbemerkt hinter der »Spirit« wieder hochzukommen. Es war ein perfektes Ablenkungsmanöver – Mondrino hatte aus ihrem Mutterinstinkt heraus ihre zwei Jungen bei Jörn in Sicherheit gelassen und die aufdringlichen Beobachterboote in die Irre geführt.

Offensichtlich freute sie sich selbst über den gelungenen Trick. Jedenfalls schwamm sie ganz nah an die »Spirit« heran, streckte ihren Kopf ungewöhnlich lange ungewöhnlich weit aus dem Wasser und schaute Jörn direkt an. Diese Geste sei ihm durch Mark und Bein gegangen, sagte er. Die Zeit sei plötzlich stehen geblieben, und in seinem Kopf habe absolute Leere geherrscht. Auch die anderen auf dem Boot seien sprachlos und völlig verzaubert gewesen. Ich bekam sogar vom Zuhören eine Gänsehaut. Jörn, der Vollblut-Wissenschaftler, der nur glaubte, was beweisbar ist, war völlig ergriffen von dieser Begegnung. Wie gern wäre ich dabei gewesen. Mondrinos Intelligenz beeindruckte mich, und ich war ganz sicher, dass sie Jörn mit ihrem Verhalten für unsere Unterstützung danken wollte.

Solche »magischen« Begegnungen sind zwar nicht alltäglich, aber sie kommen immer wieder vor. Vor kurzem erlebten wir ein anderes Highlight: Wir gingen bei Levante mit Windstärke 5 hinaus, und ich fürchtete schon, dass wir bei diesem hohen Wellengang keine Tiere finden würden. Wir waren schon über die Mitte der Meerenge hinausgefahren, als plötzlich ein Finnwal vor uns aus dem Wasser auftauchte. Sein zweiundzwanzig Meter langer Körper glitt geschmeidig durch die Wellen. Wir waren alle wie elektrisiert. Bald tauchten ein zweiter und ein dritter Finnwal auf. Alle drei kamen ungewöhnlich weit aus dem Wasser, ich vermutete wegen der hohen Wellen. Plötzlich aber sahen wir viele Tümmler, die direkt vor den Nasen der Finnwale herumsprangen. Offenbar spielten sie miteinander, und die Wale versuchten, die vorwitzigen Tümmler in der Luft wegzustupsen – deshalb stiegen sie höher als sonst aus dem Wasser. Nun tauchte auf der anderen Bootsseite ein Pottwal auf, während wir weiterhin den Finnwalen folgten. Kaum war der Pottwal abgetaucht, machten sich ein Dutzend Grindwale bemerkbar, die ebenfalls den Finnwalen folgten, welche nach wie vor den Tümmlern nachjagten. Überall platschte und spritzte es. Und als etwas weiter entfernt sogar noch Gewöhnliche und Gestreifte Delfine auftauchten, hatten wir fast alle unsere Wal- und Delfinfamilien von Gibraltar zusammen, es fehlten nur noch die Orcas. Und das auf einer einzigen Ausfahrt!

Ein paar Tage später erlebten wir gleich nochmals eine Sensation. Ich war mit der »Spirit« draußen, als ein Pottwal auftauchte. Und während ich unsere Bootsgäste übers Mikrofon auf ihn aufmerksam machte, tauchte plötzlich noch einer auf, dann ein zweiter, ein dritter, ein vierter ... Bis wir neun Pottwale zählten! Zuerst reihten sie sich nebeneinander auf, sodass es aussah, als wären sie ein riesengroßer Teppich. Dann gingen sie auseinander und tauchten flach weg, um kurz darauf wieder hochzukommen und die Köpfe weit aus dem Wasser zu strecken, zum Spyhopping. Ich war absolut überrascht; dieses Verhalten hatten wir bisher nur bei Grindwalen beobachtet. Ich bin sicher, dass irgendwas Spezielles los war in ihrer Welt, aber ich habe bis heute nicht herausgefunden, was. In solchen Momenten tut es mir wirklich leid, dass ich sie nicht besser verstehen kann.

Meine kleine, große Familie

Es sind mittlerweile nicht mehr nur die Tiere, die mich an Tarifa binden. Ich trete seit meiner Streifung tatsächlich ein bisschen kürzer. Dank meiner großartigen Crew, die mir nach dem ständigen

Personalwechsel in der Anfangszeit nun seit über zehn Jahren die Treue hält, ist das möglich. Da ist Jörn, der Meeresbiologe: Er ist ein kauziger, liebenswürdiger Einzelgänger mit einem großen Herzen, das er nicht auf der Zunge trägt. Obwohl wir so verschieden sind, funktionieren wir mittlerweile wie ein altes, eingespieltes Ehepaar. Er begleitet mich nun schon seit vierzehn Jahren durch mein Tarifa-Abenteuer und hält mir in seiner trockenen Art ab und zu mal den Spiegel vor, wenn ich mich wieder zu stark in Details einmische. Er ist viel mit den Whalewatching-Touristen auf dem Meer, treibt die Forschung voran und kümmert sich um alle Computerangelegenheiten.

Und da sind Nina und Oli. Die beiden Lebenskünstler und Supersurfer, die ich in all den Jahren noch nie habe streiten sehen. Nina kann sehr wohl unwirsch sein, wenn etwas schiefläuft, aber Oli fegt mit seiner guten Laune allen Ärger wieder weg. Nun, da sie beide auf die vierzig zugehen, haben sie sich in Tarifa solide eingerichtet und zwei Häuschen gekauft, die sie vermieten, um ihre Altersrente zu sichern. Nach wie vor sind sie in den Wintermonaten auf der Suche nach den schönsten und besten Surfstränden. Aber wenn sie in Tarifa sind, engagieren sie sich voll und ganz bei uns. Nina hat vieles übernommen, was jahrelang zu meinen Aufgaben gehörte. Sie erledigt die gesamte Administration und kümmert sich um die Reiseorganisation und die Bedürfnisse der Feriengäste. Oli hilft mir bei der Organisation des Whalewatchings, macht die ganze Bootsplanung, nimmt Reservationen entgegen, beobachtet die Windverhältnisse und ist handwerklich top. Ganz abgesehen von der guten Stimmung, die er in unserem kleinen Reich verbreitet.

Und dann sind da natürlich noch Diego, unser Kapitän, und Eduardo, unser Marinero, meine Begleiter auf dem Meer, die mich seit Jahren treu durch alle Wellentäler tragen. Was haben sie nicht schon alles hingebogen, wenn wir wieder mal Probleme mit Lizenzen oder Bewilligungen hatten! Und wie viele Überstunden haben sie gemacht, wann immer es nötig war! Tausende Stunden haben wir auf dem Meer schon zusammen verbracht und viele schöne Erlebnisse geteilt. Vor allem Eduardo liebt die Tiere, und es ist immer noch so, dass wir sie gemeinsam schneller finden als alle anderen, die in Tarifa Whalewatching anbieten. Seine Wandlung vom Thunfischjäger zum Tierschützer rührt mich immer wieder aufs Neue. Siebzehn Jahre lang hatte er mit den anderen Fischern Almadraba-Netze gespannt und Thunfische gejagt. Nie wieder würde er jetzt einem Tier etwas zuleide tun, im Gegenteil: Er ist immer noch jedes Mal ganz aufgeregt, wenn wir große Wale sehen, obwohl er nun schon acht Jahre mit mir rausfährt. Das zeigt mir, dass David Senns Credo tatsächlich stimmt: »Nur was man kennt, ist man bereit zu schützen.«

Apropos Tierschutz: Hier ist in letzter Zeit auf internationaler Ebene sehr viel Erfreuliches passiert: 2014 hat der Internationale Gerichtshof in Den Haag den Japanern endlich definitiv den Walfang in der Antarktis verboten. Und auch der zunehmende Lärm unter Wasser wird von internationalen Gremien mittlerweile ernst genommen. Um die Kanarischen Inseln herum ist der Einsatz von Militärsonargeräten schon seit 2004 verboten, 2009 stuften die Vereinten Nationen den Unterwasserlärm als eine der fünf größten Gefahren für die Meeressäuger ein, und seit zwei Jahren hält der EU-Umweltausschuss die Mitgliedstaaten dazu an, Umweltschutzprüfungen für akustische Meeresverschmutzungen einzuführen. Das gilt für die Schifffahrt, aber besonders auch für militärische Sonartests und für seismische Experimente im Rahmen der Tiefsee-Öl- oder Gasexploration. 2015 hat sich zudem eine neue Koalition aus verschiedenen Tierschutzorganisationen gebildet, die nun in Brüssel für ein Delfinarienverbot lobbyiert.

Das Conny-Land musste inzwischen seine Delfinlagune schließen: Innerhalb von acht Jahren sind dort acht Delfine gestorben. Der Druck gegen das Conny-Land ist darauf in der Schweiz derart massiv geworden, dass das eidgenössische Parlament 2012 ein Importverbot für Delfine erlassen hat. Die zwei überlebenden Conny-Land-Delfine Chicky und Secret wurden nach Jamaika in eine Hotelanlage umgesiedelt.

Doch es gibt auch ein paar weniger erfreuliche Entwicklungen: Spanien hat mittlerweile elf Delfinarien und hält neunzig Meeressäuger gefangen, und selbst Marokko hat kürzlich Pläne für ein gigantisches Delfinarium in Casablanca vorgelegt. Wir werden alles dafür tun, dass wir das verhindern können.

Vision

Inzwischen bin ich vierundsiebzig Jahre alt, was mich nicht daran hindert, neue Projekte anzugehen. So habe ich uns im letzten Herbst ein weiteres Schiff bestellt. Die »Firmm Vision« hat hundertdreizehn Plätze und eine untere Etage mit vier großen seitlichen Unterwasserfenstern und vier weiteren auf Augenhöhe. Endlich können unsere Gäste mitverfolgen, was Grindwale und Delfine unter unserem Boot so alles treiben. Die »Fly Blue« habe ich verkauft, zusammen mit der »Spirit« haben wir jetzt hundertsechsundsiebzig Plätze zur Verfügung.

Natürlich gab es auch dieses Jahr wieder Ärger mit der Zulassung. Als ich Ende März nach Tarifa kam, ging es gleich los. Unsere Boote waren hinaufklassiert worden, warum, weiß niemand. Wir brauchen nun neue Kapitäne mit einer höheren Lizenz und zusätzlich je einen

Mechaniker an Bord. Aber wir haben glücklicherweise sehr schnell neues Personal gefunden. Eduardo bleibt mir als Marinero erhalten, von Diego muss ich mich leider trennen. Unser kleines Unternehmen wächst also weiter. In der Hochsaison werden wir beide Boote einsetzen können. Da viele Touristen wieder in Europa Ferien machen, wird der Ansturm auf die Whalewatching-Touren wohl nochmals zunehmen. Das wird auch die Kapitäne von Turmares freuen. Selbst Lourdes ist friedfertig, seit sie vor drei Jahren ihr privates Glück gefunden und einen Bauern aus der Gegend geheiratet hat.

Auch mit der Forschung geht es voran. Seit 2004 ist David Senn mit seinen Basler Studenten jedes Jahr für zwei Exkursionswochen nach Tarifa gekommen. Da er bei seinen privaten Erkundungen immer noch mehr Planktonarten gefunden hatte, wollte er dieses wissenschaftliche Paradies auch seinen Studenten zur Verfügung stellen. Die Folge ist ein verstärktes Forschungsinteresse weltweit, denn mit diesen Untersuchungen konnten auch Rückschlüsse auf das Vorkommen von Delfin- und Walarten andernorts gezogen werden. Und da David nicht müde wurde, zu betonen, dass die Planktonvielfalt bei uns überwältigend und einzigartig ist, fokussieren auch andere Universitäten auf die Straße von Gibraltar. Immer wieder kommen Studenten hierher, um Informationen für ihre Diplom- oder Masterarbeiten über Grindwale und Planktonvorkommen zu sammeln.

2011 wurde David Senn pensioniert, und Patricia Holm trat in seine Fußstapfen. Sie hat neben seiner Professur in Basel nicht nur seinen Sitz im wissenschaftlichen Gremium der internationalen Walfangkommission IWC, sondern auch den im Stiftungsrat von Firmm Schweiz und Firmm España übernommen. Mit ihr geht die Zusammenarbeit extrem engagiert weiter. Auch sie kommt mit ihren Studenten jedes Jahr nach Tarifa, immer voller Ideen, was diese noch alles erforschen könnten. Mittlerweile wurden wissenschaftliche Arbeiten über verletzte Tiere und Hautkrankheiten bei Delfinen und anderen Walen geschrieben. Und natürlich über die Meeresverschmutzung durch Lärm oder Plastik, denn Patricias eigener Forschungsschwerpunkt sind die Auswirkungen dieser Verschmutzung auf die Meeressäugetiere. Die Straße von Gibraltar mit der dichten Küstenbesiedlung und dem starken Schiffsverkehr eignet sich perfekt für diese Feldforschung.

Seit meinem Schlaganfall hat sich auch mein Sohn Sam viel aktiver eingeklinkt. Gemeinsam wollen wir die gesammelten Informationen und Erkenntnisse der letzten achtzehn Jahre auf unserer Internetseite endlich allen Interessierten zugänglich machen.

Noch im gleichen Sommer, in dem ich das Ras-Laflouka-Projekt begraben musste, habe ich mir übrigens eine wunderschöne Vierzimmerwohnung in Tarifa gekauft. Das war vor drei Jahren. Wenn ich nun am Morgen aufstehe, schaue ich direkt aufs Meer. Ich sehe, wie der Wind weht und ob die Boote rausfahren können. Darum habe ich den Morgendienst übernommen. Wenn die Verhältnisse gut sind, gebe ich meiner Crew Bescheid. Von meinem Wohnzimmerfenster aus sehe ich meine beiden Boote im Hafen, und ich sehe auch nach Marokko hinüber. Mit guten Gefühlen. Das Ras-Laflouka-Abenteuer hat mich zwar viel Kraft gekostet, aber ich habe auch viel Spannendes erlebt. Das habe ich schon immer geliebt, und dafür bin ich dankbar. Ein Büro gibt es in meiner neuen Wohnung übrigens keines. Wenn ich etwas erledigen muss, gehe ich ins Office.

Die meiste Zeit verbringe ich allerdings auf dem Meer, oben auf dem Flydeck eines unserer Schiffe, ganz nahe bei den Walen und Delfinen. Dort gehöre ich hin. Camacho und die Matriarchin habe ich noch nicht gesehen dieses Jahr. Mit Mondrino hingegen pflege ich nach wie vor eine intensive, wenn auch wortlose Beziehung. Sie wird älter mit mir und wird mich vielleicht sogar überleben, denn

Pottwale können über siebzig Jahre alt werden. Ich fühle mich sehr wohl so und habe mich inzwischen damit abgefunden, dass ich das Feinstoffliche anderen überlassen muss. Aber ohne den Glauben, dass es neben dem Intellekt noch eine andere Dimension gibt, die wir nicht fassen und nicht erklären können, hätte ich das Wal-Abenteuer nicht angetreten – und in schwierigen Zeiten garantiert auch nicht durchgehalten.

Siebenundzwanzigtausend Menschen fahren wir inzwischen jedes Jahr aufs Meer hinaus und sensibilisieren sie dabei für die Probleme der Meeressäuger. Darauf bin ich sehr stolz. Auch wenn wir dadurch – wie mir Jörn immer wieder einmal unter die Nase reibt – mit unseren Schiffen auf dem Wasser für zusätzliche Unruhe sorgen: Ich bin überzeugt, dass die Tiere mit unserer sorgsamen Herangehensweise einverstanden sind. Wenn wir sie stören würden, ließen sie uns das spüren.

In die Suche nach einem Altersheim für Delfinarien-Delfine ist übrigens auch wieder Bewegung gekommen: Das Wal- und Delfinschutzforum (WDSF), eine deutsche Tierschutzorganisation, hat zusammen mit der ebenfalls deutschen Meeressäuger-Umweltschutzgesellschaft Projekt Walschutzaktionen (Pro Wal) im November 2014 das Projekt Dolphin Care – Rescue Center Red Sea lanciert. Es verfolgt den gleichen Zweck wie unser Projekt in Marokko damals und orientiert sich ebenfalls an der Anlage im israelischen Eilat. Da Accobams solche Projekte im gesamten Mittelmeerraum verunmöglicht hat, loten WDSF und Pro Wal derzeit aus, ob eine derartige von Experten betreute Anlage nicht in Ägypten am Roten Meer eingerichtet werden kann. Der Pro-Wal-Geschäftsführer Andreas Morlok hat uns letzthin sogar besucht und ist mit uns aufs Meer gefahren. Vielleicht können die europäischen Delfinarien-Delfine ja tatsächlich eines Tages in ihrer eigenen, geschützten Meeresbucht leben. Für diesen Traum habe ich einen Großteil meiner persönlichen und finanziellen Ressourcen eingesetzt. Das Scheitern zu akzeptieren und zu verarbeiten, hat mir einiges abverlangt. Die Hoffnung aber, dass dieser Traum eines Tages doch noch irgendwo durch irgendwen in Erfüllung geht, die werde ich nie aufgeben. Gedanken können Berge versetzen, sagt man.

Nachwort

Es war im Jahr 1998, als ich einen Telefonanruf von Katharina Heyer erhielt. Wir kannten uns damals noch nicht, und ich staunte etwas, als sie mir zuerst in aller Kürze erklärte, dass es in der Straße von Gibraltar viele Wale gebe. Dann erläuterte sie, dass sie die Populationen dieser Meeressäugetiere unbedingt schützen wolle, und fragte mich schließlich, ob mich das interessiere.

Und ob es das tat, denn obwohl ich als Meeresbiologe global viel Erfahrung mit Walen hatte, war es für mich absolut neu, dass es in der Meerenge von Gibraltar von Walen – wie Katharina betonte – nur so wimmeln würde. Ich freute mich sehr über die Möglichkeit, diesen Tieren in Zukunft quasi vor meiner Haustür begegnen zu können, liegt Spanien meiner Schweizer Heimat doch viel näher als zum Beispiel die Baja California in Mexiko oder der St.-Lorenz-Strom im Osten Kanadas, den Regionen, wo man Wale gut beobachten kann. Nachdem Katharina und ich uns später kennen gelernt hatten, sagte ich sehr schnell zu, in ihrer Stiftung Firmm als Stiftungsrat mitzuwirken. Und schon kurz darauf trafen wir uns im schweizerischen Baden, wo die Gründungsversammlung stattfand. Katharinas Idee, das Leben der Wale im südlichen Spanien einer breiten Bevölkerung näherzubringen, unterstützte ich sehr gern. Auch weil die Straße von Gibraltar ein Ort ist, an dem die Wale in hohem Maße ins allgemeine Bewusstsein der Menschen in Europa gerückt werden können.

Nachdem Firmm gegründet war und ich im Verwaltungsrat saß, beeindruckte und erstaunte mich Katharinas großes Engagement für ihr Projekt immer wieder. Mit ihrem Whalewatching hat sie seit 1998 Tausenden von Menschen wunderbare Begegnungen mit Walen ermöglicht. Am häufigsten trifft man vor Tarifa Große Tümmler *(Tursiops truncatus)* an, Gewöhnliche Delfine *(Delphinus delphis)*, Gestreifte Delfine *(Stenella coeruleoalba)*, Grindwale *(Globicephala melas,* auch Pilotwale genannt), Pottwale *(Physeter macrocephalus)* sowie Orcas *(Orcinus orca,* auch Schwertwale genannt). Seltener werden auch Finnwale *(Balaenoptera physalus)*, die zu den Bartenwalen gehören, gesichtet. Diese Tiere, die über zwanzig Meter lang werden können, zirkulieren zwischen den Nahrungsgründen im Ligurischen Meer (Mittelmeer) und den Nahrungs- und Fortpflanzungsgebieten im Nordatlantik. Dadurch befinden sie sich in der Straße von Gibraltar quasi auf der »Durchreise«. Was mir auch gefiel, war, dass es Firmm am Herzen liegt, den Touristen vor ihrem Ausflug auf das Meer in einer sogenannten Charla vorab Informationen über die Wale zu liefern; so erfahren sie viel Wissenswertes über die Biologie der verschiedenen Meeressäuger, was das nachträgliche Beobachten der Tiere wesentlich interessanter macht.

Katharinas Stiftung in Tarifa wurde neben dem Wissen um ein rücksichtsvolles Whalewatching und dem aufschlussreichen Erkennen von Populationen durch Fotoidentifikation zu einer großartigen Basis für uns Forscher. Eine wichtige Frage, die sich uns vor über zehn Jahren stellte, war denn auch die, wie es überhaupt kommt, dass es in der Meerenge zwischen Europa und Afrika so viele Wale und so viele verschiedene Walarten gibt. Eine Antwort fanden wir in der Besonderheit der Region, wo zwei sehr unterschiedliche Meere – das Mittelmeer und der Atlantik – ineinanderfließen. Dadurch wird die Verteilung der Nährstoffe beeinflusst, was Folgen für die Entfaltung des Planktons hat. Plankton umfasst alle Organismen, die schwebend leben und mit den Meeresströmungen verdriftet werden. Die meisten dieser Organismen sind mikroskopisch klein; pflanzliche Zellen repräsentieren das Phytoplankton; kleine Tiere machen das Zooplankton aus. Und das Plankton, von dem sich viele Fische ernähren, beeinflusst deren Vielfalt. Fische und Tintenfische wiederum sind für das Überleben der Wale wichtig.

Ich entschloss mich, bei meinen Besuchen in Tarifa mit feinmaschigen Netzen regelmäßig Planktonproben aus der Straße von Gibraltar zu fischen, um die zusammenhängende Nahrungskette zu begreifen. Uns interessierte aber auch die Frage, welche Nahrungsgründe die verschiedenen Walarten in der Straße von Gibraltar bevorzugen und wie sie in die Nahrungskette eingebettet sind. Und wenn wir schon bei der Nahrungskette sind: Gewöhnliche Delfine jagen Fische in den oberen Wasserschichten, weshalb sie durch die »Konkurrenz« der wirtschaftlichen Fischerei gefährdet sind. Die Großen Tümmler hingegen jagen in Tiefen von etwa hundert Metern und sind darum weit weniger exponiert. Die Grindwale wiederum tauchen über zweihundert Meter tief, um sich an ihrer Hauptnahrung, den Kalmaren, gütlich zu tun. Tintenfische sind eine sehr ergiebige Nahrungsquelle, da sie in großen Schwärmen in tieferen Wasserschichten leben. Das erklärt auch, warum so viele Grindwale in der Straße von Gibraltar beheimatet sind. Noch viel tiefer tauchen die ebenfalls Tintenfisch fressenden Pottwale. Sie jagen Kalmare im völligen Dunkel der Tiefsee. An den meisten Stellen der Welt tauchen sie dafür bis zu tausendzweihundert Meter tief. Etwas, das in der Straße von Gibraltar nicht möglich ist, da es dort viel weniger tief ist.

Leider werden aber auch die Wale selbst nach wie vor gejagt. Der industrielle Walfang begann schon im 19. Jahrhundert. Mit dem Fortschritt in der Fangtechnik wurden Wale in der ersten Hälfte des

20. Jahrhunderts bis an die Grenze ihrer Ausrottung bejagt. Allein in der südlichen Hemisphäre wurden im 20. Jahrhundert zwei Millionen Großwale getötet. 1986 endlich wurde vonseiten der IWC, der Internationalen Walfangkommission, ein Walfang-Moratorium erlassen. Ein schrecklicher Schönheitsfehler besteht aber darin, dass dieses nur den kommerziellen Walfang betrifft und vor allem Japan unter dem Vorwand eines angeblich wissenschaftlichen Walfangs weiterhin Meeressäuger in großen Mengen tötet. Der Kampf gegen den Walfang ist daher nach wie vor sehr dringend.

Die größte Bedrohung der Meeressäuger liegt inzwischen nicht mehr nur beim Walfang, wie er übrigens nicht nur von Japan, sondern auch von Norwegen nach wie vor betrieben wird. Sie liegt in der Überbelastung und Übernutzung ihrer Lebensräume durch uns Menschen. Dazu gehört leider auch der Tourismus, der mit seiner Reisetätigkeit in Flugzeugen und Autos ja auch sonst schon zu einer großen Belastung unseres Planeten führt. Die Kunst besteht darin, diesen so zu betreiben, dass er nicht zu einer Bedrohung des Lebensraums der Meeresbewohner wird, sondern sanft und für den Menschen bewusstseinsfördernd ist.

Denn für den Reichtum der Natur gibt es nichts Schlimmeres, als wenn Pflanzen und Tiere durch Nichtbeachtung in Vergessenheit geraten. Das Überleben der Wale ist nicht nur für sie selbst, sondern auch für uns Menschen und das Gleichgewicht unserer Welt essenziell. Der berühmte englische Walforscher Sidney Holt formulierte es einst so: »Daran, wie wir heute mit den Walen umgehen, können wir ablesen, wie wir letztlich mit den Menschen umgehen werden.«

In der Straße von Gibraltar ist das oberste Ziel, die Wale als kostbare Lebewesen auch für die Zukunft zu erhalten. Wir dürfen dankbar sein, dass die großen Bemühungen von Katharina Heyer zu diesem Gelingen viel beigetragen haben und hoffentlich noch lange werden, denn der Mensch schützt nur, was er mit Zuneigung schätzt. Die Liebe ist die stärkste Kraft, etwas zu behüten. Und dass wir sie sich entfalten lassen, ist dringend nötig.

Möge der Schutz der Wale in der Straße von Gibraltar auch in der Zukunft erfolgreich sein.

Prof. Dr. David G. Senn, Meeresbiologe

Dank

Mein Dank gilt allen voran Ara Hatzakorzian, der mir den Mut für den Wechsel in meinem Leben gegeben hat. Ohne seinen Hinweis, es solle in Tarifa Orcas und Delfine geben, wäre ich hier nie gelandet.

Natürlich danke ich auch meiner Familie und allen andern, die mich ermuntert haben, meiner inneren Stimme zu folgen und meinen Weg zu gehen. Und allen, die mich dabei unterstützt und begleitet haben und noch immer mithelfen, die Situation der Delfine und der andern Wale in der Straße von Gibraltar bekannt zu machen und zu verbessern. Ich danke David Senn für seine langjährige Unterstützung und sein Nachwort. Und ich danke – aus ganzem Herzen – Michèle Sauvain, die mein Engagement in Tarifa für das Schweizer Fernsehen so engagiert in einer »Reporter«-Sendung dokumentierte und meine Lebensgeschichte nun auch noch so feinfühlig zu Papier gebracht hat.

Katharina Heyer, im September 2016

Eine Auswahl unserer Bestseller

Das volle Wörterseh-Verlagsprogramm finden Sie unter www.woerterseh.ch